现代水产养殖技术的创新研究与应用

○吕 富 著

电子科技大学出版社

University of Electronic Science and Technology of China Press

图书在版编目（CIP）数据

现代水产养殖技术的创新研究与应用/吕富著. ——
成都: 电子科技大学出版社，2017.12
ISBN 978-7-5647-5392-4

Ⅰ.①现… Ⅱ.①吕… Ⅲ.①水产养殖 Ⅳ.①S96

中国版本图书馆CIP数据核字（2017）第289046号

现代水产养殖技术的创新研究与应用
吕　富　著

策划编辑　　杜　倩　熊晶晶
责任编辑　　熊晶晶

出版发行　　电子科技大学出版社
　　　　　　成都市一环路东一段159号电子信息产业大厦九楼　邮编　610051
主　　页　　www.uestcp.com.cn
服务电话　　028-83203399
邮购电话　　028-83201495

印　　刷　　北京一鑫印务有限责任公司
成品尺寸　　170mm×240mm
印　　张　　18.5
字　　数　　302千字
版　　次　　2018年3月第一版
印　　次　　2018年3月第一次印刷
书　　号　　ISBN 978-7-5647-5392-4
定　　价　　65.00元

前　言

我国的水产养殖业高速发展，已成为世界第一养殖大国，产业成效享誉世界。进入 21 世纪以来，我国的水产养殖业保持着强劲的发展态势，为繁荣农村经济、提高生活质量和国民健康水平做出了突出贡献，也为海、淡水渔业种质资源的可持续利用和保障"粮食安全"发挥了重要作用。

近 30 年来，我国水产养殖理论与技术的飞速发展，为养殖产业的进步提供了有力的支撑，尤其表现在应用技术处于国际先进水平，部分池塘、内湾和浅海养殖已达国际领先地位。但是，对照水产养殖业迅速发展的另一面，由于养殖面积无序扩大，养殖密度任意增高，带来了种质退化、病害流行、水域污染和养殖效益下降、产品质量安全等一系列令人担忧的新问题，加之近年来不断从国际水产品贸易市场上传来技术壁垒的冲击，而使我国水产养殖业的持续发展面临空前挑战。

为加快农村经济发展，促进农民增收，大力推进水产健康生态养殖，提高水产品质量安全水平，提高农民在水产养殖业方面增产增收的潜力，提高广大养殖者的技术水平和水产经济效益，结合现阶段渔业生产发展的需要，我编写了《现代水产养殖技术的创新研究应用》一书，本书由盐城工学院教材与专著出版基金资助。

本书具有以下特点：

（1）注重新技术，突出实用性。本书收集了当前养殖效益明显、技术成熟的主要品种养殖新技术和养殖新模式，内容翔实，科学性、实用性强。

（2）既重视时效性，又具有前瞻性。本书立足解决当前实际问题的同时，还着力推介资源节约、环境友好、质量安全、优质高效型渔业的理念和创建方法，以促进产业增长方式的根本转变，确保我国优质高效水产养殖业的可持续发展。

（3）革新成书形式和内容。本书辅以大量生产操作实例，方便渔民朋友阅读理解以及加快对新技术、新成果的消化与吸收。

本书可供水产技术推广、渔民技能培训、渔业科技入户使用，也可以作为大、中专院校师生养殖实习的参考用书。由于编者水平、信息获取所限，编辑整理时间仓促，不足之处敬请广大读者批评指正。

编者

2017 年 8 月

目 录

第一章　现代水产养殖概述

近30年来，我国的水产养殖无论是养殖总面积还是养殖总产量均遥居世界领先地位。然而水产养殖业的大量占用土地资源、水资源以及环境污染的问题已日益引起人们的关注，严重制约水产养殖业的健康可持续发展。"现代水产养殖"是将"以科技助推产业发展"的"现代"元素注入水产养殖业的发展进程中，从而提高水产品质量和社会经济效益，促进我国水产养殖业的健康可持续发展。

第一节　水产养殖的基本原理

一、水产养殖的定义和内涵

水产养殖是人为控制下繁殖、培育和收获水生动植物的生产活动。一般包括在人工饲养管理下从苗种养成水产品的全过程。广义上也可包括水产资源增殖。水产养殖有粗养、精养和高密度精养等方式。粗养是在中、小型天然水域中投放苗种，完全靠天然饵料养成水产品，如湖泊水库养鱼和浅海养贝等。精养是在较小水体中用投饵、施肥方法养成水产品，如池塘养鱼、网箱养鱼和围栏养殖等。高密度精养采用流水、控温、增氧和投喂优质饵料等方法，在小水体中进行高密度养殖，从而获得高产，如流水高密度养鱼、虾等。

水产综合养殖的原理是养殖废物再利用。近些年，西方学者推崇的多营养层次综合养殖的主要原理也是将一种养殖生物排出的废物变为另一种养殖生物的食物（营养）。诚然，利用养殖生物间的营养关系建立的综合养殖模式是最重要的综合养殖类型，但依据其他生态关系和经济目的建立的综合养殖模式在我国也十分普遍且重要。根据董双林（2011）的研究，我国现行的综合养殖模式所依据的原理包括：通过养殖生物间的营养关系实现养殖废物的资源化利用，利用养殖种类或养殖亚系统间功能互补或偏利作用平衡水质，利用不同养殖生物的合理组合实现养殖水体资源的充分利用，生态防病等。

二、现代水产健康养殖的定义和内涵

现代水产健康养殖的概念最早出现于 20 世纪 90 年代中后期我国的海水养殖界，并成为当今养殖界最为流行的热门话题。之所以提出这个概念，主要是因为我国水产养殖技术及其管理当前出现的随意性，导致疫病蔓延，种质退化，产品质量下降，甚至影响了食品的卫生安全。遗憾的是，现代水产健康养殖的概念提出至今，将近十年过去，还没有得到明确和统一，人们对健康养殖本身的认识还是相当混沌、模糊。

现代水产健康养殖是个系统工程。鉴于水产养殖的生态复杂性和环境的不稳定性等，可以应用系统论的观点加以理解：养殖自始至终整个过程所采用的技术和方法（包括运用许多学科原理），都要根据和围绕特定养殖对象的生物学特性进行；对所进行的养殖系统能够进行有效控制，所谓养殖系统包括养殖设施、养殖品种、养殖环境（水域理化环境与生物环境），所谓控制就是具体的养殖操作及系统动态监控，即对系统内部动态变化及进、出系统的物质、能量流动加以科学管理，转化或消除养殖过程伴生的负影响；包括种质优化和品种改良，尽可能使养殖生物减少或避免发生疾病；养殖出来的产品无药残，符合人类需要；在谋取较高经济效益的同时，能可持续发展，与生态效益和社会效益相统一。有鉴于此，笔者综合了许多学者的提法，对"现代水产健康养殖"的概念做出如下描述：根据养殖对象的生物学特性，运用多个学科的原理，对特定的养殖系统进行有效控制，保持系统内外物质、能量流动的良性循环、养殖对象正常生长、产品符合人类的需要，并使之经济、生态和社会效益相统一的水产综合技术。由此可见，现代水产健康养殖是一种新型水产养殖概念，相对于传统的养殖技术与管理，它包含了更广泛的内容。它不但要求有健康的养殖产品，以保证人类食品安全，而且养殖生态环境应符合养殖品种的生态学要求，养殖品种应保持相对稳定的种质特性，同时要有较高的经济效益等。

现代水产健康养殖概念有其空间性、时间性、指向性、可操作性和目的性。空间性（范围）指特定的养殖系统及其所处的大环境；时间性指该系统随着人的生产行为的开始而存在、生产行为的结束而消失；指向性指"健康"相对于养殖系统的生态安全性、养殖对象的健康生长和人对养殖产品的健康需求而言；可操作性指各种形式的技术投入，包括：①物化技术（如机械设备、优良种质、配合饲料、渔药及添加剂等），②生产技能、技巧、经验（如水处理技术、微机控制技术、病害防治技术等），③软技术（组织管理方式、方法、措施等）；目的性指谋取较高经济效益的同时，经济、生态和社会效益三者相统一。当然，随着科技的进步、社会的发展，健康养殖概念的内涵和外延都将随之发生变化，以适应时代的需求。

三、水产养殖废物的资源化利用

通过养殖生物间营养关系实现养殖废物的资源化利用是综合养殖依据的最重要原理。我国在 1100 年前出现的稻田养草鱼就是通过水稻和草鱼间的营养关系实现养殖废物资源化利用的范例。近来的研究表明，稻田养鱼系统中存在多种互利关系。

我国传统的草鱼与鲢鱼混养也具有这样的功能。以草喂草鱼，草鱼残饵和粪便肥水养鲢鱼，鲢鱼又通过滤食浮游生物达到控制、改善水质的功能。

李德尚 (1986) 认为综合养殖的生态学基础之一是生产资料的高效益综合利用。在综合养殖中，投入的生产资料主要是饲料和肥料。例如，在水库综合养殖中，饲料首先为网箱养殖鱼类和鸭群所利用，残饵和鱼、鸭粪便散落水中，又为网箱外的杂食性和滤食性鱼类所利用。最后，残饵和粪便分解后产生的营养盐又起到了施肥作用，进一步加强了滤食性鱼的饵料基础。

在海水养殖方面，1975 年我国大规模开展的海带贻贝间养也是基于它们间的营养关系。海带的脱落物和分泌物可被贻贝滤食，贻贝的排泄物又可被海带吸收。对虾与缢蛏混养、对虾与文蛤混养等也是依据这样的原理。饲料首先被对虾利用，其后残饵和粪便又部分地被滤食性贝类利用。最后，残饵和粪便分解后产生的营养盐又起到了施肥作用，进一步增加了滤食性贝类的饵料基础。海水池塘对虾 + 青蛤 + 江蓠综合养殖 (董贯仓等，2007) 更是将养殖生物间的营养关系发挥得更加完美 (图 1–1)。当然，如果再加底栖沉积食性的动物后效果也许会更好。

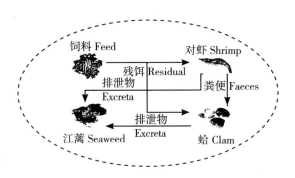

图 1-1　海水池塘对虾、青蛤、江蓠综合养殖概念图

在我国，目前流行的具有废物资源再利用功能的综合养殖模式还有许多种，例如，罗非鱼＋对虾＋牡蛎＋江蓠分池环联养殖系统，鱼＋鸭、鱼＋畜、鱼＋菜等综合养殖系统。

西方国家开展的鱼＋滤食性贝类＋大型海藻综合养殖，东南亚一些国家开展的贝＋虾、鱼＋虾、藻＋虾综合养殖等，都具有将其中一种养殖生物的副产物（残饵、粪便等）变为另一生物的输入物质（肥料、食物等）的共同特征。

四、水产养殖生态防病

除上述的综合养殖模式外，在我国生态防病模式也十分流行。此种方式是将两种动物混养在同一水体，其中一种养殖动物对另一种养殖动物的某种疾病具有预防作用。我国现在流行的对虾与一些肉食性鱼（如河鲀）混养就属此类，该混养方式的主要目的是为对虾防病。河鲀可以摄食感染白斑综合征（WSS）、游泳缓慢的对虾，客观上起到防 WSS 扩散的效果。如果健康的对虾残食了染病的对虾，可能被感染上 WSS，但河鲀摄食染病的对虾后则不会染病。生产实践表明，对虾与河鲀混养的防病效果十分显著。

五、现代水产养殖其他原理

在我国还有一些基于其他原理的现代综合养殖模式。例如，池塘中套养网箱或网围。养虾池塘中用网隔离混养罗非鱼，既可避免罗非鱼抢食优质的对虾饲料，又可发挥罗非鱼对水质的调控作用，结果对虾、罗非鱼双丰收。另外，养鲤科鱼类的池塘中套网箱养殖泥鳅的经济效益也十分可观。

还有一类流行的现代综合养殖模式是混养滤食性鱼类。例如，罗非鱼、鲢等滤食性鱼类与虾类混养就是利用滤食性鱼类来调控水质，并达到防病、增产的目的。

还有一类现代综合养殖模式是吃活饵的鱼类与饵料鱼同池混养。鳜是高档名贵鱼类，其主要摄食活鱼。为此，有些地方在鳜养殖池塘配养小规格鲢、鳙、鲤的鱼苗，供鳜食用。管理上人们仅为配养的鱼苗培育饵料或提供饲料。再如，中国有些地方在家鱼亲鱼培育池中混养凶猛的鳜，以消灭与家鱼亲鱼争饵料的小杂鱼，这也属于此范畴的综合养殖类型。

以上是我国现代综合养殖依据的主要生态学原理，依据此原理建立的现代综合养殖模式或类型都具有对投入的资源利用率高、对环境不良影响小、经济效益较高等特点。

一个养殖水体中产量或产值最高的养殖生物常被称为主养生物，综合养殖中与之混养的生物可称为工具生物。有时，一个养殖水体中主养生物可以有若干个。综合水产养殖中的工具生物经常既是经济生物，同时又可起到调控、改善养殖系统水质、底质，减少养殖系统污染物排放，是提高养殖效益和生态效益的生物。目前常用工具生物主要包括大型水生植物、沉积食性海参、滤食性鱼类和滤食性贝类等。

第二节 现代水产养殖业的发展

我国是农业大国，农业的发展与人类面临的人口、资源、环境三大问题都有密切的联系。水产养殖业是大农业的重要组成部分之一，我国为世界水产大国，也是世界上唯一水产养殖产量高于捕捞产量的国家，2000年水产养殖产量高达2 578万吨，占全国渔业总产量（4 279万吨）的60.2%。2014年全球水产品总产量7 380万吨，中国养殖生产水产品4 750万吨。2015年水产养殖总产量达到4 937.9万吨。2016年，中国水产品总产量为6 900万吨，由此可见，中国国内对水产品的需求在不断增长，这也使得一些有识之士不免忧虑水产养殖的技术落后所带来环境污染以及过度捕捞等问题。与此同时，亟待解决的种质、病害与环境等关键问题也日趋严重。因此回顾总结我国水产养殖业经验和教训，展望新世纪我国水产养殖业发展态势和关键理论与技术问题，十分必要。

一、近代我国水产养殖业的发展概况

（一）淡水养殖

我国淡水养鱼有悠久的历史。远在 3000 多年前的殷末周初就有养鱼的记录，至公元前 5 世纪的春秋战国时代，陶朱公范蠡根据当时的养鱼经验编写了世界上第一部养鱼著作《养鱼经》。我国人民经过几千年的养鱼实践，不断地积累了丰富的技术经验。

池塘养鱼在殷代的末期见有最早的记载，当时可能主要是养鲤。战国时期，养鲤已相当普遍，而且有了比较成熟的经验。汉代，养鲤事业更有大的发展，所谓千石鱼陂和利用昆明池养鱼都是大水面养殖。稻田养鲤开始于三国，活鱼运输最早见于南北朝。唐代因鲤象征皇族，因此养鲤事业受到很大的摧折，而草鱼、青鱼、鲢、鳙的试养可能就在唐代初期，在长江和珠江沿岸地区开始。成功的经验由近到远，逐渐推广并积累经验，到了唐代末期已有相当的规模。宋代，草鱼、青鱼、鲢、鳙的饲养有了更大的发展。九江的鱼苗已成立专门的企业，从此运转到江西的内地、浙江和福建，就在这些地区还发展了食用鱼的饲养业。通过生产实践，对这些饲养鱼的食性和相互关系也有了进一步的了解。明代，有关草鱼、青鱼、鲢、鳙饲养的经验更加丰富。自鱼苗一直到食用鱼的饲养过程中，如鱼池的建造、放养密度、搭配比例、分鱼、转塘、饲料、施肥等等都积累了较好的经验。

新中国成立以来，围绕鲢、鳙、草鱼、青鱼（四大家鱼）的人工繁殖问题，系统深入进行了主要养殖鱼类性腺发育规律与其有关的内分泌器官发育规律与机能、受精细胞学以及胚胎发育形态生态学等应用基础理论研究，并取得系列研究成果。在此基础上，于 1958 年和 60 年代初人工繁殖鲢、鳙与草鱼、青鱼相继获得成功，并研究完善亲鱼培育、催情产卵和受精卵孵化等综合技术，结束了淡水养鱼依靠捕捞天然苗丰歉难以控制的被动局面，从根本上解决了四大家鱼鱼苗供应问题，也为其他水产养殖动物的人工繁殖技术奠定了基础。与此同时，我国水产科学工作者在养鱼池生态学与食用鱼养殖技术、稻田养鱼生态系与综合技术、冰下水体生态系与鱼类安全越冬技术、鱼类养殖种类结构与养殖方式、内陆大型水域鱼类增养殖应用基础理论与综合技术等方面，取得了一系列成果，从而实现了我国淡水鱼类养殖进入快速发展阶段。

我国的淡水养殖也推动了世界淡水养殖业的发展，50 年代和 60 年代我国的草鱼和鲢、鳙等主要养殖鱼类相继传入欧美；70 年代起，联合国粮农组织委托中国建立了养鱼培训中心，先后为 20 多个国家和地区培训学员数百人；同时我国的几种主要养殖鱼类也被移养到世界 20 多个国家和地区；从而在世界范围内推广了中国的养鱼技术，对世界淡水渔业的发展和淡水鱼类生物学的研究起了很大的促进作用。

（二）海水养殖

与淡水养殖业相比，海水养殖业发展历史较短。近半个世纪以来，我国海水养殖业得到长足发展，初步实现了虾贝并举、以贝保藻、以藻养珍的良性循环。如同淡水养殖业，我国海水养殖业实现了举世瞩目的藻、虾、贝三次产业浪潮和目前正在形成的海水鱼类养殖产业浪潮。2015 年海水养殖总产量达 1 875.6 万吨，其中贝类 1 358.4 万吨，占海水养殖量 72.4%，牡蛎 457.3 万吨，占海水养殖 33.7%。据悉，2015 年中国牡蛎养殖产量占世界总产量的 81.5%，位居世界首位。目前我国海水养殖种类已达 100 余种，年产量超 10 万吨的就有牡蛎、贻贝、扇贝、蛤、缢蛏、对虾、海带、紫菜等。

1. 藻类养殖

我国的藻类养殖居世界首位。其中最主要的是海带和紫菜，特别是海带。其产量和养殖技术均居世界领先地位。

21 世纪初海带自日本引入我国，50 年代以中国科学院海洋研究所曾呈奎、吴超元为首的科学家们解决了海带养殖方法及一系列技术问题，先后开展了筏式养殖法、夏苗培育法、外海施肥法、海带南移养殖、海带的切梢增产法、遗传育种研究和新品种的选育等研究，并取得了辉煌的成果。

紫菜生活史等研究解决了紫菜人工养殖事业上最关键的孢子来源问题，为我国紫菜事业的发展奠定了理论基础，做出了突出贡献。60 年代以来组织紫菜养殖技术攻关取得重大进展，提出了紫菜大面积育苗及半人工采苗、全人工采苗的一整套技术，使我国紫菜养殖具有了高度科学管理水平并形成全人工养殖的产业。

此外，裙带菜、石花菜、细基江蓠繁枝变型、龙须菜、异枝麒麟菜等藻类养殖也在不同程度地开展。我国微藻工厂化养殖以螺旋藻和杜氏藻为主，螺旋藻工厂化养殖分布于广东、广西、海南、云南、江苏、山东等省区；杜氏藻养殖主要集中在天津和内蒙古。

2. 贝类养殖

我国以牡蛎为代表的贝类养殖已有 2000 多年的历史，最早记载于明朝郑鸿图的《业蛎考》。如广东沿岸投石养殖近江牡蛎，福建沿岸插竹与条石养殖褶牡蛎以及平整滩涂养殖缢蛏、泥蚶等，历史都很悠久。我国人工养殖淡水珍珠的历史也近千年，产量和质量都居世界前列。20 世纪 50 年代中期在南海开始了人工培育有核珍珠研究，并已形成产业。

50 年代以来，由于滩涂围垦等原因，滩涂贝类的自然苗场受到严重破坏，为此我国先后开展了泥蚶、缢蛏、菲律宾蛤仔、青蛤等多种埋栖性贝类人工育苗研究，并建立成套育苗技术，先后已投入种苗生产。

70 年代贻贝养殖的规模化，标志着我国浅海贝类养殖业的真正崛起。80 年代初中国科学院海洋研究所成功地引进了海湾扇贝，形成贝藻轮养与贝虾混养等模式，有力地推动了我国海水养殖业的发展。随着基础生物学研究，特别是生理生态学研究的进展，逐步使贝类养殖业进入一个科学理论指导的新时代，从而在养殖种类开发利用、自然采苗，种苗培育、养殖技术、病害防治等方面都有了长足的进步。到目前为止，我国浅海养殖贝类有栉孔扇贝、华贵栉孔扇贝、海湾扇贝、虾夷扇贝、墨西哥湾扇贝、贻贝、长牡蛎、近江牡蛎、文蛤、蛤仔、青蛤、缢蛏、泥蚶、魁蚶、珠母贝等。

80 年代后期，我国开展养鲍技术的研究，包括海上箱式养殖，沿岸筑塘养殖及陆上工厂化养殖。陆上养鲍在中国已走向产业化，辽宁大连、山东长岛、荣成以及闽粤沿海等地发展较快。

3. 鱼类养殖

海水鱼类养殖法在我国已有近 400 年的历史。1958 年张孝威开创了我国海水鱼类苗种培育研究；嗣后 40 多年来，我国水产工作者在海水鱼类的亲鱼培育、种苗培育、越冬、养成、引种、配合饲料、工厂化养殖和网箱养殖等方面取得了突破性进展，目前已有 50 多种海水鱼类人工育苗成功，如梭鱼、牙鲆、大黄鱼、黑鲷、真鲷、石斑鱼、东方、海马等。在商品鱼养成方面，建立了适合我国南方港湾环境的大黄鱼、真鲷、石斑鱼、黑鲷、鲈鱼、笛鲷、东方的网箱养殖技术。离岸网箱养殖设施和技术研究刚刚起步，但前景广阔、潜力巨大。

我国海水鱼类工厂化养殖，以牙鲆、石鲽和石斑为主，养殖技术较为成熟，养殖模式为半封闭式（夏、秋季）和全封闭式（春、冬季）。

二、近代我国水产养殖业的主要技术

（一）种质资源及保存技术

自 80 年代起，先后开展了"长江、珠江、黑龙江鲢、鳙草鱼原种收集和考种""淡水鱼类种质鉴定技术""淡水鱼类种质标准参数"和"淡水鱼类种质资源库"等项研究，取得下列研究成果：初步查明三水系鲢、鳙、草鱼种群间存在明显的遗传和生长差异，长江水系鲢、鳙比珠江水系鲢、鳙生长快是遗传因子所致，而性腺发育与成熟年龄的差异主要受环境因素影响；确立了 10 种淡水鱼种质鉴定技术并提出青鱼、草鱼、鲢、鳙、团头鲂、兴国红鲤、散鳞镜鲤、方正银鲫、尼罗罗非鱼和奥利亚罗非鱼等种质标准参数；从形态特征、生长性能、繁殖性能、生化遗传、核型、DNA 含量、营养成分进行了详细比较，提出了在人工生态和低温、超低温条件下保存鱼类种质资源技术，建立了草鱼、青鱼、鲢、鳙和团头鲂种质资源天然生态库，14 种淡水鱼类种质资源人工生态库、10 种不同的淡水鱼类精液冷冻保存库和淡水鱼类种质资源数据库人工智能信息系统。

（二）水产生物遗传育种技术

1.杂交选择育种

杂交育种指不同种群、不同基因型个体间进行杂交，并在其杂种后代中通过选择而育成纯合品种的方法。杂交可以使双亲的基因重新组合，形成各种不同的类型，为选择提供丰富的材料；基因重组可以将双亲控制不同性状的优良基因结合于一体，或将双亲中控制同一性状的不同微效基因积累起来，产生在各该性状上超过亲本的类型。正确选择亲本并予以合理组配是杂交育种成败的关键。

(1) 原理意义

以杂交方法培育优良品种或利用杂种优势称为杂交育种。杂交可以使生物的遗传物质从一个群体转移到另一群体，是增加生物变异性的一个重要方法。不同类型的亲本进行杂交可以获得性状的重新组合，杂交后代中可能出现双亲优良性状的组合，甚至出现超亲代的优良性状，当然也可能出现双亲的劣势性状组合，或双亲所没有的劣势性状。育种过程就是要在杂交后代众多类型中选留符合育种目标的个体进一步培育，直至获得优良性状稳定的新品种。

由于杂交可以使杂种后代增加变异性和异质性，综合双亲的优良性状，产生某些双亲所没有的新性状，使后代获得较大的遗传改良，出现可利用的杂种优势，并在鱼类的品种改良和生产中发挥出巨大作用，是鱼类育种的基本途径之一。

在杂交育种中应用最为普遍的是品种间杂交（两个或多个品种间的杂交），其次是远缘杂交（种间以上的杂交）。中国自70年代以来，在鲤鱼各品种间进行了70多个组合的杂交实验，获得了丰鲤、荷元鲤、岳鲤、芙蓉鲤等杂交新品种，成为淡水鱼类中新的养殖对象，已在全国各地推广养殖，获得了明显的经济效益和社会效益。中国淡水鱼类的远缘杂交组合有近百种之多，有较好的效果，曾有过生产性应用的仅有鳊鲂杂种、鲴类杂种、鲢鳙杂种、鲤鲫杂种等少数几个杂交组合后代。由此可见，并非所有的杂交都能创造好品种，只有付出艰辛的探索才能取得理想的结果。

(2) 优势

杂种优势是指两个遗传组成不同的亲本杂交产生的杂种第一代，在生长势、生活力、繁殖力、抗逆性、产量和品质上比其双亲优越的现象。杂种优势是许多性状综合地表现突出，杂种优势的大小，往往取决于双亲性状间的相对差异和相互补充。一般而言，亲缘关系、生态类型和生理特性上差异越大的，双亲间相对性状的优缺点能彼此互补的，其杂种优势越强，双亲的纯合程度越高，越能获得整齐一致的杂种优势。

杂种优势往往表现于有经济意义的性状，因而通常将产生和利用杂种优势的杂交称为经济杂交，目前鱼类杂交育种应用得最多的即是经济杂交。经济杂交只利用杂种子一代，因为杂种优势在子一代最明显，从子二代开始逐渐衰退，如果再让子二代自交或继续让其各代自由交配，结果将是杂合性逐渐降低，杂种优势趋向衰退甚至消亡。

在渔业生产上，杂种优势的利用已经成为提高产量和改进品质的重要措施之一。目前经过国家鉴定并大力推广的杂交品种有：荷元鲤[荷包红鲤（雌）×元江鲤（雄）]、丰鲤[兴国红鲤（雌）×散鳞镜鲤（雄）]、芙蓉鲤[散鳞镜鲤（雌）×兴国红鲤（雄）]、岳鲤[荷包红鲤（雌）×湘江野鲤（雄）]、中州鲤[荷包红鲤（雌）×黄河鲤（雄）]、福寿鱼[莫桑比克非鲫（雌）×尼

罗非鲫 (雄)]。杂种优势的利用可以带来巨大的经济效益，如丰鲤不仅生长速度比亲本快 50% 左右，而且具有较高的抗病力和起捕率，目前已推广至全国几十个省、市，产量达 2000 万公斤以上。又如莫桑比克非鲫个体年增长量为 140 克，每公顷年产量仅 2.5 吨，而其杂交种福寿鱼个体的年增长量达 790 克，每公顷年产量提高到 60 吨，而且在体型、肥满度、成活率、耐寒性等方面均获得改良。

(3) 杂交育种选择

选择亲本的原则首先要尽可能选用综合性状好，优点多，缺点少，优缺点或优良性状能互补的亲本，同时也要注意选用生态类型差异较大、亲缘关系较远的亲本杂交，如江西的荷包红鲤和云南的元江鲤。在亲本中最好有一个能适应当地条件的品种。要考虑主要的育种目标，选作育种目标的性状至少在亲本之一应十分突出。当确定一个品种为主要改良对象，针对它的缺点进行改造才能收到好的效果，如草鱼的抗病性。

（4）组合方式

杂交方式亲本确定之后，采用什么杂交组合方式，也关系育种的成败。通常采用的有单杂交、复合杂交、回交等杂交方式。

①单杂交即两个品种间的杂交 (单交) 用甲 × 乙表示，其杂种后代称为单交种，由于简单易行、经济，所以生产上应用最广，一般主要是利用杂种第一代，如丰鲤、福寿鱼。

②复合杂交即用两个以上的品种、经两次以上杂交的育种方法。如果单交不能实现育种所期待的性状要求时，往往采用复合杂交，其目的在于创造一些具有丰富遗传基础的杂种原始群体，才可能从中选出更优秀的个体。复合杂交可分为三交、双交等。三交是一个单交种与另一品种的再杂交，可表示为 (甲 × 乙)× 丙，例如 (荷包红鲤 × 元江鲤)× 散鳞镜鲤 — 三杂交鲤。双交是两个不同的单交种的杂交，可表示为 (甲 × 乙)×(丙 × 丁) 或 (甲 × 丙)×(乙 × 丙)，例如 (蓝非鲫 × 尼罗非鲫)×(莫桑比克非鲫 × 尼罗非鲫)。

③回交即杂交后代继续与其亲本之一再杂交，以加强杂种世代某一亲本性状的育种方法。当育种目的是企图把某一群体乙的一个或几个经济性状引入另一群体甲中去，则可采用回交育种。如鲮鱼具有许多优良性状，但不能耐受低温，需要进行遗传改良。可先用耐受低温的湘华鲮与鲮杂交，

杂交子一代再与鲮回交，回交后代继续同鲮进行多次回交，对回交子代选择的注意力必须集中在抗寒性这个目标性状上，从而最终育成一个具有抗寒性的优良的鲮鱼新品种。

（5）操作程序和方法

①杂交前的准备工作首先要熟悉各种鱼类的生殖习性。一方面要了解鱼类自身与生殖有关的性成熟季节、生殖季节、卵子的性质、性周期、产卵期、对卵和后代的保护等习性；另一方面要了解鱼类在生殖时期对外界条件的要求，如水温、光照、流速、产卵场的底质、鱼巢、饲料等。其次要调节亲本性成熟年龄，通过分期饲养，创造不同的外界条件等手段，务必使用来杂交的亲本在生殖季节相遇。

②选择适当的受精方法进行杂交。杂交前期在临近性成熟和生殖季节到来之时，一定要将雌雄两种鱼分池饲养，避免自群交配。受精方法则根据具体情况确定，品种间杂交一般采用自然产卵受精，不能自然繁殖杂交的采用人工授精。

③记载、挂牌和管理用不同品种的鱼类进行杂交，必须作记载，记载内容包括亲本性状及有关情况、杂交方式、杂交时间、各期成活率等，以供查阅之用。鱼苗下塘后，试验池需挂牌并登记，写明授精日期和父母本的名称。养殖期间应加强管理，尤其应注意避免不同杂交种之间发生混杂。如果不慎将杂种流放至江河、湖泊等天然水域，将造成自然种群遗传性混杂这样无可挽回的严重后果，影响自然资源的有效利用。

④加速育种进程从杂交到新品种育成推广，往往需要经过 10 个世代的时间，因而加速育种进程很有必要。可采用异地加代，如在海南岛建立鱼类育种基地，进行北繁南育，缩短育种时间。也可以进行温室和人工气候室加代，所需育种基地规模不大时，采用此法即能加速育种进程。

⑤杂交后代的选择采用个体选择法时，选择一般从子二代开始，因子二代变异范围最大，可望从中选出合意的变异体。到子三代已基本可以判断有无育成品种的希望，到子五代时，大多数性状和家系已相当稳定，定品种可在此进行。采用群体选择法时，一般子五代之前不进行个体选择，只进行群体选择并混养。在子五代至子八代开始进行个体选配，建立家系和确定品种。

自 1960 年以来，先后选育出"海青一号"等近 10 种不同叶形、厚度、品质的海带品种。1973 年以来，开始进行淡水鱼类杂交育种理论与技术的系列工作，据不完全统计，70 年代以来，我国鱼类杂交育种共进行了 3 个目、5 个科、18 个属、25 种鱼间的远缘杂交和 8 个鲤种内经济杂交组合（丰鲤、荷元鲤、岳鲤、芙蓉鲤、三杂交鲤、颖鲤等），计 112 个组合取得重大研究成果。其中鲤种内杂交的效果最好。在虾蟹类和贝类方面进行中国对虾与斑节对虾杂交、不同地理种群的皱纹盘鲍杂交研究，取得一定结果。

2. 雌核发育

雌核发育，或称假受精，是一种发育方式，在这种发育方式中，精子虽正常进入激活卵子，但其细胞核在染色体中很快消失，并不参与卵球的发育，胚胎的发育仅受母体遗传控制。在自然界中主要出现于鱼类和无脊椎动物的繁殖中。雌核发育也可以用人工诱导产生，目前在两栖类、鱼类甚至哺乳类都有雌核发育的研究。

（1）原理

天然的雌核发育的卵母细胞，在进一步分裂中通常会受到限制而使染色体数目减半受阻，从而使通过雌核发育的个体由单倍体成为多倍体而发育为正常个体。人工诱导的雌核发育通常使用经过物理或化学方法处理精子，使其失活后再"受精"，然后用人为阻止卵母细胞的第二极体外排，或限制第一次有丝分裂等方法获得雌核二倍体。使用人工诱导的雌核发育的个体目前为止的成活率不高，多数在幼体时期即死。

（2）人工诱导雌核发育

人工诱导雌核发育是指用经过紫外线、X 射线或 γ 射线等处理后的失活精子来"受精"，再在适当时间施以冷、热、高压等物理处理，以抑制第二极体的排除，使卵子发育为正常的二倍体动物。

赫尔威氏（Hertwig）在 1911 年首次成功地人工消除了精子染色体活性，被人们称为"赫尔威氏效应"。即在适当的高辐射剂量下，导致精子染色体完全失活，届时精子虽能穿入卵内，却只能起到激活卵球启动发育的作用。

根据方正银鲫天然雌核发育的特点，利用兴国红鲤精子进行雌核发育研究，获得具有明显经济效益和科学价值的异源银鲫。

3. 人工诱导多倍体

采用杂交、温度休克、静水压力和核移植等方法获得鲤、草鱼、鲢、白鲫、水晶彩鲫三倍体和鲤、白鲫、水晶彩鲫四倍体；中国对虾和中华绒鳌蟹三倍体与四倍体以及长牡蛎、皱纹盘鲍、栉孔扇贝、珠母贝等三倍体。

鱼类多倍体育种属于"染色体组工程"的范畴，因其具有控制性别的潜力，已引起了生物学家、鱼类育种学家的浓厚兴趣和深入探索。由于三倍体在生长优势、群体产量及抗病力等各方面都有二倍体所无法比拟的优势，因此多倍体育种研究对水产养殖具有重大的意义。同时，由于三倍体鱼具有不育的特性，三倍体的培育对控制养殖鱼类的过度繁殖和保护天然种质资源也具有极其重要的意义，而四倍体鱼则是可育的，它与二倍体鱼杂交可获得三倍体。因此，鱼类多倍体育种的研究一直受到人们的高度重视，并取得了令人瞩目的成就。湘云鲫的繁育成功并推广，正说明了我国的鱼类多倍体育种技术无论在理论上还是实践上都取得了创造性突破，并达到国际领先水平。而现代分子生物学技术与多倍体育种的有机结合，更为该领域的研究展示了美好的前景。

（1）天然多倍体的研究

高等脊椎动物中，多倍体现象比较罕见，但鱼类中多倍体现象则较为普遍。世界上现存鱼类约有 2 万多种，已研究过染色体的鱼类约有 1100 余种，其中多倍体至少有 60 种。胭脂鱼科几乎所有的种类都是多倍体，它们的染色体数为 $4n=96 \sim 100$，而其亲缘种的染色体数则为 $2n=50$。鲤科鱼类中，鲃、鲤和鲫等鱼类的染色体数为 $2n=100 \sim 104$，而鲫属的银鲫中则有染色体数为 $150 \pm$ 和 $200 \pm$ 两种类型，通常称之为三倍体和四倍体。实际上，这两种鲫鱼的起源尚不清楚，它们可能是鲫多倍化所产生的。因此，多倍体是研究鱼类进化的良好材料。

通常认为，我国黑龙江流域银鲫的某些种群为天然三倍体。我国已发现的多倍体鱼类近 30 种，除中华鲟、胭脂鱼和泥鳅分属于鲟科、胭脂鱼科和鳅科外，其余均为鲤科鱼类，既有四倍体也有六倍体。四倍体分布于鲤亚科的鲤属、须鲫属、鲫属和亚科的四须属、金钱鱼属、鲈鲤属以及裂腹鱼亚科的重唇鱼属，六倍体分布于鲤亚科的鲫属和裂腹鱼亚科的裂腹鱼属。

（2）鱼类多倍体的人工诱导

鱼类染色体与其他脊椎动物相比，具有较大的可塑性，易于加倍，可使单倍体形成二倍体及由二倍体形成多倍体，这就是人工诱导多倍体的理论基础。鱼类人工诱导多倍体的方法，概括起来可以分为生物学、物理学以及化学方法 3 种。

①生物学方法

异源精子通过远缘杂交诱发受精卵产生多倍体，在鲤科鱼类并非罕见。吴维新等用兴国红鲤和草鱼进行远缘杂交而获得四倍体杂种，染色体检查发现染色体数为 142 ~ 156，多数为 148 ~ 152，可能是由于 $n=24$ 的草鱼精子同 $n=50 ~ 52$ 的鲤鱼卵子受精后，染色体自动加倍，形成异源四倍体。在他们观察的 4 尾鱼中，其中一尾有两个分裂相的染色体数为 78，这种细胞是二倍体细胞，说明四倍体有可能是从二倍体加倍形成的，在少数杂种中，还有少数细胞的染色体没有加倍，依然保持二倍染色体组。

陈敏容等用白鲫和红鲤进行远缘杂交，在人工授精后 30 ~ 60 min 内将受精卵放在 40 ℃ ~ 45 ℃的水温中进行热休克处理，持续 30 ~ 120 s，结果获得 3 尾鲤鲫异源四倍体鱼，并养至成鱼。在此试验中四倍体的诱导成功究竟是远缘杂交的作用，还是温度休克的作用，尚不清楚。刘少军等用红鲫和湘江野鲤进行杂交，杂种一代是二倍体，从 F_3 一直到 F_6 都是四倍体，而且已经形成一个稳定不变的四倍体种群，以它为父本和白鲫或鲤杂交，便得到了在生长速度、抗病抗逆、肉质等方面都有明显优势的湘云鲫或湘云鲤。至于为什么种间杂交会导致卵子第二极体的不排出或染色体组的自动加倍，其原因尚不清楚。而在种内杂交中不排出第二极体的现象是比较罕见的。

此外，核移植和细胞融合是近年来尝试诱导鱼类多倍体的新方法，但并未成功地获得真正意义上的多倍体，仅得到心跳期胚胎或嵌合体仔鱼。

②物理学方法

在鱼类，温度处理已被广泛用来抑制受精卵的第二次成熟分裂或第二极体的排出。由于它的廉价和简便，国内目前采用最多的还是此法，它可较成功地诱导三倍体。

温度处理包括热休克和冷休克。若是阻止第二极体外排，采用冷休克方法时，一般将受精后鱼卵在 2 ~ 3 min 内移入 0 ℃ ~ 6 ℃的低温环境 20 ~ 30 min，再移回自然水温中孵化；采用热休克方法时，把受精后的卵在 2 ~ 3 min 内移入 41 ℃ ~ 42 ℃水中，经 2 ~ 3 min 处理，再移回自然水温中孵化。若是抑制第一次卵裂，处理的时间控制在第一次有丝分裂中期进行。马涛等、洪云汉、李群等用热休克方法分别获得了虹鳟、鳙四倍体和大鳞副泥鳅三倍体；尤锋、俞豪祥等采用冷休克分别获得了黑鲷三倍体和四倍体银鲫。进行温度处理最重要的是确定处理的开始时间、持续时间以及温度高低。处理时刻不能过早或过迟，据尤锋的经验，选取第二极体刚刚形成至放出之前这段时间进行诱导处理，三倍体效果最佳；同样，处理时间也不能过长或过短，过长会影响受精卵的进一步发育，过短则诱导效果不佳；处理温度也是如此。

另外，静水压处理是新近发展起来的一种诱发鱼类多倍体的方法，它是进行鱼类染色体组操作的有效方法，休克的最佳条件易于掌握，处理程序易于标准化。楼允东等用水静压诱导杂合二倍体雌核发育与三倍体虹鳟分别获得成功，桂建芳等在国内首次成功地采用静水压休克诱导出三倍体水晶彩鲫。在卵受精后 $4 \sim 5$ min 采用 600 kg/cm^2 或 650 kg/cm^2 的静水压处理 3 min，不但能导致 100% 的三倍体化，而且胚胎的存活率相当高。同时，他们还进行了静水压休克和静水压与冷休克结合抑制第一次卵裂诱导水晶彩鲫四倍体的研究，获得水晶彩鲫四倍体胚胎。静水压休克虽比温度休克需要更专门的设备，但其对胚胎的损伤比温度休克小，且处理的最佳条件易于掌握，是一个值得推广的有效方法。

无论是采用冷休克、热休克或静水压处理，都必须严格控制处理的起始时间和持续时间。桂建芳等在用静水压诱导水晶彩鲫四倍体过程中，发现受精卵在受精后 50 min、54 min、55 min 和 60 min 时的处理组中都出现了四倍体胚胎，而在受精后 48 min 和 48 min 以前的相同处理组中却没有。他们还发现，在抑制卵裂诱发染色体组加倍的效应期中间，存在一段对休克处理耐受性较强的时期，而在这段时间前后对休克更为敏感。

③化学方法

应用某些化学药品，如常用的秋水仙素、细胞松弛素 B 和聚乙二醇在适当时刻处理鱼类受精卵，可以抑制第二极体的排出或抑制第一次有丝分裂，从而达到产生三倍体或四倍体的目的。秋水仙素和细胞松弛素 B 的作用机理都是影响纺锤丝内微管的形成，从而抑制减数分裂或丝分裂纺锤体的正常收缩，导致第二次成熟分裂不排出第二极体或使受精卵第一次有丝分裂前染色体重复加倍。应用化学方法处理鱼类受精卵获得三倍体或四倍体，国内外都有成功的报道。还可用秋水仙素溶液和冷休克处理草鱼 × 团头鲂杂种及草鱼的受精卵，获得三倍体草鱼和团草四倍体囊胚。

由于温度休克与静水压处理诱导鱼类多倍体效果较好，方法也比较简便，成本又低，而化学方法则成功率要比物理学方法低，且试验材料（受精卵）能用于试验处理的数量也受到限制，所以实践中应用化学方法的不多。

（3）多倍体的鉴定

无论采用何种技术方法人工诱导多倍体，成功与失败是并存的，因此，试验结果中是否有真正多倍体鱼的存在，必须经过严格的鉴定才能认可。由于多倍体是以原二倍体的染色体数和核型组成为模式产生的，因此，必须有一个准确无误的方法来确定染色体的倍性。核体积测量、蛋白质电泳、生化分析、形态学检查、染色体计数、DNA 含量测定以及流式细胞计数等都可用于鉴定多倍体鱼，其中染色体计数和核型公式的分析是最可靠的。国内对于鱼类多倍体的鉴定，绝大多数都采用染色体计数的方法，而很少用蛋白质电泳、生化分析和形态学检查等间接法。染色体计数法比较费时，且必须有好的染色体标本，但它是鉴定鱼类多倍体的最准确的方法。质量好的染色体标本可以从胚胎获得，因为胚胎具有较高的有丝分裂指数。流式细胞计数法是又一准确测定细胞核内 DNA 含量的方法。将红细胞用荧光染料染色，这些荧光物质能和细胞核内的 DNA 进行特异性结合，在激光或紫外光的照射下发射出一定波长的荧光，再用流式细胞仪测出荧光值，并绘出频率曲线，从而可以清楚地显示出样品中各种倍性细胞的比例。

如果对群体进行多倍体鉴定，可以采用红细胞核体积测量法，它已被广泛用来作为鉴定多倍体鱼的手段。其中以核体积之比最为常用，不过也有用核面积甚至单独用核长轴或短轴之比来表示的，这种方法的理论依据是染色体数目倍增与细胞核体积增大是平行变化的。总的来说，多倍体的红细胞要比二倍体的红细胞大得多。朱蓝菲等进行了人工同源和异源三倍体鲢的红细胞观察，发现三倍体鲢的红细胞及其核的长径都明显地比二倍体大，相对应的体积也都大于二倍体。

红细胞核体积测量，无须特殊仪器设备，因此被认为是一个鉴定染色体倍性的好方法。不过，也有学者认为这种方法不能准确地反映倍性，其潜在的不准确性是难以准确鉴定多倍体与二倍体的嵌合体。为使所得的结论更加准确可靠，在测量红细胞核体积的基础上，可再作 DNA 含量的测定，因为染色体数目的倍增，不仅使细胞（核）体积增大，而且 DNA 的含量也会相应提高。沈俊宝等通过显微光密度法测定了黑龙江银鲫与普通鲫雄性个体的红细胞和精子的 DNA 含量，前者分别为 112.81 和 57.57 单位，其比值为 1.96 ： 1；后者分别为 77.22 和 37.57 单位，其比值为 2.06 ： 1。由此证明雄性银鲫的精子发生与普通鲫一样能正常完成减数分裂，因而认为黑龙江银鲫不是三倍体而是一个二倍体种群。

因此，鉴定多倍体鱼时，应把红细胞（核）体积、DNA 含量以及染色体数目和核型公式综合比较分析，如果各方面的数据是彼此吻合的，就可确认。

（4）多倍体的实际应用

人工诱导多倍体鱼，主要有两个目的：一是希望多倍体鱼的生长速度快于同类二倍体，二是利用三倍体鱼的不育性控制养殖鱼类的过度繁殖和防止其对天然资源的干扰。

多倍体鱼类具有比较强的生活力、适应性和生长势。我国科技工作者得到了兴国红鲤和散鳞镜鲤三倍体杂种，其生长明显优越于二倍体杂种，并据此提出了利用三倍体达到杂种优势的多代利用问题。云南滇池的高背鲫已被确认为是雌核发育的三倍体，由于它的发展使滇池的鲫产量在 8 年内由以前仅占渔获量的 2% ~ 3% 上升到 60% 以上。

三倍体鱼类还具有抗病力强、肉质鲜美等特点。通过对二倍体与三倍体虹鳟鱼肉成分分析，发现三倍体比二倍体的脂质含量高出许多。如湘云鲤是目前鲤中味道最好的种类，胴体比普通鲤鱼厚 1/3 左右；湘云鲫也同样具有肉质细嫩鲜美、细刺较少、胴体厚、个体大的优点。一般认为，三倍体在抗病性上具有潜力，但这方面的研究报道极少。雌虹鳟与雄银大麻哈鱼杂交，然后通过高温诱发处理获得三倍体是利用异源三倍体提高杂种存活率和增强对病毒性出血病败血症 (VHS) 抗性的一个典型例子。已知银大麻哈鱼对 VHS 的抗性强，而虹鳟对 VHS 的抗性弱，通过这两种鱼间的杂交获得的子一代存活率只有 0 ~ 3% 左右，而异源三倍体的存活率可高达 80%，而且具有对 VHS 很强的抗性。

另外，三倍体鱼类的不育性，除了能提高生长速度外，对种质资源的保护更有重要意义。例如三倍体鲤自身不能繁殖，也不同其他鲤混杂产生子代，进入天然水域后，不会干扰鲤原种，可投放到任何水域养殖，有可能解决我国鲤鱼养殖的混杂局面。

四倍体鱼的诱导，在育种工作中起着重要的作用。刘筠等研究成功的四倍体鱼，经过 6 代繁殖，各代的基本性状都是稳定不变的，已经成为一个四倍体基因库种群，这在国内外尚属少见。经过多代的试验养殖，四倍体鱼本身未能显示明显的生长优势，但利用这个四倍体基因库种群同二倍体鱼杂交，可以获得具有生长优势的三倍体鱼。湘云鲫是多倍体育种成功的典型实例，与亲本相比，其生长优势明显，个体增重比父本快388.3%，比母本快48.2%，群体增重比父本快547.4%，比母本快55.5%。

（5）前景展望

自20世纪70年代中期以来，我国在鱼类多倍体育种方面已取得了一定的成就，但仍然存在以下问题：人工诱导四倍体的技术尚未完全过关，即使得到了四倍体，所占比例还是很低，主要原因是难以掌握给予各种刺激的准确时间；静水压处理是诱导多倍体的较好方法，但由于其需要专门的设备而难于推广；由于诱导并不一定成功，因此寻求一个准确而又简便的方法来确定染色体的倍性就显得十分重要，虽然染色体计数法被公认为最好的方法，但对成鱼的倍性鉴定用此法并不十分合适，所以鉴定倍性的方法还有进一步改进的必要。

迄今为止，有关三倍体鱼类的人工诱导方法和生理特性等方面的研究较为详细，但关于三倍体的耗氧量、抗逆性和抗病性方面的研究则相对欠缺，而后者却往往与养殖品种的存活率、生产的区域性及产量的稳定性密切相关。因此，这方面的研究工作尚有待进一步完善。

三倍体由于染色体不平衡而不能进行减数分裂，因此也就不能达到性成熟。鱼类因在性成熟过程中要消耗能量维持生殖细胞的生长和生殖活动，从而导致生长的停止及肉质的下降。利用三倍体的这一特点，可提高商品鱼的产量和质量。但是三倍体鱼不能繁育后代，而目前人工诱导三倍体培育商品鱼又无成熟可靠的方法，且在经济上也不理想；四倍体鱼类有可能达到性成熟并繁育后代，而用四倍体与二倍体杂交可得到三倍体。因此诱导鱼类四倍体是一个极有价值的研究课题。

此外，在人工诱导的多倍体鱼类中，大多为淡水鱼类，海水鱼类仅占14.8%，海洋鱼类的多倍体育种相对薄弱。而海水鱼类经济价值相对较高，因此，进行海水鱼类的多倍体育种具有更大的潜力。同时，多倍体育种工作不能仅停留在实验室阶段，应与生产实践相结合，只有培育出的品种能尽快应用于养殖生产，多倍体育种才能有强大的生命力。

4.体细胞育种

童第周先生创立的鱼类核移植工作已取得重大成就，不仅证明细胞质对性状遗传的作用，而且取得具有理论价值的金鱼、鲤与鲫、金鱼与鲫和具有经济价值的颖鲤。应用连续核技术把短期培养的鲫肾细胞核和尾鳍细胞核作为供体获得"试管鲫"。

5. 基因转移育种

中国自从诞生了首例转基因鱼以来，在后续 30 多年里取得了一系列重要研究进展。全球范围的转基因鱼研究包括多种养殖鱼类，目标性状涉及快速生长、抗病抗逆和品质改良。现在已经初步建成转基因鱼育种技术体系和安全评估体系，为转基因鱼产业化奠定了重要基础。

（1）转基因鱼的研究历史

通过遗传物质的操作进行鱼类品种改良的尝试可以追溯到 20 世纪 70 年代，甚至更早。20 世纪 70 年代，童第周创立了鱼类核移植研究，将一种鱼的细胞核移植到另一种鱼的去核卵细胞中，培育了"核质"杂交鱼，希望能够用于鱼类的品种改良。然而，由于核移植操作困难，且仅靠细胞质来影响物种的性状，遗传育种效果有限。能不能将一个物种的遗传物质提取出来，直接注射到另一个物种的卵细胞或者受精卵中，引起遗传性状的改变？这是童第周团队成员朱作言的设想，他根据这一设想进行了鲮鱼的总 DNA 转移以及其后的转基因鱼研究。

鲮鱼是中国广东地区的重要养殖鱼类。鲮鱼喜温，只能在广东南部有限的地区越冬，鲮鱼的抗寒育种研究被列入当时的国家科技攻关计划。有研究者将鲮鱼与习性耐寒的雅罗鱼杂交，但由于种间的生殖隔离，远源杂交没有成功。1977 年春，水生所的研究者们提取了雅罗鱼的总 DNA，在广东省兴宁县渔场将其直接导入鲮鱼的受精卵中，以期突破种间生殖隔离，实现外源基因簇的转移与整合。随后将实验鱼运回武汉进行养殖观察，发现 11 月中旬池塘水温降至 6 ℃ ~ 8 ℃的一周之内，对照鱼全部死亡，但仍有 8% 左右的转基因实验鱼继续存活了两周，最后一尾死亡时的水温为 5 ℃ (朱作言、黄文郁，未发表资料)。限于当时的实验条件，他们没能对转基因实验鲮鱼中的外源 DNA 片段进行检测。然而，这是第一次"转基因鱼"遗传改良的尝试，实验结果令人鼓舞。

严格地讲，转移总 DNA 并不完全具备现代转基因技术的特征，它操作的对象并不是一个功能已知、结构完整的基因，总 DNA 转移的效率和效果都难以把握。显然，具有明确功能的基因元件是转基因研究的重要条件。20

世纪 80 年代初我国尚无基因克隆的条件和技术，朱作言等利用馈赠的重组人生长激素基因 (小鼠重金属螯合蛋白启动子驱动的人生长激素基因)，采用显微注射方法，将该重组基因构建体导入鱼类受精卵，获得第一批转基因鲫鱼、泥鳅和鲤鱼，部分转基因个体表现出明显的快速生长效应。随后，对外源基因的整合、表达及世代传递进行了系统的研究。在显微注射的胚胎中，50% 以上整合了外源基因，成为转基因鱼。其中约一半左右的转基因个体具有表达外源基因、合成人生长激素的能力。部分外源基因有效整合到生殖细胞中，这部分转基因鱼可以通过有性生殖方式将外源基因传递给子代，后者亦具有表达人生长激素的能力，由此建立起转基因鱼研究模型。

重组人生长激素基因作为外源基因并不适合以育种为目的的转基因鱼研究，一方面，小鼠重金属螯合蛋白启动子元件需要重金属离子的激活，水体中需要维持一定浓度的重金属离子，这样的水体显然不符合商品化养殖的要求；另一方面，携带人生长激素基因的转基因鱼存在潜在的生物伦理问题，可能造成消费者的心理负担。为此，水生所的研究团队分别克隆了鲤鱼 β- 肌动蛋白基因和草鱼生长激素基因，构建了由鲤鱼 β - 肌动蛋白基因启动子驱动的草鱼生长激素基因表达载体，这个重组生长激素基因的结构元件分别来自鲤鱼和草鱼，是谓 "全鱼" 生长激素基因。以黄河鲤受精卵为对象，采用显微注射方法，研制出了快速生长的转 "全鱼" 生长激素基因鲤鱼——冠鲤。

冠鲤中的外源生长激素基因在体内持续高水平表达，不受季节水温变化的调节，血清生长激素含量是对照鲤鱼的 2 ~ 10 倍，维持较高的营养代谢水平；转基因鲤鱼的摄食能量更多地用于生长，代谢和排泄耗能明显少于对照鲤鱼，转基因鲤鱼的生长速度达到对照鱼的 2 倍，饵料转化效率提高 16.8%；连续 5 个世代对外源整合基因的稳定性检测结果显示，转基因鲤鱼基因组中的外源生长激素基因能够稳定遗传；冠鲤只需养殖一年即可达到 1 kg 的上市规格，普通黄河鲤则需要养殖两年甚至更长的时间。冠鲤的诞生为农业动物转基因育种迈出了重要的一步。

（2）我国转基因鱼的现状

近 20 年来，在国家多项科技计划的支持下，以我国重要淡水和海水养殖鱼类为对象，包括鲤鱼、鲫鱼、草鱼、团头鲂、罗非鱼、黄颡鱼以及大菱鲆和大黄鱼等，进行了一系列转基因育种研究，并取得了重要研究进展。

外源基因除生长激素之外，还包括抗病抗逆和鱼肉品质相关基因。

冠鲤的成功研制开启了快速生长转基因鱼的序幕。中国水产科学研究院黑龙江水产研究所利用鲤鱼金属硫蛋白启动子驱动大马哈鱼生长激素基因，通过显微注射方法，培育出转基因黑龙江鲤，其中最大个体的体重超出对照鱼的 1 倍，外源整合基因可遗传给子代，建立了快速生长转基因黑龙江鲤核心群家系，并开展转基因鱼食用与环境安全的各项评价实验。与此同时，转生长激素基因的蓝太阳鱼、黄颡鱼、白鲫等也有相关的文献报道，外源整合的生长激素基因在不同程度上发挥了促生长作用。

抗病抗逆和品质改善的转基因鱼研究也取得重要进展。抗病转基因鱼育种主要从两个方面入手，一方面，通过导入免疫相关基因，以提高鱼体的免疫能力，如抗菌肽基因、溶菌酶基因和转铁蛋白基因等。有研究显示，转人转铁蛋白基因的草鱼抗草鱼出血病病毒和柱状黄杆菌感染的能力显著提高；转 Mx 基因的稀有鮈鲫对草鱼出血病病毒的抵抗力明显提高；转铁调素和抗菌肽的斑马鱼在创伤弧菌和无乳链球菌的感染下存活率明显提高。另一方面，通过干扰和抑制病原体特异基因在鱼体中的表达，提高转基因鱼的抗病能力。例如，针对草鱼出血病病毒 VP7 基因设计的小发卡 RNA 表达构建体，使转基因稀有鮈鲫获得了抗出血病性状。抗逆转基因鱼研究主要针对温度、盐度和溶氧等鱼类生长的胁迫因子。例如，将透明颤菌血红蛋白基因导入到斑马鱼基因组中，显著提高转基因斑马鱼低溶氧耐受能力。

（3）转基因鱼的生物安全

从 20 世纪 90 年代开始，转基因产品的生物安全问题就受到社会各界的关注，今天，它仍然是公众的热议话题。转基因产品的生物安全涉及食品安全和生态安全。食品安全是消费者关注的焦点，生态安全则是公众、特别是环保人士的疑虑，这两个安全都是科学家要严肃面对的课题。目前，转基因食品的安全评价主要遵循"实质等同"性原则。就转基因鱼而言，食用转基因黄河鲤与食用普通黄河鲤有什么差别？评价内容涵盖营养学、毒理学、致敏性及结合其他资料进行的综合评价。转基因鱼的生态安全评价主要考虑转基因鱼在自然水体中是否可能破坏原有的种群生态平衡，甚至导致某些野生品种的灭亡，威胁物种的遗传多样性；另一方面，转基因鱼可能与野生近缘种杂交导致"基因逃逸"，造成野生物种的"基因污染"。

自 20 世纪 90 年代开始，我国先后颁布了《基因工程安全管理办法》《农业基因工程安全管理实施方法》《农业转基因生物安全管理条例》《转基因食品卫生管理办法》《中华人民共和国食品安全法》等各种政策法规，来保障转基因产品的生物安全。转基因鱼的食品安全评价必须针对携带特定"外源基因"的特定"受体鱼"。以冠鲤为例，它携带的外源基因由两部分组成，鲤鱼的启动子和草鱼的生长激素基因，重组"全鱼"基因的表达产物是草鱼的生长激素蛋白。通俗地讲，吃一条冠鲤就如同在享用黄河鲤的同时还额外获赠了一小碗草鱼汤，基于常识，这对人类的健康不会有任何影响。科学检测的结果证实，摄食转基因鲤鱼对小鼠的生长、血液常规、血生化成分、组织病理和生殖机能及对子一代幼仔的生长和发育均无影响，食用转"全鱼"生长激素基因鲤鱼与食用普通鲤鱼同样安全。

评价转基因鱼生态安全的两个关键适合度参数是生存力和繁殖力。对转"全鱼"生长激素基因鲤鱼的生态安全研究发现，快速生长导致其绝对临界游泳速度和相对临界游泳速度的平均值分别比对照鱼要低 22% 和 24%。游泳能力是影响鱼类的食物获取、寻找配偶、逃避被捕食等行为的关键因素，这些因素决定了鱼类在自然环境中生存力。另一方面，通过人工模拟湖泊生态系统，比较了转基因鲤鱼和野生鲤鱼在独立的水生态系统中的繁殖力和后代存活力。结果显示，在自然水体中，转"全鱼"生长激素基因鲤鱼与普通鲤鱼具有相同的繁殖竞争力，但其子代幼鱼存活力低下，即使因为偶然事件逃逸到天然水体中，也不可能形成优势种群，进而威胁鲤鱼自然种群遗传多样性，相反会因为其低下的后代存活力而逐渐消亡。

尽管已有的实验证据表明转基因黄河鲤是低风险的，但这些实验证据在时间和空间尺度上都存在局限性和不确定性。从另一个角度看，转基因鱼的繁殖力是生态安全问题的关键，一个不育的转基因鱼品系将不会对生态系统产生深远影响。中科院水生所与湖南师范大学合作，将转基因二倍体鲤鱼与异源四倍体鲫鲤杂交，通过倍间杂交的方法研制出了转基因三倍体鱼——吉鲤。吉鲤不仅保持了普通三倍体鲤鱼不育的特点，而且比普通三倍体鲤鱼生长快，饵料利用率高。不育的转基因三倍体鲤鱼从根本上规避了转基因鱼潜在的生态风险，其大规模的推广养殖不会对生态系统产生任何负面影响，这可能是加快转基因鱼实现产业化的重要途径。

（4）展望

目前，转基因鱼育种研究主要针对快速生长、抗病抗逆等少数经济性状，经济性状相关基因的发掘是转基因鱼育种研究的根本前提，转基因鱼育种策略的制定同样依赖于对相关功能基因的深刻理解。随着基因组时代的到来，高通量 DNA 测序技术不断完善，生物信息学日渐成熟，为大规模发掘功能基因、深度解析网络调控机制提供了技术条件。最近，我国重要的经济鱼类如半滑舌鳎、鲤鱼、大黄鱼、草鱼等的基因组测序均已完成，并已完成大量功能基因的注释和基因组框架图的组装，这将为鱼类经济性状相关基因的克隆及其调控机制研究提供重要的基础平台。基于这些平台，可望发掘一批鱼类重要经济性状相关基因，揭示其网络调控机制，为广泛开展转基因鱼育种研究奠定基础。

转基因鱼模型研究揭示，外源基因在受体鱼基因组中的整合具有随机性和嵌合性，提高外源基因的整合效率，建立外源基因的定点整合技术是转基因技术发展的关键。转座子和巨核酸酶介导的基因转移方法，能够明显提高基因转移的效率，并已在鱼类转基因工作中广泛应用。最近几年发展起来的 TALENs 和 CRISPR/Cas9 技术，使基因组水平上的定点缺失、插入或单碱基突变成为可能。有研究报道，TALENs 和 CRISPR/Cas9 技术已经开始应用于鱼类的基因功能研究。高效率的外源基因定点整合技术将在鱼类转基因育种研究中发挥重要作用。

三倍体吉鲤模式提供了一种规避转基因鱼生态风险的有效途径，但通过倍间杂交获得不育三倍体只是一个特例，这种策略在其他转基因鱼品系中难以实施。"解铃还须系铃人"，运用转基因技术来解决转基因鱼的育性控制则是一个更具普遍意义的策略。有研究发现，携带反义 GnRH 基因的转基因鲤鱼，其脑区 GnRH 基因表达信号明显减弱，一龄转基因鲤鱼血清促性腺激素平均水平显著下降，部分转基因鲤鱼性腺发育被抑制或完全败育。进一步的研究发现，利用 GAL4/UAS 基因表达调控系统和反义 RNA 技术，研究者在斑马鱼中建立了两个转基因家系，这两个品系的杂交后代丧失生殖能力。随着对鱼类生殖机制和转基因技术的深入研究，将有望建立一套完备的鱼类育性控制系统，杜绝转基因鱼的生态风险，为转基因鱼的产业化铺平道路。

我们不妨回顾一下重组 DNA 技术的发展过程，短短的 40 年成功地开启了一个全新的服务于人类社会生活各个方面的现代生物技术产业。可是，它出现之初所面临的是社会对它的疑虑、恐惧甚至声讨和封杀。从这个角度审视今天转基因技术面临的情况，研究者们感到似曾相识而豪情满怀。从根本上解读转基因育种技术，就是以分子生物学为后盾的精准的物种间"分子杂交育种技术"，是人类育种史上的采集、驯化、选育、杂交发展历程的又一新的更高的发展阶段。这一技术不仅可以服务于育种实践，而且更能够解决传统育种技术所不能解决的育种难题，更好地服务于人类文明社会发展的需要。

（三）水产生物的引种与移植驯化

我国是世界上引种最多的国家之一。据不完全统计，60 年代以来，已引进鱼类四十余种、虾类 8 种、贝类 8 种、藻类 10 余种，有的已形成产业化规模。如罗非鱼、斑点叉尾、加州鲈、罗氏沼虾、凡纳对虾(南美白对虾)、海湾扇贝、虾夷扇贝、虾夷马粪海胆等。其中海湾扇贝的养殖，2000 年年产量已达 60 多万吨，形成浅海筏式养殖的重要产业；凡纳对虾也已成为我国海水池塘重要的养殖对象。

水产生物移植驯化工作取得较好效果的有团头鲂、银鲫、银鱼(太湖新银鱼、短吻银鱼、大银鱼)、池沼公鱼，促进了湖泊、水库和池塘养鱼业。

（四）水产动物营养与饲料

1. 营养需求

开展了主要养殖鱼类、虾蟹类和中华鳖对主要营养物质的营养需要量和饲料中适宜含量的研究。其中草鱼、青鱼、鲤、团头鲂、尼罗罗非鱼、鳗鲡、鳜、真鲷、黑鲷、花鲈、中国对虾、罗氏沼虾、中华鳖对蛋白质与氨基酸、脂肪与脂肪酸、主要维生素和矿物盐的需要量和饲料中适宜含量都基本查明，为研制配合饲料提供了科学依据。

2. 配合饲料营养标准与配方

20 世纪 80 年代起开始进行主要养殖鱼类配合饲料营养标准研制，先后制定了鲤、草鱼、尼罗罗非鱼、中国对虾等配合饲料营养标准，但尚未颁布执行。同时在养殖业和水产饲料工业迅速发展的驱动下，广泛开展了淡、海水主要养殖鱼类、虾蟹类、中华鳖等饲料配方研究，研制出许多优质配方。

3. 饲料添加剂

随着养殖业与饲料业的发展，相继开展了许多水产养殖动物，特别是名优养殖种类的添加剂研制。目前，鲤、草鱼、尼罗罗非鱼、鳗鲡、鲈、鳜、真鲷等鱼类和中国对虾、罗氏沼虾与中华鳖等维生素、矿物盐添加剂，以及几种肉食性鱼类和虾类的诱食剂与促生长剂都已商品化，但效价尚需进一步提高。

（五）水产养殖动物病害应用基础理论与防治技术

50年代开始进行淡水养殖鱼类寄生虫病、细菌性病、真菌性病和非寄生性疾病的调查研究，并相应开展病原生物学、寄生虫学、鱼类免疫学、病毒学、病理学、药理学和肿瘤学等基础理论研究；20世纪80年代以来，随着海水鱼类养殖业发展，开始进行海水养殖动物疾病研究。在应用基础理论研究方面，查明我国鱼病100余种、虾病四十余种、病原体450余种和饲养鱼类寄生虫的分类、形态、生活史、致病作用与流行情况，探明大多数寄生虫病的病原与发病机理，查明30余种细菌性疾病的病原、病症、发病规律与流行情况；查明草鱼出血病和对虾爆发性流行病的病原（分别为呼肠弧病毒与WSSV病毒），基本探明其典型病症、组织病理、致病机理、传播途径与机制等。对蟹类、贝类、两栖与爬行类养殖种类的常见病也进行了研究并取得一定成果。

三、我国水产养殖业存在的问题与原因分析

（一）存在的问题

1. 种质问题——缺乏品质优良、抗逆能力强的养殖对象

我国水产养殖的生物基本上都是野生型的，未经过家化过程的遗传改良，因而，除保留了野生型对环境温度等变化适应性较强的优点外，更多地表现为对养殖环境变化的不适应性，如密度变化、营养条件、病原体的侵害和恶化的水环境等。由于海水养殖野生型种类的种质难以适应逐渐恶化的环境，经过长期密集养殖后易发生大规模死亡。如我国北方土著种——栉孔扇贝等。此外，野生型群体经过数代养殖后，其子代性状分离，可能有一部分个体是对某些环境（病原）的敏感型，易发生死亡，并诱发其他个体的死亡。

2. 病害问题——养殖类群单一并长期持续密集养殖，致使病害肆虐

淡水养殖中，由于环境恶化等原因，草鱼等病害严重。在传统海水池塘对虾、滩涂贝类养殖中，养殖种类或类群单一问题由来已久。对虾养殖业进入产业化的长时间内，中国对虾一直是当家种类，只是产业滑坡之后才开始重视生态养殖，强调多元化养殖，继而有了不同种类或类群搭配、

不同养殖模式并举的新型养殖技术。目前，我国海水养殖业中在不同生态类型海区的养殖种类结构不合理的现象非常普遍，如某海区适于某种生物养殖，其养殖生物量就会严重超过环境负荷，进行掠夺式养殖。局部海区长期结构单一的密集养殖，使生态系统能量和物质由于超支而贫乏，造成循环过程紊乱和生态失调，致使某些污损、赤潮和病原生物异常发生，而且由于系统中的生物种群多样性低，食物链短，能量转化率虽高，但是生态系统的稳定性差，极易引发病害的发生和流行。

3. 环境问题——养殖环境恶化，生态系统失衡

据统计，我国每年直接入海的废水量高达 80 亿吨。另外，大量富含有机质、无机氮和磷及有机农药的农业污水也流入内陆水体与近海水域，致使养殖水质恶化，严重地影响养殖种类的生存和生长。

除了外源污染物的进入外，养殖业本身对养殖水域生态环境的影响也是不容忽视的。大量新增加的养殖设施使养殖区及其毗邻水域流场发生改变，而且，由于养殖设施的屏障效应，使流速降低，影响了营养物质的输入和污物的输出，使陆源污染物得不到及时的稀释扩散，滞留在养殖水域。由于堆积了大量生产加工过程的废弃物等有机物并矿化，使海底和池底抬升，水深变浅，既降低了水域的使用功能，也成为二次污染的污染源。此外，植物性种类有机质的溶出，动物性种类养殖过程中的人工残饵及代谢产物的排放等都对水域环境造成危害。

（二）原因分析

1. 缺乏系统的基础理论和高新技术研究

目前，我国水产养殖理论和技术已经满足不了实际生产的需要，科研滞后于生产的现象已经严重影响我国海水养殖业的发展，出现了"产业浪潮"之后的"滑坡"，如对虾和栉孔扇贝等。其中主要原因就是多年来我国科研工作者在海水养殖理论和技术缺乏真正的突破；从另外一个侧面反映出国家和有关部门对海水养殖基础理论研究重视和投入经费的不足。因此，要想真正走出困境，增加海水养殖理论研究的经费势在必行。实施海水养殖创新工程，健全激励竞争机制，对有突出贡献的科技人员优先安排科研项目，优先资助科研经费。集中人力、物力和财力，重点突破一些关键的理论问题和技术措施。就浅海养殖面临的困境而言，我们认为有关科研主管部门应尽快立项，重点支持种质及病害和养殖生态学的研究。

2. 缺乏整体开发利用的战略意识

不合理开发加剧人类活动对湖泊、河口和海岸带资源与环境的影响和破坏。海水增养殖业尤为严重，在缺乏系统理论和技术研究的情况下，大规模开发，无论布局，还是养殖模式，都缺乏养殖生态学理

论和生态调控等技术的指导。近年来，我国滩涂埋栖性贝类资源的严重衰退，除酷捕滥采外，沿岸带不合理开发破坏滩涂埋栖性贝类赖以生存繁衍的栖息地则是最重要的原因。如干旱地区利用昂贵的地表水和地下水养鱼；在潮上带大片兴建虾池，利用地下水养殖对虾，发展对虾单一种类的养殖，一方面导致其产业滑坡，另一方面也严重破坏了大片滩涂的生态平衡。虽然获得了短期的经济效益，但也造成地下水趋向枯竭，导致局部地面下沉，进而导致海水倒灌，后果不堪设想。

四、新世纪我国水产养殖业发展态势

新世纪我国水产养殖业的发展态势日趋明朗，即朝着生态养殖和工程养殖两个方向发展；其理论基础是运用现代生物学理论和生物与工程技术，协调养殖生物与养殖环境的关系，达到互为友好、持续高效；其总体目标是：实现养殖生物良种化、养殖技术生态工程化、养殖产品优质高值化和养殖环境洁净化，最终实现水产养殖业的可持续发展。

未来的生态养殖，将强调养殖新模式和设施渔业中新材料与新技术的运用，建立动植物复合养殖系统，实施养殖系统的"生物操纵"与"自我修复"，优化已养海域的养殖结构，实现浅海离岸生态设施渔业。

未来的工程养殖，将运用现代生物育种技术、水质处理和调控技术与病害防控技术，设计现代养殖工程设施，实施养殖良种生态工程化养殖，依靠"人工操纵"实现养殖系统的环境修复，有效地控制养殖的自身污染及因养殖活动对海域环境造成的影响。

五、新世纪水产养殖业的战略构想

（一）实施生态工程养殖战略，促进水产养殖业的健康发展

世界大多数国家的水产养殖业都有"发展—滑坡—调整—持续发展"的经历。"可持续发展"是世界环境与发展委员会提出的人地系统优化的新思路。可持续发展的核心思想是实现经济发展、资源节约与环境保护的和谐和统一。

而环境保护与经济发展互相支持的战略目标，可以采取适当的技术、经济等措施控制并解决环境问题。经济增长并不一定带来环境的破坏，关键是采用什么样的经济增长模式。由此可见，困难与机遇并存。一方面，近年来我国对虾和栉孔扇贝大规模死亡、产业滑坡对海水养殖业的发展影响很大，教训深重；另一方面，也为我国水产养殖业的持续发展提供了良好的契机和氛围。

（二）立足基础研究，强化高新技术的应用

研究和开发的理论和技术包括：新的种质资源的发掘和对现有养殖种类（群体）的种质评价、养殖生物异常大批死亡的病因和防治技术、养殖系统营养动态和自污染的规律、养殖生态系统养殖容量的评估与生态环境调控和新型养殖设施（备）和水质调控技术的研制与开发等。

新型养殖设施或设备是未来工程化养殖和离岸设施渔业发展的重要条件之一。新型的养殖设施或设备至少包括两方面。陆上工程养殖系统：现代化的基础设施，环境控制设备，水处理循环设备，专家管理系统等；离岸深水设施渔业系统：抗风浪深水网箱、深水平台、自动投饵清污系统及环境监控设备等。

（三）实施良种工程，不断推出养殖新良种

实现养殖对象的良种化，不断推出养殖新良种，从根本上解决目前因种质衰退而造成的一系列问题，是确保我国苗种生产持续健康发展的根本所在。

选择育种、杂交育种、雌核发育、多倍体育种等都已经取得了一定的突破，如直接诱导三倍体的长牡蛎和通过四倍体与正常二倍体杂交而获得的三倍体长牡蛎都具有一定的生长优势。

基因工程的应用潜力在不远的将来可望给海水养殖业带来巨大的效益和革命性的变化。尽管其技术难度大，经费投入高，但其意义重大。因此，国家应创造条件，积极开展这方面的研究，为实现未来养殖对象的良种化奠定坚实的基础。

（四）从平衡水域各产业的需求出发，调整现有养殖区养殖结构、规模与布局

目前，我国各地已开始对养殖产业结构进行了调整，在有些海区已经取得一定成效，但仍需进一步调整，合理布局，积极开展生态养殖和工程化养殖，在提高产品档次，增加经济效益的同时，减轻养殖对水域资源与环境的影响，保护和修复湖泊、海湾等脆弱生态系。

为了实现水域各产业的平衡发展，在基本满足出口和内需的情况下，现有的养殖区将会逐渐缩小，而离岸生态设施渔业、潮上带和陆地工程化养殖的产量将会有较大地提高。鉴于目前我国水产养殖的现状，近期内可能有多种养殖模式并存：生态养殖和池塘工程化养殖。

（五）集成现代生物和工程技术，实施陆地和潮上带工程化养殖

陆地和潮上带工程化养殖主要包括鱼类、虾蟹类以及其他海珍品的生态工程化养殖。其发展前提是现代的养殖设施，生长快、抗逆能力强、肉质好的良种，高效水处理技术和自动化控制系统等。逐步建立大型的"养殖工厂"，大幅度提高养殖单产和经济效益；同时从环境清洁工程的角度出发，有效地控制养殖污染，减轻养殖污染对水域的环境与资源的破坏，进一步提高生态效益。可以预测，陆地和潮上带工程化养殖的前景十分诱人。

（六）以养殖生态学理论和现代工程技术为基础，大力发展浅海离岸设施渔业

据调查，目前已利用养殖的浅海海区水深均在 15 m 以内，而贝藻类养殖主要利用这类海区，环境优良和经济条件较好的上述海区均得以较早开发，而这些海区也是陆源污染最为集中的海区。为了实现新世纪我国浅海养殖业的可持续发展，减轻贝类等养殖对近岸海区的影响，养殖范围必须向外方发展，实施离岸设施渔业。未来的离岸设施渔业将采取先进的养殖和工程技术与设施，养殖区域将拓展到 20 m 水深的海区，局部可达 30 ~ 40 m 水深的海区 (如长岛等)。

必须加强"离岸养殖"工程技术的研究，注重引进技术的消化与吸收。在发挥其生态效益和社会效益的同时，利用"离岸养殖"生产出高质量的产品，提高其本身的经济效益，解决养殖成本过高等问题。

（七）从改善我国人口营养结构出发，大力发展水产品加工业

近年来，我国海洋药物和天然活性物质的研究和应用得以充分重视，而高品位的海产食品加工业发展势头不足。尚需投入高科技含量，创建品牌产品，扩大销售市场。另一方面内陆地区，特别是西部地区，人民的食物营养结构亟待改善，如缺碘等，这一现状不能不引起有关部门和学者的深思。我们认为必须立足出口，扩大内需，调整和提高我国海产品加工业的产品质量、产业结构、档次和规模，并由此推动我国水产养殖业业的持续健康发展。

第三节　我国水产养殖的发展及现状

一、国内外水产养殖的发展

水产养殖历史最早可追溯到前 2500 年，古埃及人已开始了池塘养鱼，至今埃及的法老墓上还有壁画描绘古埃及人在池塘里捞取罗非鱼的场景。

在中国，关于池塘养鱼的最早文字记载是《诗·大雅·灵台》："王在灵沼，於牣鱼跃。"诗中记叙了商朝的周文王征集民工在现甘肃灵台建造灵沼，并在其中养鱼之事（前 1135 至前 1122 年）。传说周文王还亲自记录鲤鱼的生长和生活行为。中国的养鱼技术大约在 1700 年前传到朝鲜，以后再传至日本。

古希腊著名哲学家亚里士多德（前 384 至前 322 年）也是公认的有史以来第一位海洋生物学家和生物学奠基人。他开创性地做了动物分类、动物繁殖、动物生活史等工作，记录了 170 多种海洋生物，其中特别指出鱼是用鳃呼吸的，鲸是哺乳动物等。他在书中还提到了鲤鱼以及当时欧洲人也热心于养殖鲤鱼。

罗马人在 1 世纪就开始在意大利沿岸建池塘养鱼，养殖品种除鲤鱼外，还有鲻鱼。据传早期罗马人的养鱼技术是腓尼基人和伊特拉斯坎人从埃及传入的。

法国从 8 世纪中叶开始利用盐池进行鳗鱼、鲻鱼和银汉鱼的养殖。

英国从 15 世纪初开始养殖鲤鱼。最初是将野生的鲤鱼养殖在人工开挖的池塘里暂养作为食物备用，以后逐步变为增养殖。这种养殖方式在欧洲流行很长一段时间。由于当时牛羊肉来源困难，因此鱼类蛋白就变得十分珍贵，以至于如果发现有人偷鱼，法庭甚至可以重判他死刑。

德国人斯蒂芬·路德威格·雅各比于 1741 年建立了世界上最早的鱼类育苗厂，主要繁殖培育鳟鱼苗以供应当时日益兴旺的游钓业。雅各比把他的繁殖技术发表在《Hannoverschen》杂志上，可惜没有引起人们的注意。直到 1842 年他的鳟鱼繁殖技术被法国科斯特（Coste）教授等人再次发现才得以广泛传播。

夏威夷的水产养殖始于 1000 年，技术可能是从波利尼西亚传入的。养殖池塘一般建在海岸地带，通常都用石块切成，既牢固，面积也可以建得很大，主要养殖海水种类如遮目鱼、鲻鱼以及虾类。印度尼西亚是遮目鱼养殖大国，该国的遮目鱼养殖历史至少可以上溯到 600 年前，虽然现存的记录是在 1821 年由荷兰人所做的。

除鱼类养殖外，贝类养殖的历史也很悠久。贝类是沿海居民十分喜爱又容易采集的食物，尤其是牡蛎，可能是无脊椎动物中最早被养殖的水产品种，从罗马皇帝时代就已开始进行。1235 年，爱尔兰一名海员在法国海边泥滩上打桩张网捕鸟时，发现了一个非常有趣的现象，木桩上附满了贻贝，而且附着在木桩上的贻贝比泥地上的长得快得多。这一偶然发现成就了后来法国日益兴旺的贻贝养殖产业化。300 多年前的日本人应用类似的技术进行牡蛎增殖。1673 年，发现牡蛎幼体可以附着在岩石或插在海滩的竹竿上生长，否则幼体将被海流冲到海底不知所踪。这一发现奠定了后来在日本盛行的浮筏养殖，并且由牡蛎等贝类养殖扩展到紫菜养殖。今天，紫菜是日本十分重要的海产品，它的养殖在 16 世纪末的广岛湾和 17 世纪末的东京湾就已经很盛行了。

二、我国水产养殖的发展现状与问题

我国水产养殖历史悠久，技术精湛，是世界上进行水产养殖最早的国家，也是世界上唯一的养殖产量超过捕捞产量的国家，而且水产养殖业仍在继续快速发展中。在满足世界水产品需求做出巨大贡献的同时，我国的水产养殖正面临着水环境状况日益恶化、社会舆论的监督、政策与法规的监控及水产品品质要求日益提高等方面的挑战，如何实现水产养殖的可持续健康发展是政府、环境保护者、水产养殖人员以及广大人民群众共同关注的问题。

（一）水产养殖现状分析

1. 水产养殖的地位

改革开放以来，我国渔业调整了发展重点，确立了以"养"为主的发展方针，水产养殖业获得了迅猛发展，产业布局发生了重大变化，已从沿海地区和长江、珠江流域等传统养殖区扩展到全国各地。养殖品种呈现多样化、优质化的趋势，海水养殖由传统的贝藻类为主向虾类、贝类、鱼类、藻类和海珍品全面发展；淡水养殖打破以"青、草、鲢、鳙"四大家鱼为主的传统格局，鳗鲡、罗非鱼、河蟹等一批名特优水产品已形成规模。目前，我国进行规模化养殖的水产品种类已达50多种，工厂化养殖、深水网箱养殖、生态养殖等发展迅速。水产养殖业已成为我国农业的重要组成部分和当前农村经济的主要增长点之一，对促进农工业产业结构调整，发展农村经济，增加农民收入，促进对外贸易以及提高人民生活水平等方面做出了明显的贡献。

2. 水产养殖的市场潜力

随着人民生活水平的提高以及消费者对水产品营养价值认识的更新，我国内陆水产养殖业有着广阔的发展和市场空间。水产养殖业的功能不仅在于水产品的食用，满足人们日常生活的需求，同时对相关产业的发展也有重要的作用，特别在近年来发展的休闲渔业上具有特殊的功能。据调查，越来越多的人渴望参与到休闲渔业中，进而享受自然，调节身心。

目前，我国参加休闲渔业的人数在不断增加，这将成为内陆水产养殖业经营发展的巨大潜在市场。

3. 水产养殖造成的不良影响

水产养殖业作为一项对水资源和水环境有特殊要求的产业模式，其与水环境的关系已经成为国内外研究的重点。我国水产养殖业在快速发展的同时，由于缺乏科学的规划和管理，在一定程度上造成了水环境的污染和退化，包括对沼泽的破坏、大面积水体污染和饮用水水源的盐碱化等。

（二）水产养殖中存在的问题

随着养殖技术、理论的发展和市场需求的不断增长，水产养殖业得到了大力的发展，然而这样的发展却是在追求数量和增长速度的前提下，以高成本、低效益换取的，以透支未来的资源和环境为代价取得的，可见我国在进行水产养殖过程中存在着许多问题。

1. 水产养殖依旧采用粗放式的养殖模式

水产养殖的发展在追求数量和增长速度的过程中，是以占有和消耗大量资源为代价取得的。粗放式的养殖模式导致生态失衡和环境恶化等问题日益突出，同时细菌、病毒等大量滋生和有害物质的积累，给水产养殖业自身带来了极大的风险和困难，威胁着水产养殖业的生存和发展。

2. 水产养殖水域开发与规划欠科学

近年来，沿海地区都对浅海滩涂和养殖水域进行了功能区划。应该说，这种区划从整体上看是科学和可行的，但在具体生产操作中却存在着不少问题。养殖区域过度扩张，影响了自然资源的繁衍和生长。众所周知，自然资源的产生、生长和消亡都有一定的规律。从海洋渔业资源的角度说，任何水域若经过较大的人工改造，必然打乱固有的自然生物生长环境，使传统的地方名产变态变性，甚至灭绝。另外，不少地方在规划养殖区时，忽视了鱼类洄游与索饵通道，严重影响了各种自然水生物的生长，导致自然生物的变态与减少。

养殖品种和养殖方式较混乱，造成相互干扰。虽然各地都按照各自的实际情况对海域的使用进行了基本的功能区划，但在实际操作中还是养殖户自己说了算的较多，这样一来，由于养殖品种差别较大，不管是清池引水，还是投饵施药，都容易造成相互抵触，相互污染。

3. 养殖用药过量，养殖品种体内毒素富集严重

水产养殖用药缺乏严格的监督管理，不但因用药过量而造成水域污染，而且还使养殖品种因有害元素富集体内严重超标，影响消费者的健康。《中国海洋报》曾刊登过这样一篇报道，南方某地一位养鱼专业户从事水产养殖 10 多年，自己却从来没吃过一条自己养的鱼。其原因不是舍不得吃，而是由于他自己很清楚用的药太多，不敢吃。据了解，目前大部分水产养殖人员采用大量的药物来维持养殖品种的正常生长，使得养殖用药越来越多，养殖品种的毒素富集越来越高，对水环境和人体健康都造成了危害。

（三）水产养殖业的发展对策

1. 正确处理自然资源与发展水产养殖的关系，搞好因地制宜

注重对自然资源的保护，在规划和开发水产养殖区域时，要对当地自然条件和原有水产自然资源进行全面考察，既要充分利用当地的自然资源优势，大力发展水产养殖，又要注重保护当地固有的资源环境。对已经开发利用的水域，但实践证明不利于当地自然资源保护和发展的，要立刻停止开发，以便使自然资源得以恢复。要避免不顾自然条件一哄而上、无限度开发的现象发生，那样将会造成生态破坏和水资源的污染。避免侵占与破坏鱼类洄游通道，在规划与确定水产养殖区时，要坚决避免在鱼类洄游通道进行养殖，更不能在通道处建池筑坝，对已在鱼虾主要洄游通道中设置养殖区的要坚决拆除。同时，要严禁私自扩张养殖区，对影响船舶的区域，必须在养殖区边界设置明显标志；要加强对引进水产养殖品种的把关，

既要进行人工养殖，就应该注重养殖品种的档次与质量。

因此，在引进各种苗种过程中，有关部门要严格把关，尤其要严格防止携带病害和对我国水域或生物产生灾害的苗种的引进。

2.加强对饵、肥、药的监管力度，严防水体污染

要明确管理职责，解决那种想管的无权管，能管的不负责任的局面。要明确管理机构，授以专管权，使之对饵、肥、药的购买与使用都做到监督与管理，避免那种产的不管卖的，卖的不管用的，最终造成乱投滥用，导致交叉污染。要加强对饵料制造的严格把关，要坚决取缔未经审批的地下饵料加工厂，并对登记在册的厂家产品进行定期检验，防止有害物质超标，杜绝人为污染源的侵入。要加快推进鱼药产业的立法，规范水产养殖业的生产经营行为，同时，要加快科研开发，加快水产养殖业步伐，研制生产出适合各种养殖品种的低毒高效药物；鼓励有条件的地区开展无公害生态养殖，尽量减少药物使用，从而降低养殖品种的毒物富集程度，提高对水资源的保护利用。

3.把好养殖户的责权关，提高养殖区的长期使用效益

目前，养殖区域基本都采取租赁或承包的方式，主管部门在发放养殖证时，一定要明确养殖户的权利和责任，特别是因施肥或用药造成水域污染或连带损失的，必须追究当事人的责任。另外，要大力提倡进行名优水产品的养殖和加快养殖品种的更新换代步伐，实行轮养，对于发病率高、效益低、危害大的品种，要坚持予以淘汰，从而选出适合生产的优良品种，进行大力推广，提高水产养殖的长期效益。

随着渔业资源的不断发展，水产养殖业前景无限。在发展水产养殖的同时，要充分考虑对自然资源的保护，努力实现环境友好型的养殖模式，积极探索水产养殖的可持续发展，这对改变我国水产养殖现状、提升我国水产养殖技术水平、促进我国水产养殖可持续发展起到积极的作用。这一切都需要环境工作者和养殖工作者一起，在政府的引导下，从政策的制定，科学的规划，技术的革新等环节进行系统的研究，并在实践中进行推广，使我国水产养殖业健康发展。

第二章　现代水产养殖技术中的水质管理

　　水体是水产生物生存、生长的首要环境条件，水环境质量的好坏直接影响水体其养殖产量和经济效益。俗话说"鱼水深情"，同人类生存离不开空气一样。在水产养殖中，水质控制和管理极为重要，它对养殖生产安全和养殖产品质量起着至关重要的作用。

第一节　水的理化性质与水质指标

一、纯水的性质

（一）结构

　　水分子是由两个氢原子和一个氧原子构成，氧原子最外层有六个电子，其中有两个电子与两个氢原子的电子形成共享电子对，另外两对电子不共享。这样就产生了极性，共享的一端为正极，另一端为负极，因此水分子为极性分子。这一结构特征导致了水的特有氢键的形成，即非共享的两对电子的负电子云所形成的弱键可以吸引相邻水分子的正电子云。氢键的形成与否直接与水的物理性质、形态相关。

（二）形态

　　日常可观察到水有3种形态，即液态、气态（蒸汽或水蒸气）、固态（冰）。

　　液体的水有体积而无一定形状，其形状取决于容器。大于4℃时，液态水与其他物质一样随温度的下降相对密度增加。而小于4℃时，随着温度的下降，水的相对密度反而减小，这是由于小于4℃的水，其结构趋于晶体化，密度减小。

　　液态水经加温到一定程度就转变为气态。这是由于水分子因加温而获得能量，发生振动，从而导致彼此间的氢键断裂，运动加快，相互分离。因此气态时，水分子相互独立，无氢键形成。气态水无固定体积和形态，除非被压缩在一特定的容器中。

与气态相反的是水的固体——冰，不仅有固定的体积而且还有固定的形状。这是因为在冰点时，水分子之间形成了比较牢固的氢键，振动很小。冰是一种由氢键主导形成的晶体结构，其比重小于液体，因此冰通常浮于水面。

水的这种物理特性对水产养殖者来说十分重要，因为在冬天冰就成了冷空气与下层水之间的隔层。如果水的理化特性与其他物质一样，就有整个池塘或湖泊从底层到表面都会变成固体冰的危险。

（三）温跃层

作为一个水产养殖者来说，可能更关心的是在常温条件下液态的水。液态水的性质主要体现在水分子间的氢键不断形成又不断地断裂，随着温度的升高，氢键的形成和断裂的频率就增加，这也是为什么液态水没有固定体积的原因。

池塘水的相对密度取决于温度。当温度升高，冰开始融化，4 ℃以下，水的相对密度随温度的增加而增加。而当温度达到 4 ℃以后，继续升温，相对密度逐步降低。通常在一个具有一定深度的水体中，表层水与底层水是不发生交换的。这是因为在这种水体中形成了一个固定的密度分层系统，也就是池塘或湖泊中由温热水层突然变为寒冷水层的区域称为"温跃层"。

这种水体分层在较浅的池塘中一般不会形成，但在有一定深度的池塘中，就有可能形成，而且会造成很大的危害。因为表层水温度高，相对密度轻，始终处于底层温度低、相对密度大的水体之上，导致底层水体因长期不能与表层水交换而缺氧。

在深度较深的湖泊和池塘会发生上、下水层交换的现象，称为"对流"。对流通常发生在春、秋两季，当表层水密度增加时，整个水体会产生上、下层水的混合。

（四）热值

水的热值很大，比酒精等液体大得多。这是由于必须用很大一部分能量去打破氢键，尤其是在固体变液体，液体变气体的过程中。

将 1 g 液体的水温度升高 1 ℃需 1 cal；将 1 g 100 ℃的水变成 100 ℃的水蒸气需 540 cal；将 1 g 0 ℃冰变成 0 ℃的水需 80 cal。

二、海水的性质

海水的理化性质与淡水有许多相似之处，但又有一定的差异。海水的基本组成是：96.5% 的纯水和 3.5% 的盐，因此有盐度一说。盐度指一升海水中盐的含量，因此正常海水的盐度是千分之三十五，现标记为"盐度 35"。海水盐度在不同地理区域如内湾、河口会发生变化，过量蒸发就导致盐度升高，如波斯湾、死海，而在位于河口的地区，由于大量的内陆径流注入，致使盐度降低。

海水中融入了各种不同的离子，其中主要有以下 8 种：Na^+、Cl^-、SO_4^{2-}、Mg^{2+}、Ca^{2+}、K^+、HCO_3^-、Br^- 等。Na^+ 和 Cl^- 约占 86%，SO_4^{2-}、Mg^{2+}、Ca^{2+} 和 K^+ 约占 13%，其余各种离子总和约占 1%。

海水中绝大多数元素或离子（无论大量或微量）都是恒量的，也就是不管盐度高低，他们相互之间的比例是恒定的，不会因为海洋生物的活动而发生大的改变，因此称为恒量元素。与之相反的是非恒量元素，如氮（N）、磷（P）、硅（Si) 等这类元素会因为浮游植物的繁殖，它们之间以及它们与恒量元素之间的关系发生显著改变。这类元素通常为浮游植物繁殖所必需的营养元素，因此也称为限制性营养元素。

盐溶解在水中后还改变了水的其他性质，其影响程度随着水中盐的含量增加而增强。盐溶解越多，水的密度、黏度（水流的阻力）越大。折光率也发生改变，光线进入海水后发生比在淡水中更大的弯曲，意味着光在海水中的行进速度比在淡水中慢。海水的冰点和最大密度也随着盐度的升高而降低。

三、水质指标

作为一个从事水产养殖的工作者而言，有一些水质指标是必须熟悉的，如 pH 和碱度、盐度和硬度、温度、溶解氧、营养盐（包括氮、磷、硅等），因为这些指标直接影响养殖水环境和养殖生物的健康生长。由于水质指标无法用肉眼观察判断，只能借助仪器工具进行测试，因此水产养殖者必须掌握对各类水质指标的测试方法，并且了解测试结果所代表的意义，犹如医生拿到化学检验结果后，能判断此人是否健康一样。

（一）pH

pH 是氢离子浓度指数，是指溶液中氢离子的总数和总物质量的比，表示溶液酸性或碱性的数值，用所含氢离子浓度的常用对数的负值来表示，$pH=-lg[H^+]$，或者是 $[H^+]=10^{-pH}$。如果某溶液所含氢离子的浓度为 0.000 01 mol/L，它的氢离子浓度指数（pH）就是 5，与其相反，如果某溶液的氢离子浓度指数为 5，他的氢离子浓度为 0.000 01 mol/L。

氢离子浓度指数（pH）一般在 0 ~ 14 之间，在常温下（25 ℃时），当它为 7 时溶液呈中性，小于 7 时呈酸性，值越小，酸性越强；大于 7 时呈碱性，值越大，碱性越强。

纯水 25 ℃时，pH 为 7，即 $[H^+]=10^{-7}$，$pH=7$，此时，水溶液中 H^+ 或 OH^- 的浓度为 10^{-7}。

许多水体都是偏酸性的，其原因为环境中存在酸性物质，如土壤中存在偏酸物质，水生植物、浮游生物以及红树林对二氧化碳的积累等都可能使水体 pH 小于 7。有的水体受到硫酸等强酸的影响，pH 甚至可能低于 4，在如此酸性的水体中，无论植物、动物都无法生长。

养殖池塘中水体偏酸可以通过人工调控予以中和，最简便的方法就是在水中加生石灰。但这种调节不可能一次奏效，一个养殖周期，可能需要几次。实际操作过程中要通过检测水的 pH 来决定。

（二）碱度

养殖池塘水体也可能发生偏碱性，虽然发生频率比偏酸性要少得多。鱼类不能生活在 pH 超过 11 的水质中，水质过分偏碱性，也可以人为调控，常用的有硫酸铵 $[(NH_4)_2SO_4]$，但过量使用硫酸铵会导致氨氮浓度的上升。因为在偏碱性水体中，氨常以 NH_3 分子，而不是以 NH_4^+ 离子形式存在于水中（$NH_4^+ \rightleftharpoons NH_3+H^+$），而 NH_3 分子的毒性远高于 NH_4^+ 离子。

碱度是指水中能中和 H^+ 的阴离子浓度。CO_3^{2-}、HCO_3^- 是水中最主要的两种能与阳离子 H^+ 进行中和的阴离子，统称碳酸碱。碱度会影响一些化合物在水中的作用，如 $CuSO_4$ 在低碱性水中毒性更强。

（三）缓冲系统

与其他溶解于水中的气体不同，二氧化碳进入水中后与水发生反应，形成了一个与大多数动物血液中相似的缓冲系统。首先，二氧化碳溶于水后，与水结合形成碳酸，然后部分碳酸发生离解产生碳酸氢根离子，进一步碳酸氢离子发生离解产生碳酸根离子：

$$CO_2+H_2O \rightleftharpoons H_2CO_3$$

$$H_2CO_3 \rightleftharpoons H^+ + HCO_3^-$$
$$HCO_3^- \rightleftharpoons H^+ + CO_3^{2-}$$

在上述缓冲系统中，若 pH 为 6.5 ~ 10.5 时，系统中 HCO_3^- 为主要离子；pH 小于 6.5 时，H_2CO_3 为主要成分；而 pH 大于 10.5 时，则 CO_3^{2-} 为主要离子。这一缓冲系统可以有效保持水体稳定，防止水中 H^+ 浓度的急剧变化。在一个 pH 为 7 的系统中添加碱性物质，则系统中的碳酸氢根离子就会离解形成 H^+ 离子和碳酸根离子以保持 pH 的稳定。相反，如果添加酸性物质，则反应向另一个方向发展，碳酸氢根离子会与 H^+ 离子结合，形成碳酸以保持水体酸碱稳定。

在一个养殖池塘中，白天由于浮游植物进行光合作用，需要消耗溶于水中的二氧化碳，缓冲系统的反应就朝形成 H_2CO_3 方向发展，水中 pH 就会升高，水体呈碱性。反之，在夜晚，光合作用停止，水中二氧化碳增加，反应朝相反方向发展，pH 降低，水体呈酸性。

（四）硬度

硬度主要是研究淡水时所用的一个指标。自然界的水几乎没有纯水，其中或多或少总有一些化合物溶解其中。硬度和盐度是两个密切相关的词，表达溶解水中的物质。

硬度最初的定义是指淡水沉淀肥皂的能力，主要是水中 Ca^{2+} 和 Mg^{2+} 的作用，其他一些金属元素和 H^+ 也起一些作用。现在硬度仅指钙离子和镁离子的总浓度，表示 1 L 水中所含有的碳酸盐浓度。从硬度来分，普通淡水可分为四个等级：①软水：0 ~ 55×10^{-6}；②轻度硬水：56×10^{-6} ~ 100×10^{-6}；③中度硬水：101×10^{-6} ~ 200×10^{-6}；④重度硬水：201×10^{-6} ~ 500×10^{-6}。

Ca^{2+} 在鱼类骨骼、甲壳动物外壳组成和鱼卵孵化等中起作用。有些海洋鱼类如鳉鳅属在无钙海水中不能孵化。而软水也不利于养殖甲壳动物，因为在软水中，钙浓度较低，甲壳动物外壳会因钙的不足而较薄，不利于抵抗外界不良环境因子的影响。镁离子在卵的孵化、精子活化等过程中有重要作用，尤其是在孵化前后的短时间内，精子活化作用尤为明显。

（五）盐度

盐度是研究海水或盐湖水所用的水质指标。完整的定义为：1 kg 海水在氯化物和溴化物被等量的氯取代后所溶解的无机物的克数。正常的大洋海水盐度为 35。

　　盐度对海洋生物影响很大，各种生物对盐的适应性也不尽相同，有广盐性、狭盐性之分。一般生活在河口港湾、近海的种类为广盐性，生活在外海的种类为狭盐性。绝大多数海水养殖在近海表层进行，这一区域的海水盐度一般较大洋海水低，盐度范围多为 28 ~ 32。

　　在水体养殖中，可通过在养殖水中添加淡水来降低盐度，也可以通过加海盐或高盐海水（经过蒸发形成的）来升高盐度。对于一些广盐性的养殖种类，人们可以通过调节盐度来防止敌害生物的侵袭。如卤虫是一种具有强大渗透压调节能力的动物，可以生活在盐度大于 60 的海水中，在这样的水环境中，几乎没有其他动物可以生存了，从而有效地避免了被捕食的危险。

（六）溶解氧

　　溶解氧是指溶解于水中的氧的浓度。我们空气中氧的含量约占 21%，但在水中，氧的含量却很低。正常溶解氧水平为 6 ~ 8 mg/L，低于 4 mg/L 则属于低水平，高于 8 mg/L 则属于过饱和状态。水中的氧含量与温度、盐度等有关，温度、盐度越高，水中溶解氧含量越低。正常情况下淡水的溶解氧浓度比海水稍高。另外，水中溶解氧水平还与水是否流动、风以及水与空气接触面积大小等物理因素也有关。

　　所有水生生物都需依赖水中的氧气存活。高等水生植物和浮游植物在白天能利用太阳光和二氧化碳进行光合作用制造氧气，但它们同时又需要从水中或空气中呼吸得到氧气，即使夜晚光合作用停止，呼吸作用也不停止。因此如果养殖池中生物量很丰富，一天 24 h 溶氧的变化会很剧烈，下午 2：00—3：00 经常处于过饱和状态，而天亮之前往往最低，容易造成缺氧。

　　鱼类以及比较高等的无脊椎动物都具有比较完善的呼吸氧的器官——鳃，鳃组织很薄，表面积大，以利于氧和二氧化碳在鳃组织内外交换。水中氧渗透进血液或淋巴后，通过血红蛋白或其他色素细胞输送至身体各部。因此，鳃是十分重要的器官，也极易受到各种病原体的感染。

　　溶解氧是水产养殖中最重要的水质指标之一，如何方便、快速、准确地检测这一指标也是所有水产养殖业者所关心的，从早先的化学滴定法到现如今的电子自动测试仪，都在不断地改进。化学滴定准确，但费时费力，而电子溶氧测试仪方便、快速，但仪器不够稳定，且容易出现误差。随着仪器性能的不断改进，溶解氧自动测试仪使用范围越来越广，尤其对于检测不同水深溶解氧状况，自动测试仪的长处更明显，而对于夏季水体分层的养殖池塘来说，第一时间掌握底层水溶解氧状况是每一个养殖业者最为关心的。

在自然水环境中，溶解氧水平足够维持水中生物的生存，然而在养殖水环境中，溶解氧不足这一矛盾却十分突出，其原因主要如下：（1）高密度养殖的生物所需；（2）分解水中废物（剩饵、粪便）的微生物所需；（3）浮游植物、大型藻类及水生植物所需。

我们把上述原因对氧的消耗称为生物耗氧量，是指水中动物、植物及微生物对氧的需求量。生物耗氧量高是水产养殖的常态，解决溶解氧缺乏的办法有直接换水、机械增氧以及化学增氧等，其中机械增氧是最常用、便捷、有效的方法。增氧机的工作原理是增加水和空气的接触，促使空气中的氧溶于水中。能否有效达到增氧效果，不仅取决于水体本身的理化状态（温度、盐度等），更主要的是与以下几项因子有关：（1）与进入水中气体的量以及气体的含氧量有关，气体进入越多，气体含氧量越高，增氧效果越好。（2）与气、水接触的表面积有关，1 L 空气产生 10 000 个微泡比产生 10 个大泡有更大的表面积，也就更利于氧气融入水中。（3）与水体本身溶解氧浓度有关，水体溶解氧越低，增氧效果越明显。

化学增氧通常是在养殖池塘发生严重缺氧的情况下偶尔使用，常用的是 $Ca(OH)_2$、CaO、$KMnO_4$ 等，主要目的是氧化有机物、降低其对氧的消耗。

通常一个养殖池塘中，溶解氧的分布并不均匀，由于温跃层的存在，通常是表层高，底部低。这是因为表层水与空气接触更容易，而且光合作用也主要在水表层进行，而细菌的耗氧分解恰恰又发生在底部水层。另外，养殖动物往往会聚集在池塘底部某一区域，这样也很容易造成局部区域缺氧。

水产养殖对溶解氧的要求一般高于 5 mg/L，然而各种生物对溶氧的需求不尽相同，鲑鳟鱼类要求高，而泥鳅很低。同一种生物对溶解氧的需求又因个体大小，温度及其他环境条件不同而差异很大。如一种原螯虾，其半致死量 LC_{50} 在 9 ~ 12 mm，幼体时是 0.75 ~ 1.1 mg/L，而在 31 ~ 35 mm 大小时，则降低到 0.5 mg/L。

如果要建立一个数学模型来预测水中溶解氧昼夜变化规律，需要考虑的因素很多，如温度、生物量、细菌和浮游生物活动、水交换、水和底质的组成、空气中氧的溶入等。

（七）温度

温度是水产养殖中另一个十分关键的指标，几乎所有的水产养殖对象，在生产开始前，首先需弄清楚它们适应在什么温度条件下生长繁殖。

可以说几乎所有的水生生物都属于冷血动物，其实这种表述也不完全正确。所谓的冷血动物虽然不能像鸟类和哺乳类一样能够调节身体体温，保持相对稳定，它们仍能通过某些生理机制或行为机制来维持某种程度的温度稳定，如趋光适应、迁移适应、动脉静脉之间的逆向热交换等。在过去的几十年里，冷血动物和温血动物的界限似乎已变得不那么明显了。

尽管一些水生动物具有部分调控体温的能力，但水产养殖者还是希望为养殖对象提供一个最适生长温度，使它们体内的能量可以最大限度地用于生长，而不是仅仅为了生存。最适温度意味着生物的能量可以最大限度地用于组织增长。最适温度与其他环境因子也有一定的关系，如盐度、溶解氧不同，最适温度会有一定差异。在实际生产中，养殖者一般选择适宜温度的低限，以利于防止高温条件下微生物的快速繁殖。

最适温度基于生物体内酶的反应活力。在最适温度条件下，生物体内的酶最活跃、生物对食物的吸收、消化率最佳。虽然检测养殖动物生长如何，需要有个过程，但要了解温度是否适宜，体内酶反应是否活跃，可以从动物的某些行为状况进行判断。如贻贝其适温为 15 ℃ ~ 25 ℃，在此温度范围内，贻贝滤食正常，而超过或低于此温度，其滤食率显著下降，而在这种不适宜的温度条件下，经过一段时间的养殖，其个体就会表现出来生长缓慢。

低于适温，生物体内酶活力下降，新陈代谢变慢，生长速度降低。如果温度突然大幅度下降会导致生物死亡。有时低温条件下，生物新陈代谢降低也有利于水产养殖的一面。如低温保存的作用，冷冻胚胎、孢子、精液等。温度的突然显著升高同样是致命的。一方面由于迅速上升的温度会导致池塘养殖动物集体加快新陈代谢，增加 BOD，导致缺氧情况发生；其次是过高的温度会导致生物体内酶调节机制失控，反应失常；另外高温也容易导致养殖水体中病原体繁殖，疾病发生。显然细菌等病原比养殖动物更能适应温度的剧变。但控制得好，适当升温也有正面作用，如生长速度加快，即使冷水动物也如此。比如美洲龙虾、高白鲑等水生生物自然生活在冷水水域，但将其移植到温水区域养殖，也能存活，而且生长加快。鳕鱼卵，15 ~ 90 天孵化都属正常，温度高，孵化就快。

与盐度相似，动物对温度的适应也可以分为广温性和狭温性。一般近岸沿海以及内陆水域的生物多为广温性，而大洋中心和海洋深层种类多为狭温性。生物栖息环境变化越大，其适应温度范围就越广。

（八）营养元素

营养元素指的是水中能被水生植物直接利用的元素，如氮、磷等，这类容易被水生植物和浮游植物耗尽从而限制它们继续生长繁殖的元素也称限制性营养元素。通常在海水中，控制植物生长的主要是氮，而在淡水中则是磷。这些限制性营养元素被利用，必须是以一种合适的分子或离子形式存在，且浓度适宜，否则反而有毒害作用。

1. 氮（N）

氮是参与有机体的主要化学反应、组成氨基酸、构建蛋白质的重要元素。它的存在形式可为氨（NH_3）、铵（NH_4^+）、硝酸氮（NO_3^-）、亚硝酸氮（NO_2^-）、有机氮以及氮气（N_2）等。从水产养殖角度看，能作为营养元素被利用的主要是前 3 种，尽管亚硝酸氮和有机氮也能被一些植物所利用，但是只能被少数青绀菌和陆生植物的根瘤菌直接利用。

在养殖池塘中，有一个自然形成的氮循环，即有机氮被逐步转化为水生植物可直接利用的无机氮。这是一个复杂的循环，影响因子很多，如植物（生产者）、细菌或真菌（消费者）以及其他理化因子（如溶解氧、温度、pH、盐度）等。

上述含氮化合物浓度过高对生物尤其动物有毒害作用，其中氨氮的毒性最强。而铵的毒性相对较低。氨氮和铵在水中处于一个动态平衡之中（$NH_4^+ \rightleftharpoons NH_3 + H^+$），其反应方向主要取决于 pH。pH 越低，水中 H^+ 离子越多（偏酸），反应就朝形成 NH_4^+ 方向发展，对生物的毒性越小，反之则反。温度上升，NH_3/NH_4^+ 的比例上升，毒性增强。而盐度上升，这一比例下降。但温度和盐度对氨氮和铵的比例影响远不如 pH。不同种类的生物对 NH_3 的敏感性不同，而且同一种类不同发育期的敏感性也不一样，如虹鳟的带囊仔鱼和高龄成鱼比幼鱼对氨氮敏感得多。另外，环境胁迫也会增强生物对氨氮的敏感度。如虹蹲稚鱼在溶解氧 5 mg/L 的水质条件下对氨氮的忍耐性要比在 8 mg/L 条件下低 30%。

NH_3 被氧化为 NO_2^- 后毒性就小得多，进一步氧化为 NO_3^- 毒性就更小。一般在水产养殖中，这两种物质的含量不大会超标，对于它们的毒性考虑得较少，但并非无害。过高的 NO_3^- 易导致藻类大量繁殖，形成水华。而 NO_2^- 能使鱼类血液中的血红蛋白氧化形成正铁血红蛋白，从而降低血红蛋白结合运输 O_2 的功能。鱼类长期处于亚硝酸氮过高的环境中，更容易感染病原菌。

2. 磷（P）

磷同样是植物生长的一个关键营养元素，通常以 PO_4^{3-} 的形式存在。磷在水中浓度要比氮低，需求量也较低。磷和氮类似，一般在冷水、深水区域含量高，而在生产力高的温水区域，植物可直接利用的自由磷含量较低。更多的是存在于植物和动物体内的有机磷。与氮一样，自然水域中也存在一个磷循环，植物吸收无机磷，固定成有机分子，然后又通过细菌、真菌转化为磷酸盐。

有些有机磷农药剧毒，其分子结构中有磷的存在，但磷酸盐一般不会直接危害养殖生物。最容易产生问题的是如果某一水体氮含量过低，处于限制性状态，而磷酸盐浓度过高时，能激发水中可以直接利用 N_2 繁殖的青绀菌（又称蓝绿藻）大量繁殖，在水体中占绝对优势，从而排斥其他藻类，形成水华（赤潮）。这种水华往往在维持一段短暂旺盛后，会突然崩溃死亡，分解释放大量毒素，并且造成局部严重缺氧状态，直接危害养殖生物。

表面上看，氮、磷浓度升高，只要比例适当，不会有什么危害，也就是导致水中初级生产力增加而已，其实问题不仅如此。因为水中植物过多，在夜晚光合作用停止时，植物不再制造氧气，要消耗大量氧气，致使水中溶解氧大幅下降，直接危害养殖生物。而白天则因光合作用过多消耗水中的二氧化碳，使水体酸性减弱，碱性增强，NH_4^+ 离子更多地转化为 NH_3 分子，增强了氨氮对生物的毒性。

3. 其他营养元素

在自然水域中，磷、氮为主要限制性营养元素，而在养殖水域中，若磷、氮含量充足，不再成为限制性因素，其他元素或物质可能成限制性因素了，如 K、CO_2、Si、维生素等。缺 K 可以添加 K_2O，使用石灰可以提升二氧化碳浓度。在正常水域中硅的含量是充足的，但遇上某水体硅藻大量繁殖，则硅也会成为限制性因素，一般可以通过加 $Si(OH)_4$ 来改善。一些无机或有机分子如维生素也同样可能成为限制性营养元素。

四、其他水质指标

（一）透明度

透明度指的是水质的清澈程度，是对光线在水中穿透过程中所遇阻力的测量，与水中悬浮颗粒的多少有关，因此也有学者用浊度来表示。若黏性颗粒，小而带负电，则称胶体。任何带正电离子的物质添加，均可使胶体沉淀，如石膏、石灰等。许多养殖者不愿意水质过于浑浊，即通过泼洒石膏或石灰水来增加水质透明度。

透明度太小，或浊度过大，不易观察鱼类生长状况，也容易影响浮游生物繁殖，导致 N 的积累，而且也会使鱼、虾呼吸受阻。但水质透明度太大易使生物处于应急状态，也不利于养殖动物的生长，如俗语所说的"水至清则无鱼"。

透明度有一个国际上常用的测量方法：用一个直径 25 cm 的白色圆盘，沉到水中，注视着它，直至看不见为止。这时圆盘下沉的深度，就是水的透明度。

（二）重金属

重金属污染对水产养殖的危害不可忽视，在沿海、河口、湖泊、河流都不同程度地存在，而且近几十年来有逐步加重的趋势。重金属直接侵袭的组织是鳃，致其异形。另外对动物胚胎发育、孵化的影响尤为严重。为减少重金属危害，育苗厂家通常都在育苗前，在养殖用水中添加 2 ~ 10 mg/L 的 EDTA–Na 盐，可有效螯合水中重金属，降低其毒性。一般重金属在动物不同部位积累浓度不同，如对虾头部组织明显大于肌肉。一些贝类能大量积累重金属。

（三）有机物

水中某些有机物污染会影响水产品口味，直接导致整批产品废弃。如受石油污染的鱼、虾会产生一种难闻的怪味，受青绀菌或放线菌污染的水产品有一股土腥味等。

如果说水产养殖是养殖水生生物，那么首先就必须了解水生生物的生活环境：水。水是一种极性分子，因此形成的氢键决定了水的各种性质，如：密度、热值、形态等。海水 3.5% 为盐，96.5% 是水，海水中最重要的离子是 Cl^-、Na^+、Mg^{2+}、SO_4^{2-}、Ca^{2+} 和 K^+。盐含量影响海水的诸多理化性质，如：密度、冰点、蒸汽压、黏度和折光率等。海水中绝大多数元素和离子相互之间的比例是恒定的，除了少数被生物大量利用的元素如氮、磷、硅等。

有一些重要的水质指标是每一个水产养殖者必须熟知的。pH 是水中 H^+

离子浓度指数，正常情况下应该是 7 ± 1，碳酸碱度则是反映水体能够平衡 pH 变化能力的指标。盐度是指溶解于水中盐的含量，而硬度是指淡水中的 Ca^{2+} 和 Mg^{2+} 的浓度。溶解氧含量反映了池塘养殖状况是否健康正常，它在一天 24 h 内变化很大。最适温度是指在此温度下，养殖生物生长最佳。营养盐是指能被水中植物光合作用时利用的元素或分子，如氮、磷以及其他一些作用相对较小的元素，这些元素通常以某种分子或离子形式被利用。其他指标还有透明度、重金属、影响水产品风味的物质等。

第二节　养殖用水的过滤研究

一、机械过滤

（一）网、袋过滤

这是一种最基本也最简单的过滤方式，目的是去除漂浮在水中的粗颗粒物，一般用于将外源水泵入蓄水池以及池塘养殖进水过程。使用时，将网片、网袋套在进水管前段，防止外源水中一些木片、树叶、草、生物以及其他一些颗粒较大的物质进入养殖系统，消除潜在的危害。根据外源水的状况不同，网片可以用一层，也可以数层，同样，网目也可以有小有大，在生产中调整使用，要求是既能过滤绝大多数颗粒物，又不需要经常换洗网片，进水畅通。

当外源水颗粒物较多，网片网孔经常堵塞，流水不畅时，可改用大小不一的尼龙网袋。由于网袋具有较大的空间，能容纳一定量的颗粒物而不影响进水，通过换洗网袋可以持续进水。

（二）沙滤

沙滤是一个由细砂、粗砂、石砾及其他不易固积的颗粒床所组成的封闭式过滤系统，水在重力或水泵压力作用下，依次通过不同颗粒床，将水中的杂物去除。沙滤系统中过滤床颗粒的大小直接影响过滤效果。颗粒大，对水的阻力小，透水性能好，不易固积，但它只能过滤水中大颗粒物质，而一些细小杂物会穿过滤床。过滤层颗粒很细，虽然可以过滤水中所有杂物，但是流速非常慢，过滤效率很低，而且要经常清洗滤床。如果采用分级过滤，由粗到细，则可以提高过滤效率，但要增加过滤设备和材料用量。

沙滤系统必须阶段性地进行反冲清洗。反冲清洗过程中，水的流向与过滤时相反，且流速也大。为增加清洗效果，有时还将气体同时充入系统，增加过滤床颗粒的搅动、涡旋。此时的过滤床处于一种流体状态。反冲时，过滤床颗粒运动频繁，相互碰撞，可以有效清除养殖用水黏附在滤床颗粒上的杂物，达到清洗目的。反冲清洗完成后，水从专门的反冲水排放口排出。

由一组不同规格沙滤床构成的系列沙滤系统效果是最理想的。但若条件不具备，也可以用一个过滤罐组成独立过滤系统，虽然过滤速度较慢。独立过滤罐内部有系列过滤床，颗粒最细的在最上层，最粗的在最下层。这样设置的理由是，养殖用水杂物不会积聚在不同过滤床中间形成堵塞，反冲时，底部的粗颗粒最先下沉，保持沙滤层原有排列次序。这种独立过滤系统实际上只是上层最细颗粒床起过滤作用，而下层粗颗粒层只是起支撑作用，所以过滤效率较低。

生产上所建造的沙滤池与沙滤罐原理结构基本类似，但体积大得多，通常在沙滤池最下层有较大的空间用于贮水，同时起到蓄水池的作用。

二、重力过滤

重力可以使养殖用水中的水和比水重的颗粒分开，密度越大，分离越快。

（一）静水沉淀

这是一种在沉淀池中进行的简单而有效的过滤方法，利用重力作用使悬浮在水中的颗粒物沉淀至底部。在外界，水中的一些细小颗粒物始终处于运动中，而进入沉淀池后，水的运动逐步趋小，直至处于静止状态，水中颗粒物也不再随水波动，由于密度原因，渐渐沉于底部。这种廉价、简单的过滤方法可以去除养殖用水中大部分的颗粒杂物。

（二）暗沉淀

一般大型沉淀池都在室外，虽然能沉淀大部分非生物颗粒，但一些小型浮游生物仍然因为光合作用分布在水的中上层，无法去除。如果将水抽入一个暗环境，则由于缺少光，无法进行光合作用，浮游植物会很快沉入底部，随之浮游动物也逐渐下沉。通过暗沉淀，可以有效去除水中的小型生物颗粒。

（三）絮凝剂沉淀

养殖用水在沉淀过程中如果加絮凝剂，则可加快沉淀速度。这是因为絮凝剂可以吸附无机固体颗粒、浮游生物、微生物等，形成云状絮凝物，从而加速下沉。常用的絮凝剂有硫酸铝、绿矾、硫酸亚铁、氯化铁、石灰、黏土等。根据不同的絮凝剂，适当调整 pH，沉淀效果更好。

絮凝作用除了可以消除水中杂物外，还可以用来收集微藻。一种从甲壳动物几丁质中提取的壳多糖可以用来凝聚收集多种微藻，而且壳多糖没有任何毒副作用，适合用于食用微藻的收集。受海水离子的影响，絮凝作用在海水中效果较差，除非联合不同絮凝剂，或预先用臭氧处理水。

三、离心过滤

沉淀过滤是由于重力作用将水中比重较重的颗粒物与比重较轻的水分离，如果增加对颗粒物的重力作用，则过滤速度会加快，这就是离心机的工作原理。许多做科学实验的学生对小型离心机用试管、烧瓶进行批量离心较熟悉，显然这种离心方法不可能用于养殖用水过滤。一种较大型的连续流动离心机（图 2-1）可以达到目的。养殖用水从一端进入，经过离心机的作用，清水从另一端排出，颗粒物聚积在内部。这种离心机适用于小规模的养殖场，尤其是饵料培养用水。除了处理养殖用水，这种离心机也适用于收集微藻等。

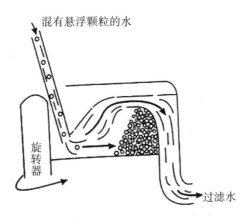

混有悬浮颗粒的水

旋转器

过滤水

图 2-1　旋转式流动离心过滤示意图

四、生物过滤

（一）生物过滤类型

几乎所有的水产养殖系统中都存在某种程度的人为的或自然的生物过滤，尤其在封闭式海水养殖系统中（如家庭观赏水族缸）中，生物过滤是不可或缺的。与机械过滤和重力过滤不同，生物过滤不是过滤颗粒杂物，而是去除溶解在水中的营养物质，更重要的是将营养物质从有毒形式（如氨氮）转化为毒性较小形式（如硝酸盐）。

在生物过滤中发挥主要作用的是自养细菌，尽管藻类、酵母、原生动物以及其他一些微型动物也起一些协助作用。这些自养菌往往在过滤基质材料上形成群落，产生一层生物膜。为使生物过滤细菌生长良好，生物膜稳定，人们设计了许多过滤装置，如旋转盘式或鼓式滤器、浸没式滤床、水淋式过滤器、流床式生物滤器等，各有利弊。

1.浸没式滤床

浸没式滤床是最常用的生物过滤器，也称水下沙砾滤床。破碎珊瑚、贝壳等通常被用作主要滤材，不仅有利于生物细菌生长，而且因这些材料含有碳酸钙成分，有利于缓冲水的 pH，营造稳定的水环境。生物过滤的基本流程见图 2-2。水从养殖池（缸）流入到生物滤池，经过滤池（缸）材料后，再回到养殖池（缸）。当水接触到滤床材料时，滤器上的细菌吸收了部分有机废物，更需要的是将水中有毒的氨氮和亚硝酸氮氧化成毒性较低的硝酸氮。这一氧化反应对于细菌来说是一个获取能源的过程。浸没式滤床的一个主要缺点是氧化反应可能受到氧气不足的限制，一旦溶氧缺乏，就会大大降低反应的进行甚至停止。有的系统滤床材料本身就作为养殖池底的组成成分，此时，滤床就可能受到养殖生物如蟹类、

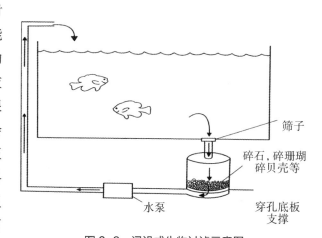

图 2-2　浸没式生物过滤示意图

底栖鱼类的干扰破坏，从而使生物过滤效果降低。

2. 水淋式过滤器

水淋式过滤器的最大优点是不会缺氧，过滤效果比浸没式高，缺点是系统一旦因某种原因，水流不畅，滤器缺水干燥，则滤材上的细菌及相关生物都将严重受损无法恢复。

3. 旋转盘式过滤器

旋转盘式过滤器不受缺氧的限制，它的一半在水下，一半露在空中，慢慢旋转。滤盘一般用无毒的材料，以利于细菌生长。滤鼓的外层包被一层网片，内部充填一些塑料颗粒物，增加滤材表面积，以利于细菌增长。

4. 流床式生物滤器

流床式生物滤器是由一些较轻的滤材如塑料、沙子或颗粒碳等构成，滤材受滤器中的上升水流作用，始终悬浮于水中，因而不会发生类似浸没式滤床中的滤材阻碍水流经过的现象，保证溶解氧充足。有实验表明，这种滤器的去氨氮效果为同等条件下固定式生物滤器的 3 倍。

（二）硝化作用

动物尤其是养殖动物在摄食人工投喂的高蛋白饲料后，其排泄物中的氮绝大部分是以氨氮或尿素形式排出的，尿素分解产生 2 分子的氨氮或铵离子，氨氮是有毒的，必须从养殖系统中去除。在生物滤床中，存在着一种亚硝化菌，它可以把强毒性的氨氮转化为毒性稍轻的亚硝酸盐。虽然亚硝酸盐比氨氮毒性要低些，但是对养殖生物生长仍然有较大危害，需要去除。

生物滤器中同时还存在着另一种细菌硝化菌，能够将亚硝酸盐进一步转化为硝酸盐，将氨氮转化为亚硝酸氮进而转化为硝酸盐的过程成为硝化反应，参与此反应的细菌通称为硝化菌。注意，上述两步反应都是氧化反应，需要氧的参与，因此，反应能否顺利进行取决于水中的溶解氧浓度。

上述两类细菌自然存在于各种水体中，同样也会在养殖系统中形成稳定的群落，但对于一个新的养殖系统，需要一个过程，一般 20 ~ 30 天，在海水中，形成过程通常比淡水长。如果要加快硝化细菌群落的形成，可以取一部分已经成熟的养殖系统中的滤材加入新系统中，也可以直接加入市场研制的硝化菌成品。硝化菌群落是否稳定建立，生物膜是否成熟是该水体是否适合养殖的一个标志。

如果对一个养殖系统进行氨氮化学检测，会发现在动物尚未放入系统之前，氨氮浓度处于一个峰值，如果有硝化菌存在，首先是氨氮被转化为亚硝酸盐，然后再转化为硝酸盐（图 2-3)(检测实验最好在暗环境中进行，以消除植物或藻类对氮吸收的影响）。

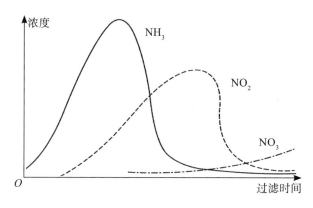

图 2-3　在生物滤器中氮的氧化过程

养殖者应该清楚，对于一个新建立的养殖系统，必须让系统中的硝化菌群落先建立，逐步成熟，能够进行氨氮转化，具备了生物过滤功能后，才能放养一定量的养殖动物。否则硝化菌无法去除或转化动物产生的大量氨氮，养殖动物就会氨氮中毒。

生物过滤的效率受众多因素的制约，首先是环境因子，如温度、光照、水中氨氮浓度以及系统中其他溶解性营养物质或污染物的多寡等，这些因素都会影响硝化细菌的新陈代谢作用。

生物滤器设计时需要重点考虑的是过滤材料颗粒的大小，过滤器体积与总水体体积之比，以及水流流过滤床的速度。但彼此之间是相互联系又相互制约的。如减小滤材颗粒大小可以增加细菌附着生长的基质面积，有利于细菌数量增加，因而促进生物过滤效率。但是太细的滤材颗粒又容易导致滤床堵塞，积成板块，影响水从滤床中通过，而且会在滤床中间产生缺氧区，导致氧化反应停止。为此，养殖用水在进入系统之前最好先进行机械过滤和重力过滤，减少颗粒杂物进入系统堵塞滤床，这样可以增加滤床的使用时间。另外有机颗粒如动物粪便等物质存留在滤床上，会导致异养菌群的繁殖，形成群落与自养菌争夺空间和氧气，降低硝化作用。效率。在硝化菌群数量够大且稳定时，加快系统水流速度可以加快去除氨氮，虽然水在滤床中的停留时间会缩短。

所有生物滤器在持续使用一段时间后，最后总是会淤塞，水流不畅，氨氮去除效果降低。因此经过一段时间的运行，需要清洗滤床。通过虹吸等方法使滤材悬浮于水中清除滤床中的杂物。清洗过程会使生物膜受到一定的损伤，但水的流速加快了。总之，一个理想的滤床应该是既能支持大量硝化菌群生长又能使水流通过滤床，畅通无阻。对于生物滤器的设计制作有许多专业文献可供参考。

（三）其他生物过滤

硝化作用是最常见的生物过滤方法，此外，还有其他一些方法，如高等水生植物、海藻等也可以用作生物过滤材料，在条件合适时，这些生物的除氮能力和效率非常高。而且这类植物或藻类具有细菌所不具有的优点就是它们本身就是可被人类利用的水产品，可作为养殖副产品。缺点是如果将动物与植物混养在一起，会给收获带来较大的麻烦，除非将动植物的养殖区域分开（图2-4)。

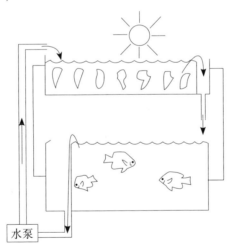

图 2-4　水生动植物分养的生物过滤系统示意图

反硝化作用过滤系统也可作为一种生物过滤方法，其原理是硝酸盐在缺氧状态下分解成氮气，起作用的是诸如气单胞杆菌等细菌。但是反硝化作用过滤系统比正常硝化作用系统难维持，这是因为首先一般养殖系统都是在氧气充足的条件下进行的，而反硝化作用却需要在几乎无氧状态下完成；其次反硝化作用需要有碳源（如甲醇）的加入，因为反应的终末产品是二氧化碳；另外如果在反应过程中溶解氧过高，而碳源不足，则会导致硝酸盐转化为亚硝酸盐，毒性增强，适得其反。

五、化学过滤

与生物过滤类似，化学过滤也是去除溶解于水中的物质。这些物质包括营养物质如氨等，而且还能去除一些硝化菌无法有效去除的物质。

（一）泡沫分馏

泡沫分馏的原理比较简单，将空气注入养殖水体中，产生泡沫，水中的一些疏水性溶质黏附于泡沫上，当泡沫从水表面溢出时，水中的溶解物质也随之得以去除（图2-5）。有时泡沫形成不明显，但位于泡沫分馏的表层水中所含的溶质浓度比底层高得多，可以适当排除以达到过滤效果。影响泡沫分馏的因素很多，如水的化学性质（pH、温度、盐度），溶质的化学性质（稳定性、均衡性、相互作用、浓度等），分馏装置的设计（形状、深度）等，另外充气量、气泡大小等都会影响泡沫分馏的效果。

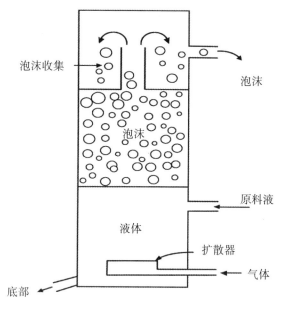

图2-5　泡沫分馏装置示意图

（二）活性炭过滤

活性炭过滤是日常生活中常见的水过滤方法，也用于小型或室内水产养殖系统的水处理。一般是将活性炭颗粒放置在一个柱形、鼓形的塑料或金属容器中，水从容器的一端进入，在活性炭的作用下得以净化，贮留一定时间后再流入养殖池。活性炭的作用主要是去除浓度较低的非极性有机物以及吸附一些重金属离子，尤其是铜离子。用酸处理的活性炭也可以去除氨氮，但几乎不会用于水产养殖。

当水从活性炭过滤床的一端进入，靠近进水端的活性炭可以迅速吸附水中溶质分子，随着水流继续进入，很快进水口端的活性炭逐渐失去了吸附能力，吸附作用需要离进水口稍远的滤材，这样逐步向出水口转移，直至整个滤床的吸附趋于饱和，净化能力迅速衰减，此时系统处于临界点（2-6），已无法继续净化水质，除非对活性炭进行重新处理或更换新滤床。

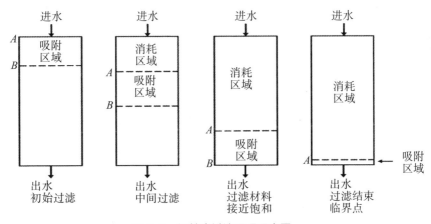

图 2-6 活性炭过滤原理示意图

活性炭过滤通常与生物过滤系统联合使用，起到净化完善作用。如果经过生物过滤的水中仍含有较高浓度的氨氮或亚硝酸氮，则细菌会很快在活性炭表面附着生长，堵塞活性炭表面微孔，从而降低其吸附作用。

活性炭的材料来源很广，可以是木屑、锯粉、果壳、优质煤等，将这些原料用一定的工艺设备精制而成。其生产过程大致可分为炭化→冷却→活化→洗涤等一系列工序。活性炭净化水的原理是通过吸附水中的溶质起净化作用，因此活性炭的表面积越大，吸附能力越强，净化效果越好。在活化过程中，使活性炭颗粒表面高度不规则，形成大量裂缝孔隙，大大增加表面积，一般 1 g 活性炭的表面积可达 500 ~ 1400 m²。

活性炭的吸附能力与许多因素相关。首先取决于溶质的特性尤其是其在水中的溶解度，越疏水，就越容易被吸附。其次是溶质颗粒对活性炭的亲和力（化学、电、范德华力）。另外与活性炭表面的已吸附的溶质数量直接相关，越是新活性炭滤床，具有更多的空隙，吸附能力越强。pH 由于能对溶质的离子电荷发生作用，因此也影响活性炭吸附能力。温度对活性炭的吸附能力也起作用。温度升高，分子活动加强，就会有更多的分子从活性炭表面的吸附状态逃离。

（三）离子交换

离子是带电荷的原子或原子团。有的带正电荷，如 NH_4^+、Mg^{2+} 称为阳离子；有的带负电荷，如 F^-、SO_4^{2-} 称为阴离子。

离子交换的材料通常是一类多孔的颗粒物，通称树脂。在加工成过滤材料时，有许多离子结合在其中。将树脂如同活性炭一样，放置在一个容器中制成滤床，当水流入树脂滤床时，原先与树脂结合的一些离子被释放出来，而原来水中一些人们不需要的离子与树脂结合，水中的离子和树脂中的离子实现了交换（图 2-7），这一过程就称为离子交换。树脂可以根据需要制成阳离子交换树脂或阴离子树脂。树脂交换的能力有限，由于海水中各种阴、阳离子浓度太高，树脂无法用于海水，一般只用于淡水养殖系统。

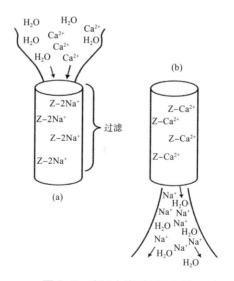

图 2-7　离子交换原理示意图

在水产养殖中使用最多的离子交换树脂是沸石。沸石是一种天然硅铝酸盐矿石，富含钠、钙等。沸石通常是用于废水处理，软化水质等，有些沸石如斜发沸石可以去除氨氮。各种树脂、沸石对于离子的交换有其特有的选择性，如斜发沸石对离子的亲和力从高到低依次是：K^+、NH_4^+、Na^+、Ca^{2+}、Mg^{2+}。离子交换的能力也受 pH 的影响。

如果水体有机质含量较高的话，在离子交换之前先进行活性炭处理或者泡沫分馏，因为有机质很容易附着在树脂表面阻碍离子交换进行。被有机质附着的树脂滤床也可以用 NaOH 或盐酸清洗，但处理过程一定要谨慎，清洗不当很可能影响其离子交换功能。

在经过一段时间的水处理后，离子交换树脂会达到一种饱和状态，此时，需要进行更新处理。每一种树脂材料都需要有特殊的方法来处理。如斜发沸石的再处理方法是在 pH 为 11 ~ 12 的条件下，将沸石置于 2% 的 NaCl 溶液中，用钠离子取代结合在树脂中的铵离子。

第三节　养殖用水的消毒研究

消毒一词的意思是杀灭绝大多数可能进入养殖水体中的小型或微型生物，目的是防止这些生物可能带来疾病，或成为捕食者，或与养殖生物竞争食物和空间。消毒与灭菌一词意义不完全相同，后者是要消灭水中所有生命。从养殖角度讲，既无必要，也不现实，不经济。紫外线、臭氧和含氯消毒剂是水产养殖使用最广、效果最好的消毒方法

一、紫外线

紫外线是波长在 10 ~ 390 nm 范围的电磁波，位于最长的 X 射线和最短的可见光之间。紫外线可以有效杀死水中的微生物，前提是紫外波必须照射到生物，而且被其吸收。一般认为紫外线杀菌的原理是源于紫外线能量，但其作用机理仍在探讨之中。

消毒效果最好的紫外线波长是 250 ~ 260 nm。不同生物对紫外线的敏感程度各不相同，因此在消毒时，要根据实际情况调整控制紫外线波长和照射时间。紫外线通常被用于杀灭细菌、微藻以及无脊椎动物幼体，其实对杀灭病毒的效果也很好，如科赛奇病毒、脊髓灰质炎病毒等。一般认为紫外线对于动物的卵或个体较大的生物杀灭效果较差，一种通俗的规则是：如果你肉眼可见，则常规紫外线就不易杀灭了。

在纯水中，紫外线光波几乎没有被吸收，可以全部用于消毒，因此消毒效果最好。当水中溶解了物质以后，溶解颗粒会吸收紫外线的能量，因此溶解物大小和浓度对于紫外射线的强度就会产生影响。有实验证明，氨氮和有机氮对常规使用波长的紫外线的消毒效果有显著的影响。在紫外线消毒过程中，影响消毒效果的因素有许多，当然最关键的是紫外线的强度和照射时间，相比之下，温度、pH 的影响显得很微小。

由于紫外线消毒取决于射线的强度和照射时间，因此接受处理的水量越小，消毒越彻底。如果水量较大，则照射时间需要越长，水流速度越慢。因此这种消毒方法一般适合小规模水产养殖的水处理。紫外线消毒的优点是方法简便实用，消毒彻底，而且不会改变水的理化特性，水中没有任何残留，即使过量使用也无不良影响。

二、臭氧

臭氧是一种不稳定的淡蓝色气体，带有一种特殊的气味。臭氧（O_3）与氧分子属同素异形体，由于臭氧可以有效去除水中异味、颜色，因此被广泛用于处理废水，在欧洲已有近百年的使用历史。20 世纪末逐步推广使用于水产养殖，尤其是室内封闭系统养殖和苗种培育系统。

臭氧作为高效消毒剂是因为它的强氧化性，同时它又具有很强的腐蚀性和危险性。臭氧可以与塑料制品发生反应，但对玻璃和陶瓷没有作用。臭氧杀灭病毒的效果最好，对细菌效果也很好，作用机理是通过破坏其细胞壁。经过臭氧处理的水对某些水产养殖品种是有害的，尽管臭氧在水中很快就分解为氧。如果经过臭氧处理的水再用活性炭处理，就不再有危害。

臭氧消毒效果取决于气体与微生物的直接接触，接触面小，效果就差。因此在臭氧处理水时，需要确保气体与水的充分混合，一般通过充气就可以达到臭氧与水充分混合的目的。

三、氯化作用

氯气（含氯消毒剂）是最常使用的消毒产品，价格低廉，使用方便，形式多样，广泛应用于工、农业及日常生活中，在水产养殖中应用也越来越广泛。氯气是一种绿黄色气体，具有强烈的刺鼻气味，可以通过电解 NaCl 进行商业化生产。市场上销售的含氯消毒剂有多种形式，如高压状态下的液态氯气，干粉状的次氯酸钙 [Ca(ClO)$_2$]，或液体的次氯酸钠 [NaClO]。氯气易溶于水，在 20 ℃条件下，溶解度为 700 mg/L，与其他卤素元素一样，氯也是因其强氧化功能而杀菌的。

当氯气与水混合时，迅速形成次氯酸（$Cl_2+H_2O \rightarrow HClO+H^++Cl^-$），次氯酸是弱酸，会进一步分解成次氯酸根离子（$HClO \rightleftharpoons H^++ClO^-$）。显然上述反应与 pH 关系密切，当 pH 降低，次氯酸浓度升高，当 pH 为 4 时，所有氯都转化为次氯酸，而 pH 为 11 时，只有 0.03% 的氯转化为次氯酸，而99.97% 以次氯酸根的形式存在。由于水产养殖中存在各种不同的 pH，因此次氯酸和次氯酸根也就同时存在。HClO 和 ClO$^-$ 通常被称为游离氯，游离氯的氧化功能比氯气分子强很多。

氯的杀菌机制到目前为止还不是很清楚。一种观点认为，氯进入细胞后与一些酶发生反应，这是基于氯容易与含氮化合物结合，而酶就是一类蛋白质，由许多含氮的氯基酸所构成。自由氯越容易穿透细胞膜进入细胞，其杀菌效果就越好。实验表明，次氯酸比次氯酸离子更容易进入细胞，因此其消毒效果更好。这也就是为什么含氯消毒剂在低 pH 条件下消毒效果更好的原因。

有余氯残留的水不适宜进行水产养殖，必须在放养生物之前去除余氯。去除余氯的方法有很多种。如果余氯残留量很大，则用二氧化硫处理效果最好。通过添加二氧化硫使氯转化为氯化物或亚硫酸盐，进而转化为硫酸盐离子。但此种方法比较适宜于较小的水体，对于大规模的水产养殖用水未必合适。其他去除余氯的方法有离子交换，充气、贮存，活性炭等。

第四节　养殖用水的充气与除气研究

一、养殖用水的充气研究

所有的动物都需要氧气维持生命，植物虽然在阳光充足的条件下能通过光合作用来制造氧气，但是在晚上或阴天，也需要耗氧。因此，作为一个水产工作者，不能只依靠植物制造的氧气来维持动物的生存，尤其在养殖密度较大的情况下。溶解氧的需求因养殖动物的生存状况、水温、放养密度以及水质条件等而不同。

对于水产养殖者来说，有一项十分关键的指标就是水中的氧气含量，也就是溶解氧 (DO)。增加水中氧气的方法有多种，最常用的是将空气与水混合，使空气中的氧气（占空气的 21%) 穿过气 / 液界面，溶解于水中。氧气溶解于水受以下因素制约：①浓度梯度，如果水中氧气浓度较低，则溶解较快；②温度，随着温度的升高，溶解度降低；③水的纯度，水中溶质影响氧气的溶解，即盐度越高溶解度越低；④水的表面积，多数情况下，与空气接触的水表面积是影响氧气溶解度的最重要因子。通过增加空气与水的接触面，可有效增加溶解氧的浓度。大多数增氧技术就是根据这一原理而设计的。

还考虑的是水的垂直运动。在一个相对静止的池塘，表层水通常溶解氧很高，而底部却很低。因此在养殖时，要设法使池水进行垂直运动，即使底部水上升到表层，而表层含氧量高的水降到底部，从而避免底部因缺氧而形成厌氧状态。此类问题在夏天特别容易发生，因为夏天的池塘容易形成温跃层，阻隔上下水层的交流。

充气系统大致可以分为四类：重力充气、表层充气、扩散充气以及涡轮充气。

（一）重力充气

重力充气是最常见和实用的充气方法，其原理是将水提升到池塘或水槽的上方，使水具有重力势能，等其下落时势能转化为动能，使水破散成为水珠、水滴或水雾，充分扩大了水与空气的接触面，从而增加了氧气的溶入。

（二）表层充气

表层充气与重力充气有相似的原理，利用一些机械装置搅动表层养殖水体，将水搅动至水面上，然后落回池塘或水槽，增加水与空气的接触，从而达到增氧的目的。通常有如下几种形式：水龙式、喷泉式、漂浮动力叶轮式。

1. 水龙式

水龙式充气常用于圆形的养殖水槽。水通过一个水龙注入水槽水面，由于水压动力，通过水龙射入水体，使水体流动，不仅起到增氧的目的，而且还能形成一股圆形的水流。

2. 喷泉式

喷泉式充气是通过一种螺旋桨实现的。螺旋桨一般设置在水面以下，旋转时，将表层和亚表层的水搅动至空气中。氧气的溶解度取决于螺旋桨的尺寸大小，设置深度以及旋转速度。

3. 漂浮动力叶轮式

漂浮动力叶轮式是一种流行的增氧方式。与螺旋桨式不同，这种方式增氧其机械装置是浮在水面的，而旋转的叶轮一半在水面，另一半在水下。这种方式增氧效果好，能量利用率最高。通过叶轮驱动水体，不仅达到增氧效果，而且还能使池水产生垂直流动和水平流动。这种机械装置可以多个并列同时工作。其增氧效果同样取决于叶轮的大小和旋转速度。

（三）扩散充气

扩散充气的作用也是使水和空气充分接触，所不同的是将空气充进水体，氧气通过在水中形成的气泡扩散至水中。扩散充气的效果取决于气泡在水中停留的时间，停留时间越长，溶入水中的氧气越多。如果需要，充入水中的可以不是空气，而是纯氧。由于氧浓度梯度差之故，纯氧的增氧效果远好于压缩空气，纯氧的成本也比压缩空气高。

扩散充气装置也有多种，如简单扩散器、文丘里管扩散器、U型管扩散器等。

1. 简单扩散器

气石是最常用的空气扩散器，将一个连接充气管的气石放置于养殖池池底，气石周围即会冒出许多大小不等的气泡，这些气泡从水底一直漂浮到水面，氧气通过气泡溶入水中。在气泡上升过程中，一些小气泡在水中不容易破裂，可以一直升到水表层，从而一部分底层水上升，有助于池水混合，均匀分布。

2. 文丘里管扩散器

文丘里管扩散器是通过压力下降使水流高速流过一个限制装置（图2-8），在这限制装置中，有一个与空气联通的开口，在水流高速流过这个限制装置时，会有一部分空气通过开口进入水流，产生水泡，氧气溶入水中。这种扩散器的优点是不需要专门的空气压缩器。

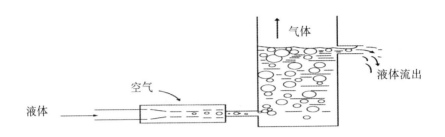

图 2-8 文丘里气体扩散器示意图

3.U 形管扩散器

U 形管扩散器的设计较简单，其原理是增加气泡在水中的驻留时间。水从 U 形管一端流入，同时注入空气形成气泡，水流的速度要比气泡上升的速度快，保证气泡能沉至底部，然后从另一端上升随水溢出（图 2-9）。氧气的溶解度与气体的成分（空气还是纯氧）、气泡的流速、水流的速度、U 形管的深度相关。

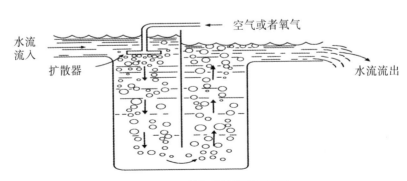

图 2-9 U 形管气体扩散器示意图

二、养殖用水的除气研究

氮气是大气中的主要气体，占78%，因此，溶于水中的主要气体也是它。高浓度的氮气溶于水中会达到过饱和状态，从而引起水生动物气泡病（即在鱼类、贝类等生物血液内产生气泡）。气体过饱和是一种不稳定状态，通常由于养殖水体遇到物理条件异常变化如温度、压力等时发生。一般水生生物可以在轻度气体过饱和状态（101%～103%)下生活。水中氮气过多的话，可以通过真空除氮器或注入氧气等方法消除。

鱼类、甲壳类和贝类必须生活在良好的水环境中。养殖用水在进入养殖系统之前可以通过物理、化学和生物方法进行处理得到改善。处理方法需要根据养殖生物种类、养殖系统以及水源的不同来选择应用。

除气的目的是消除水中过多的氮气以防止养殖动物血液内产生气泡导致气泡病。消除方法有使用真空除氮器或直接在水中充氧。

溶解性营养物质会导致一些微藻和细菌过量繁殖，而且对养殖生物也可能有直接危害，可以通过生物过滤方法予以去除，主要是通过一些细菌将氨氮转化为硝酸盐。水中营养物质或一些溶质也可以通过化学过滤方法予以去除如活性炭和离子交换树脂，前者是利用溶质的疏水性质，后者是通过树脂中的无害离子与水中相同电荷的有害离子进行交换。

除去水中颗粒物可以增加水的透明度，为藻类生长带来更多的阳光，也可以防止它们黏附动物鳃组织，影响呼吸或堵塞水管，还可以防止一些生物颗粒成为潜在的捕食者和生存竞争者。机械过滤可以消除一些大颗粒物，而沉淀过滤则可以使一些比水略重的颗粒物沉降到底部。

第五节　水产养殖水质综合调控技术

一、水产养殖水质综合调控介绍

水是水产养殖动物赖以生存的主要环境，水质条件的好坏，不仅影响到鱼、虾等养殖过物的生长、发育，而且直接关系到养殖户的养殖风险、成本和效益等情况。俗话说的"养鱼先养水"，就是这个道理。因此，只有把水养好，才是养殖成功的关键。

众所周知，当今水产养殖主要的制约因素是病害。但病害不是一两天就能发生的，而是经过较长时间、各种综合因素相互作用而逐步引发的，水质恶化可能是引发疾病的最主要的原因之一。如果平时能做到不间断地监控水质的变化情况，发现苗头及时采取相应措施进行处理，保持水质的各项指标始终在合理的范围之内，就能防止水体环境的恶化，从而让养殖动物少生病或不生病。

如何知道水质的好坏呢？在养殖生产过程中，判断水质好坏的因素很多，其中温度、pH（酸碱度）、溶解氧、氨氮是几个最常见也是非常重要的因素，此外还有透明度、水色等生物因素也不容忽视，一定要随时监测各项指标，并根据监测结果进行综合调节。

（一）水温

水温是影响鱼类的摄食、生长、发育、繁殖的重要指标。养殖对象的不同，对水温要求也有差异。一般地说，虹鳟等冷水性鱼类在 10 ℃ ~ 18 ℃水温范围内摄食、生长最好，高于或低于上述水温，则鱼体不适，表现为活动少、摄食少、生长慢，长期超出适宜温度范围会使鱼体瘦弱，免疫力下降，导致病害发生；罗非鱼等暖水性鱼类，最适生长水温为 18 ℃ ~ 30 ℃，水温降至 10 ℃ ~ 14 ℃时即开始死亡；鲤鱼等温水性鱼类，最适水温为 15 ℃ ~ 28 ℃，低于 -4 ℃或高于 32 ℃，将会产生应激反应，摄食减少或死亡。

除此之外，水温还与病害有关，在病原生物存在的情况下，一定的温度条件也容易发生特定病害，如鲤春病毒病发病水温是 15 ℃ ~ 18 ℃，小瓜虫病是 15 ℃ ~ 25 ℃，出血病的发病水温一般在 25 ℃以上。在池塘养殖生产中，尽管水温无法控制，但也要每天坚持测量，通过掌握水温的变化来分析和推断鱼虾的吃食、生长以及与疾病有关的活动等状况，从而做到心中有数，提前预防。

（二）pH

鱼类和虾类适宜的 pH 为弱碱性。池水中 pH 过高或过低，对其生长均不利。当 pH 低于 6.5 时（酸性）可使鱼体血液载氧的能力下降，造成生理缺氧症，新陈代谢功能和免疫功能下降；pH 过高（9.0 以上），不仅能腐蚀鳃部组织，使鱼类失去呼吸能力而大批死亡，而且随着 pH 的升高，生产中氨氮等的毒害作用成倍增加，危害增大。因此，我国《渔业水质标准》（GB11607—1989）规定：淡水 pH 为 6.5 ~ 8.5，海水 pH 为 7.0 ~ 8.5。在海水和淡水养殖中，最适 pH 范围是 7.0 ~ 8.5。

（三）溶解氧

溶解氧是鱼、虾赖以生存的必要条件，而水中溶解氧含量的多寡，对鱼虾摄食量、饲料利用率和生长速度均有很大影响。《渔业水质标准》（GB11607—1989）规定，"连续 24 小时中，16 小时以上溶解氧必须大于 5 毫克 / 升，其余任何时候不得低于 3 毫克 / 升，对于鲑科鱼类栖息水域冰封期其余任何时候不得低于 4 毫克 / 升"。随着健康养殖理念的推广，人们对于水产养殖水体的溶解氧含量提出了越来越高的要求，因为，充足的溶氧量不但可以提高养殖产量，而且还可促进有害因子的无害化，避免出现低氧综合征，如厌食、生长慢、体弱等。日本千叶氏研究显示，溶氧量 4.1 毫克 / 升是鲤鱼生长代谢和摄食的突变点。溶氧量为 4.1 毫克 / 升时，饲料利用率保持平衡，超过 4.1 毫克 / 升，生长速度、摄食量、饲料利用率随之升高，反之降低。对草鱼而言，溶氧量为 5.56 毫克 / 升比 2.73 毫克 / 升生长快 10 倍。

水中溶解氧的来源，主要是依靠水中浮游植物的光合作用，占 70% 左右，增氧机增氧只占 30% 左右。所以，要十分重视池塘的水色和透明度，这与浮游植物的种类和数量有关。浮游植物繁殖好的池塘，产氧能力强，白天水中溶解氧丰富，鱼、虾生长快。但是到了晚上，池水中消耗溶解氧最多的也是浮游生物，浮游生物呼吸、细菌呼吸和水中有机物的氧化分解所消耗的溶解氧可占到池塘总耗氧量的 70% 以上，当溶解氧不足时，池底的氨、硫化氢等有毒物质难以分解转化，极易危害鱼虾健康生长。因此，需要通过调节透明度来控制浮游植物的繁殖。

（四）氨氮

氨氮是鱼虾等水产养殖动物的隐形杀手，它是由池塘自身污染产生的。过多的残饵、排泄物、肥料和底泥是造成氨氮过高的主要原因。在水质条件不适时（如溶解氧不足，或水中 pH、温度升高），氨氮总浓度增大，分子氨增多，毒性增强，从而引起鱼虾不适（鱼群浮头不散、挣扎、游窜或鱼体变色等），严重时中毒死亡。《渔业水质标准》（GB11607—1989）规定：水产养殖生产中，应将非离子氨的浓度控制在 0.02 毫克 / 升以下。

生产检测中，因非离子氨不能直接检测出来，而是通过对氨氮的检测并结合温度、pH 等进行折算，所以渔业生产中常检测氨氮值。一般生产中，鱼类养殖要求总氨氮值小于 1.0 毫克 / 升，甲壳类养殖小于 0.6 毫克 / 升。

以上各项指标之间是怕互作用、相互制约的，在水质调控时要综合考虑，不可偏废。

二、水产养殖水质综合调控技术要点

定期注水是调节水质最常用的也是最经济实用的方法之一。除此之外，还要注意对水质进行人工调节和控制。

（一）科学增氧

一定意义上说，溶氧量就是产量。要保持充足的溶解氧，最好的办法有以下几种。

（1）注入新水。

（2）开动增氧机、充气机或喷灌机。合理的开机时间是在晴天的中午，通过开动增氧机搅动水体，将水体上层的过饱和氧输送到水体下层；为增加水体下层溶氧，也可采用新型池塘底部微孔增氧技术（可增加溶解氧 7% 以上，降低氨氮 13% 以上）。

（3）适当施肥，以促进浮游植物的生长，增加溶解氧水平。若水体浮游植物较多，水体溶解氧过饱和时，可采用泼洒粗盐、换水等方式逸散过饱和的氧气；也可用杀虫药或二氧化氯杀灭部分浮游植物，再进行增氧。

（二）生物调节水质

利用水生生物本身可进行鱼塘养殖系统的结构与功能的合理调控。一是利用水生植物调控水质。高等水生植物（轮叶黑藻、鱼腥草、水葫芦、浮萍等）通过吸收水中的营养物质，达到控制浮游藻类的生长繁殖，起到很好的净水作用。养殖户可根据鱼塘承载量及水体肥度，因地制宜引进部分水生植物，调节水体水质。但注意不可盲目过多引进，以免造成二次污染。二是根据养殖动物食性特点，适当套养肉食性或滤食性鱼类来调节水质。如套养鲢鱼，可以充分利用水体中的浮游生物，控制水体肥度；套养鳙鱼可以抑制水体中的轮虫；套养鲤鱼、鲫鱼可充分利用水体中残饵，大大减少残饵腐化分解；套养黄颡鱼可以抑制水体中的锚头蚤；套养鳜鱼、鲈鱼等可以有效控制水体中野杂鱼虾的生长繁殖，减少与主养鱼争食争氧的竞争压力等。

（三）微生态调控

微生态制剂是一种能够调理微生态环境，保持藻相、菌相平衡，从而改善水环境，提高健康水平的益生菌及其代谢产物的制品，主要有假单胞杆菌、枯草芽孢杆菌、硝化细菌等种类。一般来说，微生态制剂能够吸收利用氨氮、亚硝态氮等物质，并可吸收二氧化碳及硫化氢等有害物质，促进有机物的良性循环，达到净化水质的目的，被誉为"绿色"水质改良剂。施用微生态制剂时，应注意以下几点：①微生态制剂施用后，有益菌活化和繁殖需要耗氧，因此，施用时间最好在晴天上午或施用后补充增氧，这样才能发挥出较理想的作用和效果；②在施用杀菌、杀藻等化学制剂（如氯制剂、硫酸铜及硫酸亚铁等）后，不能马上施用微生态制剂，应等到施用的化学制剂药效消失后再施用，一般要在施用化学制剂一周后再施用微生态制剂比较适宜；③微生态制剂在水温25℃以上施用效果较好。

（四）对 pH 的调节

在鱼塘中定期使用生石灰等药物，可起到净化水质、调节水体 pH、改善养殖环境和预防色病等重要作用。使用生石灰调节水质时，一般每半月按每亩用生石灰 15 ~ 20 千克溶解在水中，全池泼洒一次。但对于碱性土壤或池水 pH 偏高的池塘，不宜使用生石灰，避免 pH 进一步升高。

（五）水色、透明度和底质的控制

水色与透明度取决于水中浮游生物的数量、种类以及悬浮物的多少。通过施肥可影响水色、透明度等水质指标变化，并影响鱼、虾生长。在养殖时，也可以通过适度培肥，使浮游生物处于良好的生长状态，增加水体中的溶解氧和营养物质，从而培养出良好的水质，辅助鱼虾生长。应注意一次施肥量不宜过多，注重少施勤施，以便维持合适的透明度。

高产精养及名优养殖池塘的水质，要求"肥、活、嫩、爽"。池水透明度应保持在 30 ~ 40 cm 之间。低于 20 cm，可排出部分老水，加注部分新水。以养鲢鱼、鳙鱼为主的池塘，透明度为 20 ~ 30 cm，水色应保持草绿色或茶褐色；以养草鱼、鲤鱼等常规鱼为主的池塘，水色较鲢鱼、鳙鱼池塘水色淡些。

对于池中有机悬浮物过多的池塘，可使用 20 ~ 25 kg/m³ 的沸石粉全池泼洒，吸附水中的氨氮、亚硝态氮、硫化氢等有害成分，降低有机物耗氧量和增加水体的透明度；或施用 40 ~ 50 kg/m³ 的"底净"，不但可以吸附池水中的悬浮物，还可通过改良底质，达到改良水质的目的。

（六）应急控制

养殖中常出现一些不明原因的异常现象，如浮头现象在开增氧机后仍不见好转，应在保证水源无污染的情况下立即换水。缺乏增氧设备的池塘，浮头时除了换水外，常使用"高能粒粒氧"等增氧剂，再施放"超级底净"等水质改良剂。

精养池塘在养殖的中、后期常出现转水，主要原因有原生动物突然大量繁殖，造成浮游植物数量锐减，pH降低，溶解氧下降而使池水变成灰白水或红水，若施救不及时有可能造成全池鱼虾死亡。一般此时可用 $0.7 \sim 1.0 \, g/m^3$ 的晶体敌百虫进行全池泼洒，杀灭池中的原生动物。如发现有死鱼虾，应及时捞出，检查死因，对症治疗，同时对病死鱼虾要作远离深埋处理，以免诱发鱼病或使鱼病蔓延。此外，在养殖中还要注意轮捕轮放，随着鱼虾的快速生长，池塘载鱼量大幅上升，水质恶化的概率越来越大，此时应注意搞好轮捕轮放，释放水体空间，控制好水体的载鱼量，达到调节水质、防患于未然的作用。

第六节　养殖水域的生产力与养殖容量

养殖水域生态系统是一个人工干预程度较高的半自然生态系统，该系统中自然的物质循环和能量流动功能仍然在起作用，甚至起着主导作用。虽然集约化程度较高的养殖系统（如精养池塘、工厂化养殖、网箱养殖等）中自然生态过程仍在起作用，但是由于养殖水体中放养动物的生物量如此之大，以至于自然的生产、消费和分解过程已无法维持其良好的生态平衡，因此必须进行人工干预以维持养殖生态系统结构和功能的稳定。而大水域（如湖泊、水库、海洋牧场）和粗养、半精养池塘系统中自然生态过程仍占主导地位，天然生产力为养殖产品的生产起着较大作用。

生产力和养殖容量是养殖系统对特定养殖生物的生产和承载性能，直接反映的是特定养殖系统质量的优劣。通俗地讲，在养殖生产中生产力所反映的是水体所能生产出的鱼、虾等经济产品的最大净生产量，而养殖容量则表示范的是水体所能提供的最大毛产量。这两个指标对养殖生产具有重要的指导意义，了解这两个指标，可以明确特定水体对某种养殖生物的生产能力和特点，从而可以据此有针对性地指导具体的养殖工作，如放养量的确定、养殖过程中的日常管理、水质调控的方法等，从而有助于合理利用资源，提高经济效益。

一、养殖水域生产力和养殖容量

养殖水域的生产力和养殖容量概念是从生态学中种群生长的逻辑斯谛曲线 (Logisticcurve) 演化而来，只是养殖水体中放养的生物群体一般没有自然种群的补充过程，而且养殖生态学更关注养殖生物群体生物量的变化过程。

（一）养殖水域的生产力

在生态学和水产养殖学中，生产力 (Productivity) 被定义为水体生产有机产品的能力或性能。本节中除初级生产力等术语外，一般所述生产力均是指养殖生产力，即水体生产鱼、虾等经济产品的性能。

养殖水体的养殖生物现存量变化很大。在养殖前期，养殖对象个体较小，现存量较小，食物和空间资源未得到充分利用，很多剩余的物质与能量未参加生产过程，其实际生产量不能真正体现出生产力。而在养殖后期，养殖对象已长大，现存量也可能过大，个体生长会受到抑制，摄食的能量大部分用来维持代谢消耗，其生产量也不能真正代表其生产力。

一般情况下，养殖水体中的放养群体没有个体数量的增长（轮捕轮放是特例），在养殖过程中养殖群体的质量或现存质量一直在增长，其生长曲线类似 S 形曲线，即在拐点处养殖群体的个体或群体的瞬时特定生长率最大，养殖群体的日增重率最大。因此，此时的群体日增重率，即最大日增重率，可作为表征养殖水域生产力的一个参数。当养殖群体的现存量越过此拐点后，个体或群体增重率开始减缓，但养殖个体的规格和现存量还在增加，直至达到养殖容量为止。养殖规格是水产养殖生产中一个重要考量指标，通常，规格越大单位质的价格越高。为获得更大的经济利益，生产实践中养殖群体的质量通常都会超过拐点后才收获。因此，水产养殖活动中，人们又常把年或季节净产量，即最大收获虽与初始放养量的差值，作为养殖生产力的参数。

实际净生产量在数值上远小于最大日增重率乘以养殖天数的理论数值，这是由于养殖早期水体养殖生物现存量较低，会造成一定的水体饵料等资源浪费，后期又由于养殖生物现存量太大，呼吸消耗更多。从这个意义上讲，用日生产量最大值表征养殖生产力更能反映水体的属性。

水体的养殖生产力是养殖系统本身的一种属性，由水体的环境条件状况等多种客观因素决定，但其也会受到特定的养殖种类、养殖方式等影响。养殖水体不同于天然水域，其中经济生物的结构通常较简单，而且受人为的影响较大，如放养量的大小、投饲、施肥及人工对环境条件的调控等，同样的水体不同的生产方式其生产力会不同。

（二）养殖水域的养殖容量

容量（Carryingcapacity）也称容纳量、负荷力、负载量等。对容量这一概念环境科学工作者和生态学者有着不同的理解。环境学者称其为环境容量，定义为"自然环境或环境要素（如水、空气、土壤和生物等）对污染物质的承受量或负荷。环境中污染物浓度低于这一数值，人类和生物能耐受适应，不致发生病害，污染物浓度高于这一数值人类和生物就不能适应，并将发生病害"（辞海编委会，1979)。环境容量前还可冠以特定区域或类别，如海洋环境容量，即某一特定海域所能容纳的污染物的最大负荷量。生态学者对容量的理解也因其从事的研究领域不同而稍有差异。关心资源的学者定义容量为，"一个特定种群在一段时间，在特定的环境条件下，生态系统所能支持的种群的有限大小"（唐启升，1996)。有些学者直接将其冠以生态容量、生态容纳量等。

水产养殖生态学关心的则是养殖生态系统的容量，即养殖容量。Carver和 Mallet(1990) 将养殖容量定义为"在生长率不受负影响下，达到最高产量的放养量"，即日生产率最高时所对应的养殖生物现存量。另一类概念则是将养殖生物的生长率或生产量接近零时对应的现存量或生物量定义为养殖容量(Hepher&Pruginin，1981)，即养殖容量。李德尚等 (1994) 将水库对网箱养鱼的负荷力（养殖容量）定义为不至于破坏相应水质标准的最大养殖负荷量。

从养殖生产方面的要求和以上各学者所给的养殖容量的定义可以看出，容量的概念与研究的目的有关。Caughley(1979) 在研究草食动物与植物种群关系时就将容量分为生态容量 (Ecologicalcapacity) 和经济容量 (Economiccapacity)，前者指无人为干预下草食动物生物量所能够达到的大小，相当于养殖容量，后者则指可以持续收获食草动物最大产量的平衡点，相当于日生产率最高时对应的养殖生物现存量。Inglis 等 (2000) 在研究贻贝的养殖容量时更是将养殖容量分为 4 个层次：第一层次是物理性养殖容量，即物理空间和条件 (如水体大小、区位、水深等) 所能允许的养殖容量；第二层次是生产性养殖容量，即可以持续获得最大产量的放养密度；第三层次是生态性养殖容量，即对生态系统无显著影响的养殖规模；第四层次是社会性养殖容量，即对其他人类活动和视觉景观无显著影响的养殖规模。

由此可见，养殖容量概念所涉及的范围与养殖环境条件、水体的功能、经济目标等多种因素有关，因此，确定一个养殖区或养殖水体的养殖容量时必须考虑经济因素，即确保在特定时间养殖群体中的个体生长到一定的商品规格，同时，在获得较高养殖产量和养殖效益的同时还应考虑养殖活动不致对周围环境、人类的其他活动构成直接或潜在的危害。

可将养殖容量定义为：单位水体内在保护环境、节约资源和保证应有效益的各个方面都符合可持续发展要求的最大养殖量。在具体研究时，养殖容量内涵的侧重点可以有所不同。对于养殖水域使用权的申请和规划时可以侧重物理因素和社会因素，即物理性和社会性养殖容量，而对于生产中确定放养量、管理措施等则可侧重环境因素和经济因素，即生态性和生产性养殖容量。例如，在有供饮用水任务的水库开展网箱养鱼，我们最关注的就是养殖活动对水质的影响，因此，李德尚等 (1994) 就将其养殖容量定义为不至于破坏相应水质标准的最大养殖负荷量。

二、综合养殖池塘的生产力

根据水域类型的不同，其生产力的研究方法有多种。池塘生产力可用年或季节净生产量作为其生产力的估计值，也可用测定日最大生产量作为其生产力的表征值，还可用统计方法建立环境参数与生产力关系的经验公式加以估算。大型养殖水域生产力的估计，可根据饵料生物量或初级生产力推算，也可根据鱼产量与某些非生物变量的相关性来估计，还可使用等级法评估其生产力。下面仅介绍本书作者及团队关于海水池塘中国明对虾综合养殖模式的生产力研究结果。

王岩等 (1998) 在山东海阳使用了 26 个 25 m² 陆基围隔研究了中国明对虾与红罗非鱼混养系统的生产力。对虾设三个密度，红罗非鱼设 4 个密度，每一处理两个重复，实验期间不换水。实验持续 95 天。

实验结果表明，红罗非鱼放养对中国明对虾的成活率无显著影响，但是，当对虾的放养密度增至 6.0 尾 /m² 和 7.5 尾 /m² 时，混养红罗非鱼水体中对虾出塘规格和产量比单养对虾规格和产盘分别提高了 6.23% ~ 10.83% 和 20.15%。

在该实验的放养密度范围内，对虾的密度对成活率无显著影响。当对虾的放养密度为 4.5 尾 /m² 和 6.0 尾 /m² 时，对虾的出塘规格差异不显著，但当对虾密度增至 7.5 尾 /m² 时，其生长速度减缓，规格下降。对虾密度为 6.0 尾 /m² 时，其平均产量最高，为 513.4 kg/hm²。

实验结果还表明，对虾密度较低时 (4.5 尾 /m²)，以单养对虾 (1 号围隔) 的生长速度最快，成活率最高，当然产量也最高。这说明对虾放养密度低时，红罗非鱼对中国明对虾生长无显著影响。而当对虾密度增大到 6.0 尾 / m² 时，对虾的生长速度随放养红罗非鱼密度的增加而加快，成活率和产量也逐渐增高。当红罗非鱼放养生物量高于 300 kg/hm² 时，对虾的生长速度、成活率和产量显著提高。

通过对罗非鱼不同放养方式对中国明对虾的影响表明，散放红罗非鱼对鱼的生长有利，但对对虾有一定的影响，这是因为散养的罗非鱼会与对虾争抢饲料，并可能会伤害对虾。

通过实验期间各处理中对虾净产量的变化情况，可以看出，每一处理在实验早期 (虾规格较小时) 平均日净产量较低，后期较高。单放养对虾 75 000 尾 /hm² 和放养对虾 60 000 尾 /hm² 并配养红罗非鱼 3 200 尾 /hm² 的两个处理，对虾在 8 月 25 日的净产量最高，达 1.11 g/(m²·d)。

在投饲不增氧的情况下，放养体长 2 ~ 3cm 的对虾 60 000 尾 /hm² 和体重 75 ~ 100 g 的红罗非鱼 3 200 尾 /hm² 时，对虾生长较快，成活率和产量最高，毛产量为 585.5 kg/hm²，净产量为 552.4 kg/hm²；不同养殖结构下对虾的生产力差异很大，范围为 0.50 ~ 1.11 g/(m²·d)。最佳养殖结构下对虾的生产力最高可达 1.11 g/(m²·d)；从以上结果还可以看出，生产力与养殖结构有关，对虾与红罗非鱼的配比不同其生产力也不同。

如果用生物量最大变化率标准评定，该养殖方式下池塘的对虾养殖生产力为 1.11 g/(m²·d)；如果用实验期间最大净产量标准评定，该池塘对虾生产力为 552.4 kg/hm²。1.11 g/(m²·d) 只具有生态学意义，其含义是如果 95 天都以此速度增长，净产量可达 1054.5kg/hm²，在现在的养殖模式下这是不可能实现的理论预期。

我们还进行了中国明对虾—红罗非鱼不投饲养殖，以及中国明对虾—海湾扇贝、对虾—红罗非鱼—缢蛏养殖结构生产力的研究，其结果是，生产力还与养殖方式、养殖种类关系密切。投饲半精养条件下（不增氧）对虾—红罗非鱼—缢蛏的最佳养殖结构的对虾生产力可达 $1.24\ g/(m^2 \cdot d)$。另外，放养密度更高的凡纳滨对虾—青蛤—江蓠混养结构的生产季节平均生产力可达 $2.68\ g/(m^2 \cdot d)$。

必须指出，该实验中得出的生产力，只是以对虾来估计的，而不是把综合养殖在一起的其他种类都计算在内的总生产力，如果将对虾—罗非鱼—鲈鱼养殖系统中的罗非鱼与鲈鱼的生产力加在一起，可以达到 $3.59\ g/(m^2 \cdot d)$。

三、综合养殖水域的养殖容量

养殖容量是单位水体内在保护环境、节约资源和保证应有效益的各个方面都符合可持续发展要求的最大养殖量。养殖容量所反映的是水体所能提供的最大毛产量，它是水体的固有属性，除社会因素、物理因素等外，主要受养殖水体的水文状况、养殖种类、养殖方式等影响。

由于具体养殖活动所处水体、养殖种类的不同，具体的养殖容量内涵也会不同。不同内涵养殖容量的估计方法也会有差异。对于不同类型和大小的养殖水体其人为可控程度不同，人们对其养殖容量的研究精度也不同。下面将就作者所在实验室开展的水库和海水池塘养殖容量研究结果加以简要介绍。

（一）水库对投饲网箱养鲤的养殖容量

李德尚等 (1994) 在山东省东周水库用 18 个 $14.3\ m^3$ 的围隔组成的围隔群，以鲤为材料，研究了水库对投饲网箱养鱼的负荷力（养殖容量）。该水库为中—富营养型的丘陵水库，库容为 $65.50 \times 10^6\ m^3$，水域面积约为 $800\ hm^2$，平均水深约 8 m。该水库未受工业或生活污水污染，在养鱼生产中也未采取投饲或施肥措施。

实验设 6 个处理，其中 A 组为对照组（不养鱼），B 至 F 组为实验组，按不同密度养殖体重 $50 \sim 60\ g$ 的建鲤。5 个实验组的放养量依次为：$0.76\ kg/m^2$、$0.38\ kg/m^2$、$0.25\ kg/m^2$、$0.19\ kg/m^2$ 和 $0.15\ kg/m^2$。每个处理设三个重复。网箱养鲤生产使用配合饲料，实验持续 34 d。

该研究主要着眼于以灌溉和养鱼为主要用途的水库，所关注的主要是有机质污染问题，也就是有机质负荷是否超过渔业水质要求问题。水库的网箱养鱼容量是指符合我国渔业水质标准 (GB11607—89) 的最大网箱养鱼负荷量。这一负荷量可用养鱼网箱的总面积 (以网箱毛产量 750 000 kg/hm² 为计算标准) 对水库总面积之比，简称面积比，或者以网箱养殖的鱼类平均到水库总面积上的现存量 (简称载鱼量，kg/hm²) 表示。在实验中跟踪观测各围隔的水质变化。当水质符合渔业标准的各实验组水质基本稳定时，其中载鱼量最大的一组即代表负荷力。

实验期间各围隔下午的透明度变化幅度在 50 ~ 180 cm，不同处理间差异显著。各处理的透明度与各处理的载鱼量呈负相关关系。各处理 pH 变化范围为 7.0 ~ 8.6，未超出渔业水质标准的规定。各处理间的差别与载鱼量呈负相关趋势。这与载鱼量较大的围隔投饲量也较大，因而有机质负荷量较高有关。各处理的化学耗氧量的变化范围为 2.30 ~ 7.14 mg/L，各组间差异显著，与载鱼量呈正相关，显然这也与载鱼量大的围隔投饲量大有关。

该实验的结果表明，仅从水质角度考虑该水库对投饲网箱养鱼的容量为 3 096 kg/hm²，而从水质和养鱼效益综合指标角度评比，其养殖容量应为 2 594 kg/hm²。鉴于最佳养殖容量要小于最大养殖容量及养鱼生产中网箱不可能完全均匀分布，同时也考虑到大水域污染的危害性，建议将实验结果加上 25% ~ 35% 的安全系数，即以 1 800 ~ 2 300 kg/hm² 或面积比 0.24% ~ 0.30% 作为生产中使用的推荐标准。

该结果只是现场实验围隔的研究，实践中可以根据实际进行调整。如果所研究的水库水较深、水交换率较高、营养水平较低、水面较开阔时，可以适当调低安全系数。

（二）海水池塘对虾养殖的养殖容量

1998 年，刘剑昭等 (2000) 在山东省海阳利用 15 个陆基围隔 (5 m × 5 m × 1.2 m) 研究了海水池塘中国明对虾与红罗非鱼综合养殖的养殖容量。实验共设 5 个养殖密度处理 (表 2-1)，每处理设三个重复。每一处理的中国明对虾与红罗非鱼的设计毛产量之比为 1 ： 0.3。海水盐度为 30，投饲，无人工增氧，实验期间不换水。养殖实验持续 90 天。从表 2-1 中的数据还可看到，红罗非鱼的产量随其放养密度的增加而增加。

表2-1　各处理组的放养情况

处理	对虾规格 /cm	对虾放养量（ind./hm²）	红罗非鱼规格 /g	红罗非鱼密度 /（ind./hm²）
A	3.61 ± 0.32	28 000	108.3 ± 62.92	400
B	3.61 ± 0.32	56 000	96.67 ± 20.21	800
C	3.61 ± 0.32	84 000	168.34 ± 16.08	1 200
D	3.61 ± 0.32	112 000	110.84 ± 221.84	1 600
E	3.61 ± 0.32	140 000	170.00 ± 87.20	2 000

　　表 2-2 是各处理组的收获情况。从表中的数据可以看出，对虾的放养密度与收获时的规格呈反相关，即放养越密收获规格越小。D 处理与 A 和 B 处理对虾的收获规格差异极显著。C 与 E 处理的虾规格差异不显著。D 处理组对虾产量最高，达 1 455.5 kg/hm²，其与 C 和 E 处理的产量差异显著。对虾的成活率基本上是随着养殖密度的增加而下降，但其饲料系数却随放养密度增加而上升。

表2-2　各处理组的收获情况

处理	虾规格 /cm	虾成活率 /%	虾产量 /（kg/hm²）	虾饲料系数	鱼规格 /g	鱼产量 /（kg/hm²）
A	11.5 ± 0.2	94.29 ± 22.99	473.2 ± 123.2	1.46 ± 0.05	500 ± 66	200 ± 27
B	11.3 ± 0.1	85.00 ± 5.01	872.2 ± 21.8	1.63 ± 0.08	375 ± 25	300 ± 100
C	11.2 ± 0.4	83.34 ± 12.09	952.3 ± 291.2	1.79 ± 0.14	468 ± 70	561 ± 84
D	10.6 ± 0.2	85.83 ± 6.51	1 455.5 ± 97.0	1.81 ± 0.25	448 ± 110	742 ± 142
E	10.0 ± 0.5	75.58 ± 9.29	1 142.8 ± 168.1	2.24 ± 0.51	463 ± 39	925 ± 55

　　表 2-3 是实验期间各处理对虾平均生长率 (% / 天) 变化情况。表中的数据显示，前期对虾 (小规格) 的生长率大于后期的 (大规格) 生长率，而且总体上看，放养密度较小的处理组平均生长率较高。

表2-3 实验期间各处理对虾平均生长率（%/天）变化

处理	时间 /（d/m）					
	2/7Jul.2	17/7Jul.17	1/8Aug.1	6/8Aug.6	31/8Aug.31	14/9Sept.14
1	8.53	4.40	3.11	2.36	3.01	1.69
2	8.60	4.33	3.77	1.59	2.40	2.07
3	8.16	3.99	3.17	2.47	2.32	1.86
4	7.60	4.49	2.97	2.24	2.94	1.36
5	8.13	3.66	3.23	2.34	2.45	1.33

养殖效果可以用多个指标进行评判，如生物学效果综合指数、养殖效果综合指数等。生物学效果综合指数 (SI) 可定义为对虾毛产量 (Y)、养成规格 (S) 和饲料效率 (K) 三者相对值的几何平均数，即 $SI=(Y \times S \times K)^{1/3}$。生物学效果综合指数还可用相对值表示，即将某一处理 (对照) 作为 100 进行计算。

养殖效果综合指数可定义为生物学效果综合指数 (CI)、纯利润 (P) 和产出投入比 (R) 三者的几何平均数，即 $CI=(SI \times P \times R)^{1/3}$。养殖效果综合指数也可用相对值表示，即将某一处理 (对照) 作为 100 进行计算。

由表 2-3 可看出，各实验组对虾的生长在养殖后期都变慢，其中 D 和 E 实验组对虾生长变慢现象尤其显著，几近停滞。某一实验组满足养殖容量的评判标准，所以可将某一实验组的毛产量 (中国明对虾 1456 kg/hm², 红罗非鱼 742 kg/hm²) 作为该实验条件下池塘的养殖容量。

该实验中所有指标都是一致的，如果各指标出现不一致时，则可根据具体情况进行选择。

第三章　现代水产养殖模式的创新研究

世界各地的水产养殖模式千姿百态，各不相同，没有统一的标准。如根据水的管理方式可分为开放系统、半封闭系统、全封闭系统。若根据养殖密度则可分为：粗养模式、半精养模式、精养模式。而根据养殖场所处地理位置则可以分为海上养殖、滩涂养殖、港湾养殖、池塘养殖、水库和湖泊养殖以及室内工厂化养殖等。本章将以水的管理方式来分别介绍养殖系统和模式。

第一节　现代水产养殖开放系统

现代水产养殖开放系统，直接利用水域环境（海区、湖泊、水库）进行养殖。港湾纳苗、滩涂贝类、浮筏牡蛎、网箱鱼类养殖都属于这种方式。最主要的特点是养殖过程中不需要抽水、排水，因此这种养殖方式优缺点都很明显。其优点是：①不需要在海区、湖泊中抽、排水；②无须购买土地，一般租用即可，成本较低；③一般不需要投饵，节约费用；④水域内养殖密度低，接近自然状态，疾病少；⑤管理人员少，对管理技术要求较低。

但开放式养殖也有其不可忽视的不足：①敌害生物或捕食者和偷猎者较多，不易控制；②水质条件受环境因素影响较大（如污染、风暴），人为难以调控；③养殖密度较低，因而产量较低，且不稳定（网箱养殖因人工投饵除外）。

一、敌害生物清除

在此只想讨论一下在开放式养殖系统中如何防治捕食者。首先可以考虑离开地底，如牡蛎、贻贝、扇贝、鲍等，利用浮筏、笼子将养殖生物脱离底层，可以有效避免同样是底栖生活的海星、海胆、螺类等敌害生物的捕食侵害。其次可以设置"陷阱"，如在养殖水域预先投置水泥、石块，吸引藤壶附着、繁殖，让螺类等敌害生物转而捕食它们更喜欢的藤壶，也可有效提高牡蛎、鲍的存活率。在一些底栖贝类如蛤、蚶养殖地周围建拦网，可有效防止蟹类、鱼类的捕食侵害。海星是许多贝类的天敌，在一些较浅的海区，可以人工捕捉。杀灭海星可以干燥或用热水浸泡方法，千万不能用剪刀剪成几瓣后又扔进海里。海星的再生功能很强，仅有 3 ~ 4 条腿的海星也同样可以捕食贝类。在深水区海星密集的地方，则可以用一些特制的拖把式捞网捞取海星，并用饱和盐水或热水杀死。

有些贝类捕食者如蓝蟹、青蟹、梭子蟹以及一些肉食性螺类本身就是价值很高的水产品，因此可以通过人工捕获，既保护养殖贝类，又收获水产品，一举两得。

生石灰（CaO）对海星的杀灭效果很强，只需少量就可致死，但使用时要注意水流，因为海浪、水流可以轻易冲走它。利用化学药品控制捕食者需要相当谨慎，只能在局部区域使用，否则弊大于利，捕食者未控制，而生态环境遭破坏，其他生物先遭难。

二、网箱养殖

网箱养殖可能来源于最初在港湾、湖泊、浅海滩涂上打桩，四周用绳索围栏的方式，这种简单原始的养殖方式至今仍有人用来养殖一些鱼类。现代网箱养殖业就是受这种养殖方法的启发，他们使固定在底部的网箱浮起来，走向深水区，并逐步发展流行，尤其在如北美、欧洲、中国、日本等沿海国家或地区。欧洲主要养殖鲑、鳟鱼类，北美以养殖鲇鱼为主，而中国和日本等东亚国家养殖种类较多，一般多以名贵鱼类为主，如大黄鱼、鲷鱼、石斑鱼等。中国内陆湖泊、水库网箱养殖也很盛行，养殖种类有草鱼、鲤鱼、黄鳝等淡水鱼类。网箱同样可以养殖无脊椎动物，如蟹类、贝类等。中国沿海盛行的扇贝笼养其实也是一种小型网箱养殖。

网箱形状多为圆形（图 3-1），或者是矩形（图 3-2），网箱大小根据养殖种类、企业自身发展要求和管理能力而各不相同，小的几个立方米，大的可达几百立方米，比较常见的规格在 20 ~ 40 m³，如中国福建大黄鱼的网箱规格多为 3.3 m × 3.3 m × 4 m。大网箱造价较低，但管理和养殖风险也较高，一旦网箱破损，鱼类逃跑，损失巨大。有的网箱表面加盖儿可以防止鸟类侵袭。一般网箱养殖需要租用较大的养殖水面。

虽然网箱的成本较高，而且使用期限也不长（一般不超过 5 年），加之经常需要修补，管理技术要求也相对较高，但优点也很突出。首先网箱养殖最适宜那些运动性能强的游泳生物养殖，而且捕获十分方便，即需即取。几乎可以 100% 的收获。其次养殖密度比池塘高得多，只要网箱内湾水流交换畅通，就可以大幅度提高养殖密度，如日本、韩国的黄尾鲕养殖，密度可达 20 kg/m³。

网箱由三部分构成。

（1）箱体：有框架和网片。

（2）浮子：使网箱悬浮于水中。

（3）锚：固定网箱不使其被水流冲走。

图 3-1　海上网箱养殖（圆形）

图 3-2　海上网箱养殖（矩形）

网片由结实的尼龙纤维（聚乙烯、聚丙烯）材料编织而成。网目大小依据养殖对象的个体大小设定。一般网箱为单层网，有的网箱加设材料更为结实的外层网，既保护内网破损，又防止捕食者侵袭。网箱的顶部通常加盖木板，或直接拟盖网片，两侧需设置投饵区。颗粒饵料在水中下沉很快，如果不及时被鱼摄食，就会从底部或边网流走。因此投饵区不要设在紧贴边网处。

网箱养殖最易遇到的问题有以下几点。

（1）各种海洋污损生物容易附着在网箱上，增加网箱的重量，同时降低网箱内外水的交流，影响水质。

（2）海水对网箱金属框架的腐蚀损坏。

（3）紫外线对塑料材质的腐蚀损坏。

（4）海浪或海冰对网箱的破坏。

为解决上述问题，材料上现多改用玻璃钢框架加铜镍网，造价可能贵些，一次性投资较大，但耐腐蚀，不易损坏，寿命长，长远看比较经济合算。

制作浮子的常用材料是泡沫聚苯乙烯，这种材料既轻又便宜，而且经久耐用，不易被海水腐蚀。一般小网箱的浮子用塑料球即可，而大网箱则需较大的浮筒，有的甚至用充气的不锈钢筒。

一些特别大的网箱上设有悬浮式走道，便于管理者投饵和捕获。网箱的底部必须与水底有足够的距离，防止鱼类直接接触水底部沉积的残饵、粪便等废弃物，因此网箱养殖一定要选择有足够水深的区域。网箱的顶部宜稍微露出水面为宜，不能太多，否则降低了网箱的有效使用率。

网箱通过锚固定在某一区域，根据风浪、底质等不同情况来选择锚的重量。要充分估计风浪对网箱的冲击力量，以不致网箱被轻易冲走。有条件时网箱也可以几个一组，直接用缆绳固定在码头、陆地某个坚固物体上。通常网箱在水面上成排设置，便于小船管理操作。网箱成排设置一般不能过多，否则，水流不畅，影响溶解氧和废水交换，降低养殖区域内的水质。淡水湖泊、水库中水流、风浪较小，网箱更不能设置太密。

多数网箱养殖集中在海湾、近海，主要是因为管理方便，网箱容易固定。但海湾、近海水域往往也是交通繁忙，人类活动频繁，水质污染较严重的地方。因此网箱养殖的发展方向是向远海深水区发展，这里水质稳定，污染小，鱼类生活好，成活率高。当然远海深水养殖管理要求高，风浪冲击危险大。

三、筏式养殖

除了大型海藻海带外，筏式养殖主要对象是贝类，尤其是双壳类（图3-3和图3-4)。贝类原先栖息在底层，现移至中上层。滤食性贝类的主要食物是浮游植物，而它们主要分布在水的中上层，筏式养殖使贝类最大限度地接触浮游植物，十分有利于其摄食，而且成功逃避了敌害生物的侵袭。同时增加了水体利用率，从原有的二维空间变为三维空间。筏式养殖的收获也比较方便。筏式养殖因为养殖种类不同可分为长绳式、盘式、袋式、笼式等，因此其基本组成如下。

（1）筏：可以是泡沫塑料、木板、玻璃钢筒等。

（2）绳：尼龙绳，长短粗细不一，根据需要设置。

（3）盘、袋、笼：用聚乙烯网片等材料制成，垂直悬挂在水中。

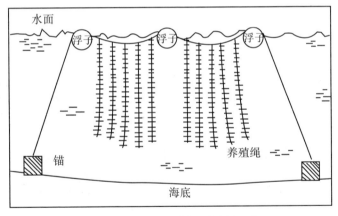

图3-3 筏式养殖结构示意图（一）

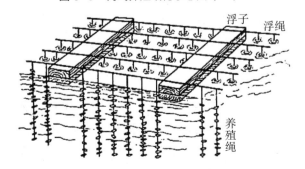

图3-4 筏式养殖结构示意图（二）

笼式主要用于扇贝养殖，人工培育或海上自然采集的幼苗长到 1 ~ 3 cm 后，置于笼中悬挂养殖，养殖中期根据贝类生长情况还可再次分笼（图 3-5)。绳式或袋式较多用于牡蛎、贻贝养殖，或者扇贝幼体采苗（图 3-6)。与绳式类似，袋式是将一些尼龙丝编织成的小袋固定在绳上，主要是为了增加贝类幼体的附着面积。许多贝类的繁殖时间和区域比较固定，可以根据这一特点，提前将绳、袋悬挂在水中自然纳苗。采苗结束后，视情况可以将浮筏移动至养殖条件更好的海区。

图 3-5　扇贝笼式养殖

图 3-6　海上浮筏绳式养殖

绳式、袋式等贝类养殖到后期，由于养殖生物个体长大，重量增加，容易使养殖绳下垂，直接接触底部，甚至拉垮整个筏架，这就需要养殖前考虑筏架的承重程度以及水的深度。一种排架式筏式养殖可避免筏架垮塌。在海区打桩，在桩与桩间连接浮绳，贝类可以在桩和绳上附着生长。

盘式养殖类似笼式养殖，可根据养殖生物的大小不断调整，底部可以是网片，也可以是板块，根据需要甚至可以在盘底铺设沙子，以利于一些具埋栖习性的贝类等生长。

四、开放式养殖的管理

开放式养殖因借助了天然水域的水和饵料，管理成本较低，但并非不用管理，任其自由生长。管理方法得当与否，效果差异极其显著。网箱养殖不用说，其管理难度甚至超过半开放模式。筏式养殖、滩涂养殖同样需要科学、精心的管理。如筏、架的设计、安装、固定，苗种的采集、培育，生长中期笼、绳的迁移，养殖动物密度调整以及网、笼污损生物的清除等对于养殖的成功都是至关重要的。

第二节　现代水产养殖半封闭系统

半封闭系统是最常见的养殖模式，是近几十年来国内外最普遍、最流行的养殖模式，是欧美、东南亚各国以及我国水产养殖所采用的主要模式，适合大多数水产动物的养殖。养殖水源取自海区、湖泊、河流、水库以及水井等。多数养殖用水从外界直接引入，直接排除，有的部分经过一些理化或生态处理重新回到养殖池，循环利用。比起开放式养殖系统，半封闭模式人工调控能力大大增强，因此养殖产量也比开放式模式高得多，而且稳定。其主要特点是：①水温部分可控；②人工投喂饲料，提高养殖密度；③水质、水量基本可控；④可增添增氧设施；⑤发生疾病在某种程度上可用药物治疗，敌害生物可设法排除；⑥投资较高，管理要求和难度较大；⑦养殖密度大，动物经常处于应激状态，容易诱发疾病，防治难度大。

一、施肥

施肥是通过在养殖水体中人工添加营养盐（氮、磷）来繁殖浮游植物，增加水体初级生产力。对于一些直接滤食浮游生物的贝类和鱼类来说，等于投饵。即使养殖生物不能直接摄食浮游植物，通过浮游植物的繁殖，也可以转而促进浮游动物和底栖生物的繁殖，从而起到间接投饵的作用。施肥的另一效果是可以在一定程度上改善水质和水色。如果水体透明度太大，显示浮游生物密度低，营养盐不足。在水产养殖过程中，水色是一个十分重要的指标，它与透明度有关，但不完全，水色还反映了水中浮游生物的种类组成。一般以绿藻或硅藻为主的水色呈黄绿色或黄褐色，容易保持水环境稳定，而以蓝藻或甲藻为主的水色呈蓝绿色，深褐色，水质不稳定，极易发生水华，导致水质剧变，影响养殖生物。

在一些开放性养殖系统中也可以适当施肥，如海带养殖，但由于水体流动性大，施肥效果较差。肥料的来源可分为有机肥和无机肥。有机肥可以是鸡粪、牛粪、植物发酵甚至生活废水。有机肥的特点是成本低，废物利用，既能肥水，又解决部分污染物利用问题。而且有机肥的肥力持久，影响缓慢。但有机肥用量大，效果慢，需细菌、真菌等发酵，使用过程中有可能带来病毒、细菌等病原体；其次是微生物分解会导致水中生物耗氧量 (BOD) 剧增，影响水质；另外有机肥的使用会导致某些养殖产品口味变差。

无机肥通常有尿素、$NaNO_3$、$CaHPO_4$、$(NH_4)_2CO_3$、NH_4HCO_3 等。无机肥使用量小，效果快，适宜在生产上急于改变水质、水色，提升水的肥力所用。无机肥没有上述有机肥的一些缺点，但也有自身的不足。首先是无机肥能迅速促使水中浮游植物的繁殖，如果使用不当，会导致浮游植物短期内大量繁殖，甚至引起水华，以致夜晚的 BOD 水平急剧上升至危险等级，因此无机肥的使用需要少量多次，视水质情况谨慎使用。其次无机肥在费用上比有机肥要高些，虽然不显著。

二、换水

池塘养殖的另一特点是需要换水，通过换水使养殖水体更新，提升水质。换水的主要作用是提高溶解氧水平；其次可以降低水中病原微生物的浓度；另外根据池塘内外水质的差异，也可以部分调节池水温度、盐度、pH 等。

换水方法通常是先排后进，也可以边排边进。如果是后者，则换水可以按如下公式计算：

$T=-\ln(1-F)\times(V/R)$

式中，T 为换水时间；F 为所换新水占总水体的比例；V 为养殖总水体；

R 为进水速率（进水量 / 单位时间）。

此公式表示换取一定比例的水所需时间。若要表示在一定时间内换取一定比例的水，则进水流速为

$$R=-\ln(1-F) \times (V/T)$$

三、地址选择

半封闭系统养殖的场地选择取决于在什么地方，养殖什么生物，如何进行养殖？根据地形地貌的不同，养殖池塘建设通常有筑坝式、挖掘式和跑道式（水道式、流水式）等。

场地选择首先考虑的是水源，包括水质和水量。如果水源不能持续供应，则应该有适当的措施如蓄水池等。总之，水源相对紧缺的地区开展水产养殖，要综合考虑养殖用水对其他行业和居民生活的影响。而水源过于充足的地区同样会带来不利影响，如暴雨、洪水、融冰等都应视为问题加以考虑。对于半封闭养殖系统来说，排水也是一个十分重要的问题，尤其是处于水污染趋势越来越严重的今天。各地政府对于水产养殖排水都有不同的要求和政策，因此在开展生产之前，必须全面细致了解当地的有关政策条例，以便未来的生产能顺利进行。

场地选择另一个需要考虑的是养殖场所处的位置。交通、生活是否便利，能否顺利招收就业工人，该行业在当地的受重视程度，当地对水产养殖产品销售的税收政策，甚至养殖场的安全等，都能直接或间接影响水产养殖的正常开展。

池塘养殖的底质十分关键，应该是以泥为主，确保养殖池能存水，池水不会从堤坝或池底渗漏。因此在养殖池建设之前需要经过有经验的土壤分析师检测。另外还应考虑土壤是否受到过污染，其析出物对养殖生物是否有害。当然考察当地自然栖息的水生生物也是评价是否适合水产养殖的直观、有效的方法。

鸟类等捕食者的侵害也是选址需要考虑的因素之一。有的地方（如海边），海鸥等鸟类常常成群集对盘旋在养殖池塘上空，一旦发现有食可捕，即会找来更多的同类。一些生物虽不会直接捕食养殖生物，却间接影响生产，如蛇、蟹类打洞，破坏堤坝，蛙类、龟类与养殖生物竞争池塘鱼类的养殖空间、氧气和食物。

四、跑道式流水养殖模式

跑道式流水养殖是 20 世纪末欧美国家首先兴起的一种半封闭系统养殖模式。其特点是养殖池矩形，宽度较窄，而长度较长，通常水深较浅，正如名称所言，水在养殖池中快速通过，水一端流进，从另一端流出。由于在该系统中的水流交换远高于普通池塘养殖，因此其单位产量也可以相对提高。但在这种流水式环境中，密度增加也是有限的，一旦生物在高密度养殖环境中，维持运动消耗的能量超过了用于其自身的增长，产量增长就达极限了。跑道式流水模式最初用于养殖鲑、蹲鱼类等对水质要求较高的鱼类，以后也普遍用于鲇鱼等其他品种，也可以养虾。流水系统的关键是流速，而流速取决于水温、养殖密度、投饵率等。理想状态是整个养殖系统通过水的不断流动能够自身保持洁净，但实际操作起来还是有困难，因为过大的流速需要消耗大量电能，而且也会导致养殖生物处于应激状态。因此水流速度应该调整到水从养殖池一端流向另一端时，水质能基本稳定，尤其是到末端时，仍能达标。

流水式养殖优点还是很明显的，一是密度大，产量高；二是因为养殖面积较小，所以投喂、收获等管理较方便；三是因池水浅，水流快，水质明显比池塘好，出现问题容易被发现和处理。这一模式的缺点也很突出，就是维持又大又快的水流所导致的能耗费用。为解决水泵耗能问题，降低费用，设计了一种阶梯式流水养殖模式（图 3-7）。将几个养殖池设计排成系列，形成阶梯式（瀑布式）落差，水从最高位池子进，利用重力作用，自然流到第二、第三及后面的池中。各个池子间的高度差取决于流水的速度需要以及养殖生物对水质的要求。落差越大，流速越快，但建设难度和成本也越高。这种模式的主要弊端是水流经过一系列养殖池，越到后面的池子，水质越差。养殖密度越高，问题越严重，除非流速足够。另外一旦一个养殖池发生疾病，整个系列池子都被波及，无法隔离。

与阶梯式流水模式不同的是平行式流水模式。所有跑道

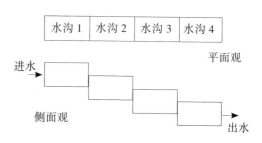

图 3-7　阶梯式流水养殖模式示意图

式养殖池平行排列，各自从同一进水管进水，排出的水又汇总至同一条排水管（图 3-8)。虽然进水总管的进水量相当大，但却可以有效避免阶梯式流水模式的弊端。

　　还有一种称为圆形流水模式。它与上述两种模式不同之处是水从养殖池流出后并不直接排出系统。而是在系统中循环较长一段时间。这种模式与圆形水槽相似，所不同的是流水式模式水较浅而已。它适宜养殖藻类，因为光合作用的需要，浅而且流水更适宜单细胞藻类的大规模培养。这类养殖池的池壁通常用涂料刷成白色，更有利于池底部反光，增加水中光强。

图 3-8　平行流水跑道式水产养殖池

　　跑道式流水养殖池一般用水泥建筑，也有用土构建的，但由于水流速度较大，池壁容易冲垮，因此如果用土构筑，最好用石块等加固池壁。木板、塑料、玻璃钢等材料也可以用，但规模较小，适宜在室内及实验室科学研究用。

　　还有一种流水式养殖模式称为垂直流水模式，在垂直置立的跑道式养殖池中间设置一根垂直进水管，水从顶部压入，接近底部时，从水管的筛网中溢出，带动池水从底部往上层运动，并从接近池顶部的水槽溢出。

五、池塘养殖

　　池塘养殖是半封闭模式使用最广泛的一种。与跑道流水式养殖模式相比，池塘养殖换水要少得多，一般也较少循环使用。由于换水量小，缺少流动，容易导致缺氧。而且池塘水较深，在夏季养殖池塘水体可能分层，更容易造成底部缺氧，为此，池塘养殖一般需配备增氧机。

　　养殖池可以直接在平地挖掘修建，但更多的是筑坝建设。养殖池形状没有规定，任何形状的池塘都可以进行养殖。但一般都是建成长方形，长宽比例一般为（2～4)：1。长方形池塘建筑方便，不浪费土地。有些大型养殖池依地势而建，如某些海湾、山谷，只需筑1～2面坝就成了（类似于水库)，可以降低建池费用。理想的养殖池，进水和排水都能利用水位差的重力作用自然进行，但在实际生产中，往往既充分利用重力作用，也配备水泵以弥补不足。多数是进水利用水泵，而排水则利用水位差自然排放。

养殖池深度各地相差较大，一般不低于1.5 m，多数有效水深为1.5～2 m，北方寒冷地区越冬池水深需要2.5 m以上。坝体主要由土、水泥、石块砌成。如果是土坝，则坝体须有（2～4)：1的倾斜度（坡度)，具体坡度依据土质结构稳定性来确定。若用石块、水泥建堤坝，则坝体可以垂直，以获得最大限度的养殖空间。池底也应有一定的倾斜度，以利于排水时，能将池中水排净。但倾斜度不宜过大，否则排水时，因水流太急，冲走池底泥土。有的养殖池在排水口设有一个下凹的水槽，以利于在排水时收集鱼类等水产品。水槽不能太小，否则会导致过多的鱼虾集中在水槽中遭遇挤压或缺氧死亡。较大的养殖池底部一般会设置几条横直交叉、相互贯通的沟渠，也称底沟，以便于池水的最后阶段排干，以及排水后池底能迅速干燥，方便进行底部淤泥污染物清理整治。

池坝高度一般不超过4～5 m。池坝最重要的是牢固，能够承受池水对坝的压力，同时坝体要致密不渗水，因此建坝所用的泥土十分关键，最好采用具有较好黏性的土壤，而含砂石多的，富有有机质的泥土尽量不用。如果当地无法提供足够的黏性土壤，则必须在坝的中间部分建一个15～20 cm的防渗隔层（图3-9)，以防止池水从池内渗透，甚至导致溃

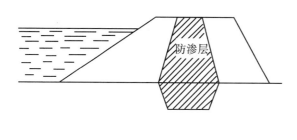

图3-9　池塘堤坝防渗隔层示意图

坝。防渗隔层常用水泥建筑。

如果养殖池较小，也可以直接在池坝内层和底部铺设塑料薄膜（复合聚乙烯塑胶地膜）（图3-10)。沿海一些沙滩区域由于缺少黏性泥土，常用此方法解决渗透问题。但由于紫外线等原因，塑料薄膜的使用寿命较短，一般2～3年就需更换，加重了养殖成本。

图 3-10　养殖池塘地膜铺设防渗漏

坝体外层适宜植草覆盖，而不宜种树，以免树根生长破坏坝体。内层自然生长的水生植物一般对堤坝没有特别的影响，而对养殖生物则有一定的作用，如直接作为食物或作为隐蔽场所。但养殖池内水生植物过于茂盛就不利于养殖，影响产量，也不利于捕获，需要人工适当清除。池塘进排水的部位易受水的冲击，通常有护坡设施，如水泥预制板，砖石块，直接混凝土浇制，或者铺设防渗膜等，但护坡多少会影响池塘的自净功能，因此只要池塘不渗漏，护坡面积不应过大。

坝顶的宽度以养殖作业方便舒适为标准，一般要能允许卡车通行。坝顶的宽度与坝高也有关系，通常坝高3 m以内，坝顶宽2.5 m为宜，若坝高达5 m，坝顶宽则需3.5 m以上。

一般池塘设有两个闸门，设置在池塘两端，一为进水，另一为排水。闸门的大小结构与池塘大小相关，池塘越大，闸门也越大（图3-11）。开关进排水闸门可以达到利用水位差进排水的目的。有的小型养殖池仅有一个排水口，用于排水和收获水产品。进水主要靠水泵。

图 3-11　进排水闸门

　　池塘整体布局根据地形不同，常有非字形、围字形等。与池塘整体布局相关的是进排水渠道的规划设计。应做到进排水渠道独立，进排水不会相互交叉污染（图 3-12）。养殖池规模大，根据需要进水渠可分进水总渠、干渠、支渠。进水渠道有明渠和暗渠之分。明渠一般为梯形结构，用石块、水泥预制板护坡。暗渠多用水泥管。渠道断面设计应充分考虑总体水流量和流速。渠道的坡度一般为：支渠：1/(500 ~ 1 000)，干渠：1/(1 000 ~ 2 000)，总渠：1/(2 000 ~ 3 000)。

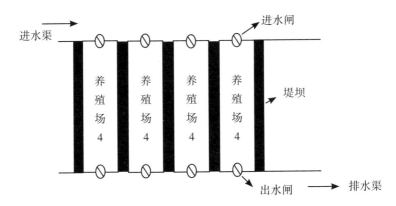

图 3-12　养殖池塘整体布局

　　排水渠道一般是明渠，也多采用水泥板等护坡，排水渠道要做到不积水，不冲蚀，排水畅通。因此，排水渠要设在养殖场的最低处，低于池底30 cm 以上。

第三节 现代水产养殖全封闭系统

全封闭系统是指系统内养殖用水很少交换甚至不交换，而要进行不间断完全处理的养殖模式。这种模式的主要特点是：①只要管理得当，养殖密度可以非常高。②温度可以人工调节，这在半封闭系统中很难做到。③投饵及药物使用效率高。④捕食者和寄生虫可以完全防治，微生物疾病也大大减轻。⑤由于用水量很小，不受环境条件的影响，企业可以在任何其希望的地区一年四季开展生产，而且对周边生态环境影响极小。⑥由于能提供最佳生长环境，养殖动物生长速度快，个体整齐。⑦收获方便。

但是，这种模式的弊端也十分显著。首先，封闭系统的养殖用水需要循环重复使用，而且养殖密度极高，这就需要水处理系统功能十分强大、稳定，管理技术要求相当高，而且需要水泵使系统的水以较高速度运转循环；其次是整个系统为养殖生物提供了一个最佳生活状态，但同时对于病原体来说，也同样获得最佳生活条件，一旦有病原体漏网，进入系统，就会迅速繁殖，形成危害而来不及救治；另外，整个系统依赖机械系统处理水，其设备投资和管理费用也相当昂贵（图 3-13)。所以尽管全封闭养殖模式理论上看很好，但实际应用受限非常大，不容易为中小企业所接受，更多地被一些不以追求经济效益为目的的科研院校实验室所使用。20 世纪主要在欧美国家试行，并未得到真正生产意义上的应用。

图 3-13 封闭式养殖系统示意图

·进入 21 世纪，我国北方沿海进行鲆鲽类养殖，由于养殖种类的生态习性的适应性及工程技术和管理技术的进步，这种全封闭系统才得到广泛普及，产生了很好的经济效益。当然很多企业的水处理系统仍跟不上要求，只好通过增加换水量来弥补，严格意义上的全封闭系统尚有一定距离，但从环境和经济效益综合考虑，这又是比较合理的一种选择（图 3-14 和图 3-15)。

图 3-14 工厂化室内养殖系统（矩形水槽）

图 3-15 工厂化室内养殖系统（圆形水槽）

全封闭系统的核心是水处理，如德国一个 50 m³ 的系统，真正用于养殖的水槽只有 6 m³，而其余 44 m³ 用于处理循环水，水在系统中的流速是 2.5 m/s。6 m³ 养殖水槽可容纳 1.5 吨的鱼，半年内，可将 10 g 的鲤鱼养到 500 g，年产量可达 8 ~ 9 吨。上海海洋大学一个 50 m³ 的系统养殖多宝鱼，一年可养殖两茬，产量可达 10 ~ 20 t。山东省大菱鲆的养殖密度可达 40 kg/m²，一般幼鱼放养 80 ~ 150 尾 /m²，成鱼放养 20 ~ 30 尾 /m²，生长速度一年达 1 kg。

全封闭系统是在水槽中进行的（半封闭系统也广泛使用水槽），无论是养殖还是水处理。水槽通常用水泥、塑料或木头制造。每一种材料都有各自的优缺点。

（1）水泥：坚固耐用，可以建成各种大小，形状，表面很容易处理光滑。缺点是不易搬动，一般只能固定在某一位置。

（2）木头：木质水槽操作方便，体轻容易搬动，但不够坚固，抗水压能力差，体积越大，越容易损坏，一般需要在外层用铁圈加固。由于常年处在潮湿环境，木头容易腐烂，因此需要用环氧树脂、纤维玻璃树脂等涂刷，以增加牢固性，防止出现裂缝渗漏。

（3）塑料：一般用的是高分子聚合物，如纤维玻璃、有机玻璃、聚乙烯、聚丙烯等材料。这些材料制成的水槽轻便、牢固，所以被广泛采用（图3-16）。

图3-16 塑料养殖水槽

水槽的形状一般多为圆柱形（水泥槽/池多为长方形），底部或平，或圆锥形。平底水槽使用较多，因为可以随意放置在平地上，而锥形底部的水槽需要有架子安放。锥形水槽的优点是，养殖时产生的废物会集中在底部很小区域，便于清理。圆形水槽中水的流速、循环和混合都比长方形的好。圆形水槽另一个优点是鱼类（尤其是刚放养的）不会聚集在某一个区域，造成挤压或导致局部缺氧。而长方形水槽的优点是比较容易建造，且安放时比较节约地方。因此水泥水槽大多建成长方形或圆形。

封闭系统的进排水系统基本都采用塑料管，通常进水管在水槽上方，排水管在下方，也可以根据整体安放需要都安置在下方或上方，每个水槽进水都通过独立水阀调节。有的在水槽中央设置一根垂直水管，水从顶部进入，到中部或底部通过小孔溢出，有助于水的充分混合。

第四节　非传统水产养殖系统

除上述 3 种养殖系统外，在实际生产过程中，根据不同地理环境、气候因素以及投资状况会有许多改进和创新。这些创新和改进往往能够带来意想不到的养殖效果和经济效益。

一、暖房

暖房的主要功能是为生产者在室内提供充足的光线和温度，尤其在高纬度地区。早期暖房主要用于农业栽培，后被广泛应用于水产养殖。我国最早用于水产养殖的暖房是 20 世纪 50 年代在青岛设计建造的，用于海带育苗。以后在对虾、扇贝和鱼类育苗中迅速推广使用，除培育动物幼体外，暖房的另一重要功能是培养单细胞藻类，由于暖房内的光线充足，且不是直射光，特别适合培养藻类。对于鱼、虾、贝类（尤其是后者）育苗过程中需要培养单细胞藻类的厂家，暖房是必不可少的（图 3-17 和图 3-18）。近年来暖房也逐步用于对水产动物的成体养殖，鱼、虾、蟹类都有。这种暖房的利用更多的是保温和防止外界风雨的干扰，采光还在其次。有的厂家把暖房的水产养殖与农业结合起来，利用水产养殖废水来培育蔬菜水果（生菜、西红柿、草莓等），降低水中氨氮和硝酸氮的含量，成为一种小环境的生态养殖。

图 3-17　水产养殖暖房（一）

图 3-18　水产养殖暖房（二）

暖房的设计一般为东西走向，这样在冬天太阳偏低的情况下可以尽可能接受更多、更均匀的光照。但如果在一个面积有限的厂区内建设好几个暖房，则应该采取南北走向，以避免相邻的暖房相互遮光。有的厂家根据需要仅建半边暖房，这样就必须是东西走向，采光区朝南，而且屋顶倾斜度需要大一些，有助于冬天太阳较低时，光线能够垂直照射到采光区，因为太阳光在垂直照射时穿透率最大。

早期农业暖房采用的采光材料是玻璃，而水产养殖对此进行了较大改进，逐步使用塑料膜粗盖整个暖房屋顶。塑料膜成分有：聚酯薄膜、维尼龙、聚乙烯等。尤其以聚乙烯使用最广，它的优点就是价格便宜，轻而安装方便，容易替换，但是聚乙烯材料使用寿命较短，长时间被太阳照射后透光率降低，容易发脆，破裂。

为了暖房牢固，增强保温效果，顶部塑料膜可以盖两层，这样两层薄膜之间会形成一个空气隔离层。隔离层可以通过低压空气压缩机将空气充入形成。空气隔离层的厚度可在 1.5 ～ 7 cm，太薄则隔离效果差，太厚会在空气层内部形成气流，同样降低效果。

用硬透明瓦覆盖也是普遍使用的暖房之一，它比塑料薄膜覆盖更牢固，使用寿命也较长。适用于沿海风大的地区，且长期生产的厂家。透明瓦的材料有：丙烯酸酯、PVC、聚碳酸酯等，用得最多的还是纤维玻璃加固塑料（fiberglassreinforceplastic，FRP）。FRP 可以用于框架式建筑上，比塑料薄膜和玻璃都要牢固，透光性能也很好，抗紫外线，使用寿命在 5 ～ 20 年。缺点是易受腐蚀，表面起糙，积灰尘，降低透光率。

有些暖房尤其是低纬度地区的暖房仅利用太阳能来加热养殖用水，或者在室内存储一大池子水作为热源。但很多高纬度地区的养殖一般都有专门的加热系统，或者低压水暖，或高压气暖。当阳光过于强烈，暖房也可能变得太热，要适当降温，一般采取的比较简单的方法就是安装风扇加强室内外空气流通。另外可以在室内屋顶下加盖一层水平黑布帘，阻挡太阳光的照射。暖房内还需要具备额外的光源，以便在晚间、阴天等时段可以提供必要的光照。

二、热废水利用

水产动物都有一个最佳生长温度，在此温度条件下，动物可以将从外界获取的能量最大限度地用于组织生长。对于冷血动物，温度尤为重要，因为其机体内部缺少调节体内温度的机制，温度低于适宜条件，生长就减缓或停止，温度超过适宜条件，生长同样受限，甚至停止生命活动，包括摄食。只有在环境水温接近最佳温度条件，水产动物才能生长得既快又好。

可问题是要始终保持养殖水体温度在最佳状态，需要有一个不断工作的加温系统，消耗大量能源，所需费用也相当高，而热废水利用恰好可以提供免费能源。

热电厂通常因为需要冷却设备会产出大量热废水，这类热废水经过一些转换装置就可以用于加热养殖用水。据估算，占美国全国所消耗能源总量的 3% 是以热废水形式给排放了。另外有些地区存在的地质热泉也可以用于水产养殖，延长养殖季节。需要注意的是，热废水来源有时不够稳定，常常是夏季养殖系统不需要额外热源的时候，热废水产生的最多，而需要量大的时候，又不足。地质热泉相对稳定些。

热废水的利用方式通常有如下两种。

(1) 将网箱或浮筏直接安置在热废水流经的水域。如美国长岛湾利用热电厂排出的热废水养殖牡蛎，其成熟时间比周围地区的快了 1.5 ~ 2.5 年，该养殖区域的水温比周围正常海区高了近 11℃。

(2) 将热废水以一定的速率泵入养殖池、水槽，流水式跑道，维持养殖水温的适宜温度。在美国特拉华河附近的养殖场，利用火力发电厂排出的热废水，在冬季 6 个月可以把 40 g 左右的鲑鱼养到约 300 g，成活率达 80%。

热废水利用在北欧如芬兰、挪威等国家更显经济效益，因为这些国家的冬天漫长，太阳能的利用受限。如芬兰一家核电厂附近的养殖场，利用电厂排出的热废水养殖大西洋鲑的稚幼鱼，可以提前一年将稚鱼养殖至达到放流规格的幼鱼，从而缩短了养殖期，提高了回捕率。

三、植物、动物和人类生活废物利用

对一些植物、动物和人类废弃物加以综合利用对于农业和水产养殖也是一种共赢，在当今倡导低碳社会、节约资源的氛围中，尤其值得大力提倡。能被水产养殖所利用的所谓废弃物主要指有机废物如砍割的草木，猪、牛、羊粪便，人类生活污水等。这些物质通常含有很高的氮、磷以及其他营养物质如维生素等。世界各地的城市每天都在产出大量的有机废物。如印度的城市，每天产出有机废物 4.4×10^4 吨，如果加以循环利用，每年可以

产出 8.4×10^4 吨氮，3.5×10^4 吨磷。

如果有机废物经过自然界细菌和真菌的分解，转化为营养物质流入环境中，被植物吸收，而生长的植物被用于投喂水产动物，则既可以降低水产养殖成本，又能改善环境，是一种持续性发展思路。其中最有前景的是人类生活污水的利用。即利用生活污水来培养藻类，然后养殖一些过滤性贝类如牡蛎、贻贝，既处理了生活污水，又获得了水产品。有实验表明，用人工配制的营养盐培养的藻类和用生活污水培养的藻类去投喂三种贝类，结果发现彼此生长没有明显区别。结果看似简单也很诱人，其实这中间存在着许多科学的、经济的以及社会问题。比如像我国，养殖场的规模都很小，而城市污水排量又如此巨大，彼此不匹配。尽管如此，相关研究仍在进行，人们对此仍抱有期望。

利用废弃物尤其是人类生活废弃物的主要问题还在于它们的富营养性，不是水产养殖所能吸收消化的。而且这些物质中或多或少地带有有机或无机污染成分甚至一些病原体，直接危害养殖生物或间接影响消费者。有实验证明，将颗粒饵料中混入活化的淤泥并投喂鲑鱼，发现鲑鱼各组织中的重金属成分显著增加。不过实验发现能够通过食物链传递和积累的主要还是重金属，细菌等病原体在食物链中直接传递的现象尚未发现（病毒可能是例外）。而且无机或有机污染物在水产动物体内的主要累积部位是脂质器官和血液，这些部位一般在吃之前都已去除了。尽管如此，对于污染保持高度警惕还是必需的。

水产养殖对于废弃物的利用其终极目的不仅仅局限于为人类提供生产食品，另一重要作用是可以通过水生生物消除城市生活污水中富含的营养物质，从而防止沿海、湖泊的富营养化现象的发生。美国伍兹霍尔海洋研究所曾设计了一个利用水产养殖进行污水净化的系统，做了如下实验：首先让生活废水与海水混合培养浮游植物，再将浮游植物投喂牡蛎，然后用牡蛎养殖区的海水养殖一种海藻角叉菜，结果是：95% 的无机氮被浮游植物消耗，85% 的浮游植物被牡蛎摄食。牡蛎虽然也产生一定量的氮回到系统中，但最后全部被海藻利用。该系统对氮的去除率达 95%，磷的去除率为 45% ~ 60%。美国佛罗里达滨海海洋研究所也做了类似的实验，只是最后一步所用的是另外两种海藻：江蓠（提取琼脂的原料）和沙菜（富含卡拉胶）。结果每天收获的海藻可以提取琼脂和卡拉胶干品 12 ~ 17 g。

开放式养殖系统是最古老但至今仍是应用最广泛的养殖模式之一。开放系统一般位于近海沿岸、海湾、湖泊等地，依靠自然水流带来溶解氧和饵料，并带走养殖废物。牡蛎、贻贝等双壳贝类可以通过围网防止捕食者而提高产量，也可以将其悬挂在水中脱离地面而躲避捕食者侵袭，同时还充分立体利用养殖水体。悬挂式养殖有筏式、绳式、架式、笼式、网箱式等，既可以养殖贝类，也可以养殖大型海藻、鱼类、甲壳类等水生生物。其中，网箱养殖需要人工投饵，投资和管理水平要求高，产量也高。

半封闭养殖系统是主要水产养殖模式，可分为池塘养殖和跑道流水式养殖。水从外界引入系统后又被排出。流水养殖池一般由水泥建筑而成，池形窄而长，池水浅，水的流速快，交换量大。池塘养殖池一般由土修建，多数高于地面，其水交换量比流水式小得多，因此需要建筑高质量的土坝贮水，不使其渗漏干塘，建筑所用泥土以及建筑方法都需有专业人士参与。半封闭养殖放养密度比开放式高得多，部分养殖条件人工可控，因此产量也高得多，稳定得多，但投资和管理技术要求也相对提高。池塘养殖有时可以通过施肥提高产量。

全封闭系统的养殖特点是水始终处于交换流动过程中，水质条件基本处于完全人工控制状态，所以养殖密度极高。全封闭系统的建设投资很高，系统运行管理要求精心细致。目前这种养殖模式还不是水产养殖的主流。

非传统养殖模式因地制宜而建，因此养殖效益很好。暖房可以为水产动物苗种培育提供阳光和热量。工厂废热水和地质热泉可以为养殖设施提供廉价或免费的热能，加快水产动物生长发育。一些有机废弃物和生活污水可以通过水产养殖环节使氮、磷得到有效利用，降低对环境的污染。

第四章 现代水产养殖关键技术的研究与应用

在水产养殖可持续的发展趋势推动下，水产业面临着产业升级和调整的机遇与挑战，引进先进的水产养殖用品、技术、设备等，对提升行业整体环境显得至关重要。亚太水产养殖展览会的定期举办，极大地促进了亚太地区乃至全球的水产养殖新产品、新设备、新技术的交流展示和商贸活动，推动了产业升级，助力水产养殖与生态环境的和谐发展。

第一节 淡水池塘健康养殖技术

淡水池塘健康养殖技术是指注重养殖生产过程中的关键环节，降低内源性污染带来的危害，应用水质调控、配合饲料投喂和综合养鱼等技术，改善池塘水质环境，减少应激反应，为鱼类栖息、摄食和生长提供良好的场所，生产出优质的、符合无公害标准水产品的配套技术。具体是指根据养殖品种的生态习性，建造适宜养殖的池塘，选择体质健壮、生长快、抗病力强并经过检疫的优质苗种，采用科学、合理的养殖模式，控制养殖密度，科学投喂营养全面的饲料，采取综合生态防治疾病措施，控制产品质量安全，通过科学管理，最终促进养殖品种无污染、无残毒、健康生长的一种养殖方式。

一、池塘的选择和处理

池塘应建在符合健康养殖要求的地方。池塘周围无污染源、无大型的生产活动、无噪声。水源充足，养鱼水质应符合《无公害食品淡水养殖用水水质》（NY5051—2001）标准。进、排水沟渠分开，避免互相污染。水源经沉淀、净化、消毒等处理，符合标准后再进入池塘。采用过滤等方法避免杂鱼和敌害生物进入鱼池。

池塘条件：面积为 5 ~ 10 亩，池深为 2.0 ~ 2.5 米。池底平坦，易干塘及进行拉网操作，池底淤泥保留 10 ~ 20 厘米，保水性能好。水、电、路三通，排灌方便。根据生产需要，每池配备 3 千瓦增氧机和投喂饲料机各 1 台。

养鱼配套设备齐全，能满足养殖生产的需要，包括水泵、增氧机、投饵机、氧气瓶、网具、鱼筛和捞海等，并经常维修保养，使其处于良好的工作状态。

放养前要做好准备工作，冬季或早春将池水排干，修整损坏的地方，清除过多淤泥。让池底冰冻日晒，使塘泥疏松，减少病害。鱼种放养前 7 ~ 10 天，每亩用生石灰 100 ~ 150 千克进行干法消毒。消毒后第四天，加水至 0.8 ~ 1.0 米深。人工或机械搅水，使石灰与淤泥充分接触，使淤泥中的营养物质释放到水中，有害物质充分氧化。晒水提高水温，可达到肥水、杀菌消毒和净化水质的目的，为鱼种投放做好准备工作。

二、苗种的选择、处理和放养

苗种应符合国家或地方的质量标准，生产厂家要具备《水产苗种生产许可证》，要求苗种体质健壮、规格整齐、鳞鳍完整、体表光滑、无伤无病、游泳活泼、溯水力强。苗种在放养前要进行消毒，以防带病入池。一般采用药浴方法，可用 3% ~ 5% 的食盐水浸泡 5 ~ 20 分钟；还可用 15 ~ 20 毫克/米^3 的高锰酸钾浸泡 5 ~ 10 分钟，或用 15 ~ 20 毫克/米^3 的漂白粉溶液浸泡 5 ~ 10 分钟。药浴浓度和时间，根据不同的养殖品种、个体规格大小和水温等灵活掌握。操作动作要轻、快，防止鱼体受伤，一次药浴的数量不宜太多。使用药物符合《兽药管理条例》和《无公害食品渔用药物使用准则》（NY5071—2002）的规定。

苗种投放应选择无风的晴天，入池地点应在向阳背风处，将盛装苗种的容器倾斜于池塘水中，让苗种自行游入池塘。

苗种放养时间宜早不宜迟，一般在深秋、初冬或 2 月下旬前放养完毕。早放养可使鱼尽快适应新的生活环境，减少应激性。特别是从外地购买的苗种，更应该早放养。

苗种质量要求如上所述，最好是经过驯化的苗种。建议用拉网捕获的苗种，不能放养清塘被污泥污染过的苗种。

要求投放苗种规格整齐，一般规格为 50 ~ 100 克/尾。依据以下三点确定放养密度：①确定养殖类型，是混养还是单养；②亩产控制在 750 千克以内；③预期达到的上市规格。

三、确定合理的养殖模式

根据池塘条件、市场需求、苗种情况、饲料来源及管理水平等科学、合理地确定主养和配养品种及其比例，科学确定产量，以优质高效为原则确定放苗量。放苗时间根据对水温的要求确定。提倡早放养，以便使苗种早适应环境，延长饲养时间。

（一）淡水池塘 80 ∶ 20 养鱼技术

80 ∶ 20 养鱼技术以一种吃食鱼为主（占 80%），搭配鲢、鳙等滤食性鱼类、肉食性鱼类或食腐肩性鱼类（占 20%），是一种比较合理的生态养殖模式。它充分利用了生物之间的食物链关系，不仅净化水质、改善水环境，而且增加了产量，提高了经济效益。具体投放苗种规格及密度如下。

1. 主养鲤鱼

鲤鱼苗种规格为 100 ~ 150 克 / 尾、密度为 1 200 尾 / 亩或当年鲤鱼夏花 1 500 尾 / 苗，鲢、鳙鱼种规格为 100 克 / 尾，密度为 150 尾 / 亩，两者之比为 3 ∶ 1。也可按照中华人民共和国水产行业标准《黄河鲤养殖技术规范》（SC/T1081—2006）操作。

2. 主养草鱼

草鱼苗种规格为 150 ~ 250 克 / 尾，密度为 1 000 尾 / 苗，鲢、鳙苗种规格为 100 克 / 尾，密度为 150 尾 / 亩，两者之比为 5 ∶ 1 或 8 ∶ 1。草鱼苗种最好经过疫苗注射。

3. 主养团头鲂

团头鲂苗种规格为 100 克 / 尾，密度为 1 100 尾 / 亩，鲢、鳙苗种规格为 50 ~ 100 克 / 尾，密度为 200 尾 / 苗。

（二）综合养鱼技术

综合养鱼技术是将鱼类养殖与种植、畜禽等行业有机结合起来，构成水陆结合的复合生态系统。通过这种有机结合，使得食物链的多极、多层次得到反复利用，不仅可以合理利用资源，提高能量利用率，而且废物得到循环利用，避免了环境污染，保持了生态平衡，降低了生产成本，提高了经济效益。综合养鱼技术主要包括以下类型。

（1）鱼—鸭结合。每亩水面配养 20 ～ 40 只羽鸭，配 0.3 ～ 0.5 亩饲草地。

（2）鱼—鸡结合。每亩水面配养 40 ～ 60 只鸡。

（3）鱼—猪结合。每亩水面配养 2 ～ 4 头猪。

（4）鱼—草结合。每亩水面配 0.5 亩饲草地。

饲养畜禽要严格检疫，要求畜禽体色光亮、健康无疾病。畜禽舍布局要合理、建设要规整，这样有利于渔业生产和畜禽管理。

四、科学投喂

建议选用符合标准的配合饲料，含水量在 12% 左右。配合饲料质量符合《无公害食品渔用配合饲料安全限量》（NY5072—2002）的要求。生物饵料要求新鲜、不变质、适口、无污染，保证安全、卫生。

根据饲养品种的摄食习性确定合理的投喂方法，按照标准要求确定投喂量，并灵活加以调整。按照"四定"（定时、定位、定质、定量）投喂，充分发挥饲料的生产效能，降低饲料系数和养殖成本，减轻对水质的污染，提高经济效益和环境效益。

依据水温确定投饲率，并制订月计划投饵量，视天气、水质和鱼吃食的情况酌情掌握，每次投喂最好达到鱼类饱食量的 90%。投喂坚持"四定"原则，一般每天投喂 2 ～ 4 次，做到少量多次。在坚持"四定"原则的基础上，还应根据鱼类营养要求和摄食规律，积极推广配合饲料，青、精、粗相结合，在投饲方式上实行"两头精，中间青"的原则。

投喂方法上，首先应驯化养殖鱼类形成集群抢食的习惯。投喂速度开始慢，中间快，后期慢，即"慢—快—慢"。投喂面积开始小，中间大，后期小，即"小—大—小"。投喂量开始少，中间多，后期少，即"少—多—少"当大部分鱼停止吃食游离食场，剩余鱼抢食速度缓慢时，可停止投喂，即以大部分鱼达到饱食量的 90% 为标准。

五、水质调控

水质符合《无公害食品淡水养殖用水水质》要求，通过彻底清淤消毒、合理施肥、合理搭配养殖品种、机械增氧、生物净化、使用水质改良剂、适当使用消毒剂、科学添换水等措施，科学调控水质，为养殖鱼类创造良好的生长环境。水质 pH 控制在 7.2 ~ 8.5；溶氧量不低于 4 毫克 / 升；透明度保持在 30 ~ 50 厘米，要求水质达到"肥、活、嫩、爽"。

（一）水质调节

鱼种放养前，水深应达到 1 米左右。用河水养鱼要过滤，防止野杂鱼、杂物等进入。5 月底至 6 月初，加水至 1.8 米深，以后随着鱼类的生长逐步加满池水。7–9 月份，每月最好换水一次（排走下层水），每次换水量不少于池水的 1/3。使池水透明度保持在 30 厘米左右、溶氧量在 5 毫克 / 升左右、pH 在 7.0 ~ 8.5。应用水质调控技术调节水质。

（二）合理使用增氧机

使用增氧机要做到"三开、两不开"，晴天中午开机 1 ~ 2 小时；阴天适时开机，直到解除浮头；阴雨连绵有严重浮头危险时，要在浮头之前开机，直到解除浮头。在一般情况下，傍晚不开机，阴雨天白天不开机。鱼类生长旺季坚持晴天中午开机，池塘载鱼量大，开机时间延长，反之，开机时间缩短。

（三）有益微生物水质调控技术

1. 硝化细菌

使用时不需要经过活化处理，不能用葡萄糖、红糖等来扩大培养，只需简单地用池水溶解泼洒即可。投放硝化细菌后，一般情况下需 4 ~ 5 天才可见明显效果，因此，将投放时间提前是解决这个矛盾的好方法。同时，为了更好地提高硝化细菌的作用效果，硝化细菌应提前数日运用，避免繁殖速度快的活菌竞争空间。

硝化细菌不可与化学增氧剂（如过碳酸钠或过氧化钙）同用，因为这些物质在水体中分解出的氧化性较强的氧原子，会杀死硝化细菌。所以，先使用化学增氧剂至少 1 小时后，再使用硝化细菌。

养殖池塘的酸碱度及溶解氧，与硝化细菌的使用效果有较大的关系。使用硝化细菌时最适宜的 pH 为 7.8 ~ 8.2，溶氧量只要不低于 2 毫克 / 升即可。

2. 光合细菌

在养殖水体中使用和在饲料中添加光合细菌，能改善水质，减少耗氧，促进鱼虾成长，提高产量。光合细菌宜在水温为 20℃以上时使用，低温及阴雨天不宜使用。在池塘使用时，每立方米水体用 2 ~ 5 克光合细菌拌细碎的干肥泥土粉均匀撒入鱼池，以后每隔20天左右，每立方米水体用1～2克光合细菌兑水后全池泼洒。虾池每立方米水体用5～10克光合细菌拌细碎的干肥泥土粉均匀撒入池塘，以后每隔20天左右，每立方米水体用2～10克光合细菌兑水后全池泼洒。作为饲料添加剂投喂鱼虾时，按1%的比例拌入。用于疾病防治时，可连续使用，鱼池每立方米水体用量为1～2克、虾池用量为5～10克，兑水后全池泼洒。在池塘施用粪肥或化肥肥水时，配2～5克光合细菌效果更为明显，可避免肥料用量过大、水质难以把握的缺点，并可防止藻类老化造成水质变坏。

水瘦时，要先施肥再使用光合细菌，这样有利于保持光合细菌在水体中的活力和繁殖优势，降低使用成本。此外，酸性水体不利于光合细菌生长，应先泼洒适量生石灰乳，调节水体pH为7左右后再使用光合细菌。

药物对光合细菌制剂的活体细菌有杀灭作用，因此，光合细菌不能与消毒杀菌剂同时使用。水体消毒需经过1周后方可使用。

3.芽孢杆菌

当养殖水体底质环境恶化、藻相不佳时，应尽快应用芽孢杆菌，它能迅速利用大分子有机物质，同时将有机物质矿化生成无机盐，为单细胞藻类提供营养，单细胞藻类光合作用又为有机物的氧化、微生物的呼吸、水产动物的呼吸提供氧气。循环往复，构成一个良性的生态循环，使池塘内的菌相达到平衡，维持稳定水色，营造良好的底质环境。在泼洒该菌的同时，需尽量同时开动增氧机，使其在水体繁殖，迅速形成种群优势。

使用芽孢杆菌前，活化工作为必需的措施。活化方法是向芽孢杆菌中添加本池水和少量的红糖或蜂蜜，浸泡4～5小时后即可泼洒，这样可最大限度地提高芽孢杆菌的使用效果。

六、病害防治

坚持"预防为主、防重于治、防治结合"的原则，严禁使用禁用渔药，尽量采用生态防治方法。

（一）鱼病防治

坚持"池塘消毒、食场消毒、饲料消毒、工具消毒"的方法，定期有针对性地预防鱼病，防患于未然。发现病鱼、死鱼及时捞出挖坑掩埋，防止鱼病传播蔓延。

　　给虾、蟹等甲壳类动物和鲴鱼、黄鳝、泥鳅、蛙等无鳞水生动物施药时，要特别注意使用药物的种类和使用方法。如甲壳类动物严禁使用敌百虫等含磷药物。

　　池塘用水泥板、石块和砖等建筑材料护坡后，隔断了池水与池坡土壤的接触，降低了土壤对药物的吸附作用，因此，要适当降低用药剂量。

　　用药时不要将药物一次性全部兑水稀释，而要根据水面大小分若干份兑水稀释，使药物浓度在池水中均匀分布。施药时要泼洒均匀，施药后开启增氧机，搅动池水，使药物与池水充分接触、搅匀，达到防治鱼病的目的。

　　认真记录鱼病防治的过程，主要内容有预防和治疗鱼病的名称、渔药名称、批号、生产时间、生产商，给药方法（药饵投喂、吊袋、全池泼洒等）、时间、器皿、天气情况（水温、气温）、施药人员、治疗效果等。要与前几年同类、同时期相对比，与附近同类池塘相对比，从中总结经验教训，找出规律，为做好鱼病防治工作提供技术和实践支撑。

　　发现病害及时诊断，对症下药，选用刺激性小、毒性小、无残留的渔药，按照《兽药管理条例》和《无公害食品渔用药物使用准则》（NY5071—2002）的规定使用。

（二）及时消毒

　　根据鱼病发生规律，通过定期加注新水、开动增氧机、泼洒生石灰（每20天左右泼洒1次，用量为20～30千克/亩）等措施防止病害发生。对放养、分池、换池前的苗种，采用药物进行消毒。工具也要及时消毒，可用50毫克/米³的高锰酸钾、200毫克/米³的漂白粉溶液浸泡5分钟，然后冲洗干净再使用，或在每次使用后曝晒半天再使用。病害流行时每半个月对食场消毒1次，选择晴天，在鱼体进食后，将250克漂白粉加水适量溶化后泼洒到食场及其附近。另外，对饲料、有机肥也要消毒，达到标准后再使用。应用微生态制剂、水质改良剂改善水质和池底。

（三）免疫防疫技术

　　以草鱼为例：通过将具有典型症状的病鱼组织浆经高温灭活后制成疫苗，采用背鳍基部肌肉注射的方式，在鱼种放养时，将疫苗注射到需要投放到养殖水体的健康草鱼鱼种体内，使其产生免疫效果，以提高健康鱼种的免疫力和抗病力。疫苗注射时要防止强光照射，以免紫外线对疫苗产生损害。当天打开的疫苗，应当天用完，剩下的丢弃。草鱼种注射疫苗后，应消毒投放。

（四）建立水生动植物病害测报预报应急系统

首先，建立水生动植物病害测报制度，通过定员、定点和定种测报，分析病害发生情况、流行趋势，提出病害防治措施；其次，经过多年的病害测报，为病害预报工作培训人员、积累资料、建立数据库和分析处理系统，逐步建立、完善病害预报制度和应急系统，为本地区病害防治工作制定可操作性强的应急预案，把病害预防工作做到病害发生、流行之前，真正做到水生动植物病害测报预报工作为渔业和渔民服务。

七、日常管理

（一）保持水质和卫生

定期加注新水或换水，增加水体溶氧量，改善水质。保持水色为黄绿色或褐色，透明度保持在 20 ~ 30 厘米。管理要细心操作，防止鱼体受伤。注意环境卫生，勤除杂草和敌害，及时捞出残饵和死鱼，定期清理、消毒食场。

（二）定期抽样测定鱼类生长情况

从 5 月份起，每 10 ~ 15 天抽样测定鱼类生长情况，根据水温和天气情况，灵活掌握饲料投喂量，防止过量投喂或投喂不足，影响鱼类正常生长。

（三）坚持巡塘，做好巡塘日志

坚持早晚和夏秋季夜间巡塘，注意天气、水质和鱼情，发现危险信号及时采取措施，避免造成损失。做好日志，日志主要内容包括天气、水温、气温、投饵量及次数、鱼病防治、浮头起止时间、开启增氧机起止时间、加水和排水时间及加水量和排水量等。经常分析、总结，及时调整管理措施。销售产品质量，应符合《无公害食品普通淡水鱼》（NY5053—2005）的规定。严格执行休药期制度。商品鱼不得在休药期内上市。

（四）建立健全池塘健康养殖档案

各养殖场要严格执行生产、用药、销售三项记录制度。每年的各项记录要存档，根据有关规定确定保存期限。同时要抄送市、县水产品质量安全监督员备案。

第二节　淡水水域网围养殖技术

湖泊网围养殖可充分利用大水面优越的自然环境条件（水质清新，溶氧量高），具有节池、节能、节粮、节省资源的功能，体现了环境优化、致富渔民、满足市场需求的"三效"统一。湖泊网围养殖技术目前主要包括湖泊网围生态养蟹技术和湖泊网围养殖团头鲂技术。湖泊网围生态养蟹具有投资少、周期短、管理方便、生长迅速和效益较高等特点，是广大渔农养殖致富的好途径；湖泊网围生态养蟹通过优化网围区的生态环境，放养中华绒螯蟹良种，采用健康养殖技术措施，可全面提高湖泊网围养蟹产品的规格、品质、产量和效益。湖泊网围养殖团头鲂的设备简单，相对池塘养殖成本低，鱼类生长快，生态效益和经济效益显著。

一、湖泊网围生态养蟹

（一）水域选择及设施建造

1. 网围区选择

要求网围区的土质和底泥以黏土结构最为适宜，淤泥层不超过15厘米，底部平坦。常年水深保持在1.2米以上，风浪平缓，流速不高于0.1米/秒；透明度大于30厘米。水产品产地环境符合《农产品安全质量无公害水产品产地环境要求》（GB18407.4—2001）的要求，水质符合《无公害食品淡水养殖用水水质》（NY5051—2002）的要求，水草茂盛，以苦草、轮叶黑藻、金鱼藻等为主。底栖动物丰富，水质清新，正常水位在80～150厘米。网围面积以20～30亩为宜，根据地形，采用椭圆形、圆形或圆角方形。

2. 网围建造

网围结构由聚乙烯网片、细绳、竹桩、石笼和地笼网组成。网围高度应高出常年水深1.5米以上，网目为2.5～3.0厘米。施工时先按设计网围面积，用毛竹或木桩按桩距3～4米插入泥中，显出围址与围形；把聚乙烯网片安装到上下两道纲绳上，且下纲吊挂上用小石块灌制成的直径为15厘米左右的石笼。沿着竹桩将装配好的网片依序放入湖中，下纲采用地锚插入泥中，下纲石笼应踩入底泥。上纲再缝制40厘米高的倒檐防逃网。采用双层网围，外层网目为 3.0 厘米，内层网目为 2.5 厘米，并在两层网围之间及网围外设置地笼。

3. 暂养区

网围区设一暂养区，以保证养殖河蟹的回捕率、规格，且利于保护好网围内的水草资源。暂养区为单网结构，上设倒网，下端固定埋入湖底，暂养区占网围面积的 10% ~ 20%。

4. 轮牧式放养

为了保护湖泊的自然生态环境，在网围养殖区采用轮牧式放养方式。轮牧放养是湖泊网围养殖技术的创新。轮牧放养方式分为两种形式：其一为年度轮养，即每年空出 30% 左右的面积作为网围轮休区，进行苦草、轮叶黑藻、伊乐藻等优质水草的人工栽培、人工移植和自然康复，同时进行螺蚬等底栖生物的增殖，加速资源的康复和再生，恢复湖泊水体生态环境，第二年再进行放养利用；其二为季节性轮养，即在年初网围内全面移植水草和螺蚬，放养对象先用网拦在一个有限的空间内，随着放养对象和水草、螺蚬等的同步生长，分阶段逐步放养利用。

（二）苗种放养

1. 放养前的准备

对网围养蟹危害较大的鱼类有乌鳢、鲤鱼、草鱼等，这些鱼类不但与河蟹争食底栖动物和优质水草，有的还会吞食蟹种和软壳蟹。蟹种放养前，采用地笼、丝网等各种方法消灭网围中的敌害生物。

在网围内清除敌害生物后开始投放螺蛳。螺蛳投放的最佳时间是每年的 2 月底到 3 月中旬。螺蛳的投放量为 400 ~ 800 千克 / 亩，让其自然繁殖。当网围内的螺蛳资源不足时，要及时增补，确保网围内保持足够数量的螺蛳资源。

网围中良好的水域环境和丰富的适口天然饵料是生态养殖河蟹成败的关键，网围内水草覆盖面积应保持在 90% 以上。水草覆盖面积不足 2/3 的网围区，应补充种植水草。水草在每年的 3 月种植，种类以伊乐藻、苦草、轮叶黑藻等为主。根据网围内水草的生长情况，不定期地割掉水草老化的上部，以便使其及时长出嫩草。

2. 蟹种选择与放养

选择长江水系河蟹繁育的蟹种，同一网围内放养的蟹种，要求性腺未成熟，规格整齐，爬行敏捷，附肢齐全，指节无损伤，无寄生虫附着，并且要一次放足。蟹种放养规格为 60 ～ 100 只 / 千克，放养密度为 300 ～ 500 只 / 亩。

放养时间为 2-3 月。放养应选择天气晴暖、水温较高时进行。放养时先将蟹种经 3% ～ 4% 食盐溶液浸泡 5 ～ 10 分钟消毒。蟹种先放养于培育区内培育，至 4 月中旬蟹种第一次蜕壳前，水草生长茂盛时拆除培育区。

3. 鱼种放养

为了充分利用水体生态位以及保持水体良好的生态环境，提高经济效益，除了主养河蟹模式外，许多湖泊还采取套养部分色种的放养模式。放养种类为鳜鱼或翘嘴红鲌鱼种及鲢鱼、鳙鱼等。放养规格为 8 ～ 10 厘米 / 尾的鳜鱼或 4 ～ 10 尾 / 千克的 2 龄翘嘴广鲌鱼种，鲢鱼、鳙鱼规格为 6 ～ 8 尾 / 千克。放养量为：鳜鱼或翘嘴红鲌 15 尾 / 亩，鲢鱼、鳙鱼 30 ～ 50 尾 / 亩。鱼种要求规格整齐，体质健壮，鳞鳍完整，无寄生虫。鱼种放养前也要经 3% 的食盐水溶液浸泡 10 ～ 20 分钟。鲢鱼、鳙鱼放养时间为 2-3 月，鳜鱼种放养时间为 5-6 月，翘嘴红鲌鱼种放养时间为 3-4 月。

（三）饲养管理

1. 饲料种类

饲料分为植物性饲料（玉米、小麦、豆饼、各种水草等）和动物性饲料（螺蛳、河蚌以及小杂鱼等），质量应符合《无公害食品渔用配合饲料安全限量》（NY5072—2002）的要求。

2. 投喂原则

遵循"四看""四定"投喂原则。一般上半年投喂全年总投喂量的 35% ～ 40%，7-11 月投喂全年总量的 60% ～ 65%。

3. 投喂方法

蟹种放养初期以投喂动物性饲料为主，7-9 月以投喂植物性饲料为主，8 月中旬后，增投动物性饲料，9 月中旬开始，以投喂动物性饲料为主。每天投喂 2 次，07：00-08：00 投喂全天投喂量的 2/5；18：00 投喂全天投喂量的 3/5。每日投喂量为蟹体质量的 3% ～ 8%，根据河蟹生长的营养需求和网围区水质及天然饵料的情况进行适当调节，投喂后以 20 分钟基本摄食完毕为宜，并根据天气、水温、水质状况、网围中水草的数量及摄食情况灵活掌握，合理调整。黄豆、玉米、小麦，要煮熟后再投喂。鲜活动物性饲料，要消毒后立即投喂。

4. 日常管理

经常巡视，观察鱼、蟹的活动和生长情况，并定期进行体表检查，发现异常及时采取措施。检查网围设施，发现问题及时解决。汛期期间密切注意水位上涨情况，及时增设防逃网。台风季节要加固网围设施，严防逃蟹。检查地笼内是否有河蟹进入，了解河蟹外逃情况，加强防盗防逃管理。及时捞出垃圾、残草、残饵。勤洗网衣，保持网围内外水体交换通畅。水草不足时，及时补充栽种或移植；水草过多时，及时割去移走。记好养殖日志。

（四）疾病防治

网围养殖是在敞开式水域中进行，一般河蟹发病较难控制。所以必须坚持以防为主的原则。应做到不从蟹病高发区购买蟹种，有条件的最好自己培育蟹种。水草投喂前用 5% 食盐水浸泡 3 ~ 5 分钟。每隔 15 ~ 30 天，用浓度为 15 毫克 / 升的生石灰兑水泼洒。保证饲料质量，合理科学投喂，减少因残饵腐败变质对网围水体环境的不利影响。用漂白粉挂袋，不定期对食台消毒。

（五）收获、暂养与运输

河蟹收获时间，从 9 月下旬至 11 月上旬。鱼类的收获时间为河蟹捕捞结束后，从 11 月中旬至 12 月底。

成蟹采用丝网、地笼网和灯光诱捕。鳜鱼或翘嘴红鲌采用丝网和地笼网捕捞。采用大拉网捕捞鲢鱼、鳙鱼。

将起捕的成蟹放在暂养箱内暂养待售，暂养期间投喂适量玉米等饲料。

将经挑选符合市场需求的商品蟹，装在蒲包或网袋内，采用干法进行运输。鱼类采用活水车（船）运输。

二、湖泊网围养殖团头鲂

（一）网围养殖区的选择

养殖区应选择在无污染、水域宽敞、水草茂盛、透明度大、常年水深保持在 1.0 ~ 1.5 米、风浪平缓、有一定流速、流速一般小于 0.1 米 / 秒、远离航道和进、排水河口的水体，产地环境要符合《农产品安全质量无公害水产品产地环境要求》（GB18407.4—2001）的要求，水质符合《无公害食品淡水养殖用水水质》（NY5051—2002）的标准。底部平坦，土质与底泥以黏壤土为好，底部淤泥层不超过15厘米，底栖生物丰富。

（二）网围建造

网围形状为圆角长方形或正方形。网围面积以 1 ~ 3 公顷为宜。网围总高度为湖区最高水位的 1.2 ~ 1.5 倍。

采用 3×3 的聚乙烯网线制成的网片，网目为 2 厘米。网围采用双层网结构，内外层间隔 2 米以上，以利于小船行驶。内层网的底纲采用石笼沉入湖底，踩入泥中。石笼用 4 厘米 ×6 厘米 ×8 厘米的小石块灌制而成，直径在 12 厘米以上。外层网底采用地锚形式插入泥中固定。竹桩采用梅花桩的形式，桩距为 2 米。建成的网围应留活门，以便于船只进出。

（三）放养前的准备

选择风平浪静的天气，采用 7.5 毫克 / 升的巴豆或生石灰全面泼洒。大面积网围可采用拖网清除野杂鱼。

（四）鱼种放养

选择团头鲂"浦江 1 号"鱼种。时间为 12 月至翌年 2 月，用 3% 的食盐水浸洗 15 分钟。鱼种规格要求大而整齐，鱼体健康，无伤无病。

（五）饲料投喂

1. 饲料种类

全价配合颗粒饲料的质量符合《饲料卫生标准》（GB13078—2001）和《无公害食品渔用配合饲料安全限量》（NY5072-2002）的要求。3-5 月饲料蛋白质含量 30%；6-11 月饲料蛋白质含量 28%。由于团头鲂喜食水草，在自然界中能获得足够的维生素 C，而在高密度养殖条件下，应在配合颗粒饲料中添加 0.2% ~ 0.4% 的维生素 C，以提高鱼的抗病力，促进生长，减少药物使用。若网围外部有丰富的水草，可以适当捞些水草补充饲料。

2. 饲料分配

全年饲料总量 = 团头鲂鱼种尾数 ×1.5 千克饲料 / 尾 + 异育银鲫鱼种尾数 ×1.15 千克饲料 / 尾 + 草鱼种尾数 ×7.5 千克饲料 / 尾。根据鱼体质量的变化和各生长阶段的水温，确定各月份不同投喂量和每天投喂次数。各月份饲料投喂情况见表 4-1。

表4-1 各月份饲料分配量和日投喂次数

月份	1	2	3	4	5	6	7	8	9	10	11	12
分配量百分比 /%	0	0	2	7	9	14	17	18	22	10	1	0
月投喂次数 /%	0	0	2	3	3	4	4	4	4	3	1	0

按计划投喂能做到投足不投多，减少饲料浪费和防止鱼吃食不足。当天投喂量应根据天气和上一天吃食情况适当增减。

3.投喂方式

采用机械投饵，坚持定质、定量、定位、定时的原则。

（六）日常管理

（1）定期检查网围是否倾倒，网衣是否有破损，底纲、地锚或石笼是否有松动，底铺网是否严密无缝隙。

（2）清除残饵和悬浮杂物，经常更换食台位置，保持食台周围环境洁净。

（3）观察鱼群活动、摄食、病害情况，以便及时采取相应的技术措施。

（4）严禁船只沿网围航行，以保护网围安全和良好的生态环境。

（5）鱼种拉网、运输、过数和进箱时，操作要谨慎，切勿使鱼种受伤。

（七）病害防治

由于网围养殖的特殊性，病害防治必须做到：①选用优质饲料；②定期服用国家许可使用的药物，提高免疫力；③在鱼病流行季节5-9月，每隔7～10天，在食台周围用漂白粉挂篓，进行食物消毒；④发生出血病时，内服恩诺沙星5～7天，添加量为每100千克饲料50克。使用的药物应符合《无公害食品渔用药物使用准则》（NY5071—2002）的要求。

（八）捕捞

从9月中旬开始拉网捕捞，11月份捕捞结束。

（九）销售运输

养殖常规鱼类，冬季捕捞上市相对集中，往往鱼价较低，先出售套养的价格相对较低的花白鲢，团头鲂、鲫鱼等囤养至价格看好时出售。也可以在鱼价相对较高的9-10月，提前拉网捕捞，出售规格较大的团头鲂和鲫鱼。

第三节 盐碱地生态养殖技术

一、一般介绍

（一）定义

盐碱地生态养殖是指在盐碱地池塘内，通过生物本身的特性和相互作用，加上人为干涉，使养殖生物（鱼、虾、鳖等）、非养殖生物（枝角类、藻类、细菌等）和水域环境（溶解氧、氨氮、有机物等）之间形成一个合理的物质循环、能量流转和信息传递通路，从而保持水域各生态要素达到一个相对平衡。

（二）发展历程

盐碱地养殖技术最早可追溯到"八五""九五"期间的"上农下渔"生态种植、养殖模式，当时是以盐碱地改造为目的，宏观上注重土地—水—动植物大生态圈的平衡利用。"十五"以后，随着渔业科学技术的不断进步，渔业工作者逐步把目光从宏观转移到微观，更多地从池塘内养殖生物—非养殖生物—水域环境等微观领域探讨养殖动物的健康和食品安全问题，从而也更加注重养殖水域的生态平衡和环境保护因此，可以说现阶段的盐碱地生态养殖，既包括宏观意义上的内容，也包括微观意义上的内容。受篇幅所限，本部分主要介绍池塘内生态养殖。

（三）盐碱水的定义及特点

人们一般把自然界离子总量在1克/千克以下的水叫作淡水，而对于离子总量在1克/千克以上的水，有的叫微咸水（种植业为1～3克/千克），有的叫半咸水（渔业为3～10克/千克），有的叫作咸水（种植业为3克/千克以上，渔业为10～40克/千克），行业不同称呼不一。《盐碱水渔业养殖用水水质》（DB13/T1132—2009）中，对盐碱水进行了重新定义，把海水、淡水之外的离子总量（或盐度）超过1克/千克的天然水统称为盐碱水。盐碱水具有高pH、高碳酸盐碱度、高离子系数和水化学类型繁多等特点。与海水相比，它的碱度值高（海水碱度为2.0～2.5毫克当量/升，内陆盐碱水为10～30毫克当量/升），缓冲能力差，主要离子比值和含量不恒定，部分对鱼、虾影响较大的离子（如钙离子、钾离子）缺乏或不足，还有一部分离子超出正常范围（如铁离子、镁离子）。与淡水相比，盐碱水不但盐度高（一般为 1 ~ 25），碱度也高（长江水碱度为 2.10 毫克当量 / 升、闽江水只有 0.33 毫克当量 / 升），宜发生小三毛金藻等病害。盐碱水的以上特点给水产养殖带来了较大的困难，但经过改造的盐碱水，不但可以养鱼，还可以养虾、蟹等，其产值和效益不亚于海水和淡水。

（四）盐碱水的类型

我们知道，水产养殖的种类因水质而异，不同类型的水质，其适宜的养殖品种也不同。为便于选择适宜的养殖品种，有必要介绍一下盐碱水的类型。海水的类型是氯化钠Ⅲ型，简写为 $Cl_{\mathrm{III}}^{\mathrm{Na}}$，海水品种在这类水中还与盐度有关，有狭盐性品种（如海参）和广盐性品种（如鲈鱼）两大类之分。淡水的水质类型多，有 $C_{\mathrm{I}}^{\mathrm{Na}}$（碳酸钠Ⅰ型）、$S_{\mathrm{II}}^{\mathrm{Na}}$（硫酸钠Ⅱ型）、$C_{\mathrm{I}}^{\mathrm{Na}}$、$C_{\mathrm{II}}^{\mathrm{Na}}$、$Cl_{\mathrm{II}}^{\mathrm{Na}}$、$S.Cl_{\mathrm{II}}^{\mathrm{Na}}$（混合型）等，淡水品种在适应以上类型的水质的同时，还与碱度有关，一般淡水品种适宜的碱度值在 10 以下，碱度太高，鱼类不能繁殖。盐碱水的类型和淡水相似，但适宜盐碱水养殖的自然种类较少，大部分是经过人工移养和驯化的品种，如梭鱼、南美白对虾、罗非鱼等。根据这些移养驯化种类的自身特点，又分别适应不同类型的盐碱水，如虾类适宜的水型是 $Cl_{\mathrm{III}}^{\mathrm{Na}}$、$Cl_{\mathrm{II}}^{\mathrm{Na}}$、$Cl_{\mathrm{I}}^{\mathrm{Na}}$、$S_{\mathrm{II}}^{\mathrm{Na}}$；鱼类适宜的水型较多，有 $Cl_{\mathrm{III}}^{\mathrm{Na}}$、$Cl_{\mathrm{II}}^{\mathrm{Na}}$、$Cl_{\mathrm{I}}^{\mathrm{Na}}$、$S_{\mathrm{II}}^{\mathrm{Na}}$、$C_{\mathrm{I}}^{\mathrm{Na}}$、$Cl_{\mathrm{I}}^{\mathrm{Mg}}$、$Cl_{\mathrm{III}}^{\mathrm{Mg}}$。鉴于盐碱水的复杂性，建议养殖户在技术人员指导下进行养殖生产。

（五）盐碱水的分布与渔业生产的关系

我国是盐碱地和盐碱水资源较丰富的国家，据资料介绍，我国约有 6.9 亿亩低洼盐碱水域和约占全国湖泊面积 55% 的内陆咸水湖泊，另外还有 14.8 亿多亩盐碱荒地（盐碱地因土地盐渍、地下潜有咸水而使土壤带有一定的盐度和碱度，当淡水灌入盐碱地池塘后，也会变成盐碱水），遍及华北、东北、西北内陆地区以及长江以北沿海地带的 17 个省、直辖市、自治区。因盐碱水特有的物理化学性质，种植业较难利用。从水产养殖学角度来看，鱼、虾等水产动物对盐碱水的耐受力强于植物，但必须是在鱼虾的耐受范围之内，也就是说，适宜的理化因子（如 pH、离子含量及其比值等）对水生动物生长具有促进作用，但超过一定界限，将对养殖生物生理和生长产生一定的负面作用。主要限制性因素：一是可养品种较少，二是水质调控难度大。长期以来，农业部、科技部等组织有关单位对盐碱地、盐碱水以及耐盐碱生物等进行了一系列调查研究，开发出许多适宜养殖的水产品种和水质调控技术，目前渔业利用盐碱水的空间很大，为开发和利用盐碱地、盐碱水奠定了理论基础。

二、技术要点

为使养殖户清楚了解盐碱地生态养殖技术的生产工艺流程，图 4-1 简单列出了有关步骤。

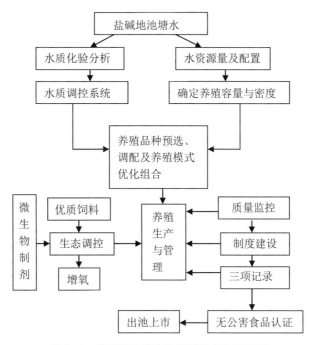

图 4-1　盐碱地池塘生态养殖技术生产流程

（一）放苗前的水质改造调节

从整个养殖过程看，盐碱水的水质改造调节工作是盐碱地生态养殖技术的准点和关键点。适宜的水质是养殖鱼、虾、蟹等所必需的，但超出正常范围，将对养殖动物产生危害。如碱度，有专家认为，总碱度小于 0.3 毫克当量 / 升时，鱼塘生产力低，总碱度在 1.5 ~ 3.5 毫克当量 / 升范围内时生产力高，而大于 3.5 毫克当量 / 升时会产生碳酸钙沉淀，超过 7.0 毫克当量 / 升，则对养鱼不利。而对于养殖南美白对虾来说，除了碱度之外，还需

要鉴别 K^+、Ca^{2+} 等离子是否能满足对虾生长的需要。因此，放苗前需要对水质进行化验分析，并对照水质标准进行调节改造，使之达到合理的范围。

盐碱水水质调节的方法有以下几种：①结合水质分析和养殖种类需要，及时补充缺失离子或含量不足的离子，调节关键离子的比例，使其达到养殖动物需要。如对虾养殖，如果缺钾，直接补充氯化钾，使池塘内 K^+ 的浓度达到相同盐度下正常海水含量的 1/3 ~ 2/3；②使用专用水质改良剂，降低盐碱水碳酸盐碱度和 pH，增加水体的缓冲性能，减少盐碱水体协同致毒的机会。如中国水产科学研究院盐碱地渔业工程技术研究中心推荐的水质改良剂 II 号、III 号；③使用有机肥料进行压盐降碱。对于碳酸盐碱度高的池塘，直接补充有机肥料（如发酵粪肥），不但保证营养盐的供应，还有压盐降碱的功效。但对于硫酸盐型池塘，尽量避免使用有机肥，防止增加酸度，降低池底氧化还原电位，使硫化氢积滞和中毒；④正确选择清塘药物。一般盐碱池塘碱度高，常用的清塘药物生石灰易引起池水碱度上升。因此，盐碱地池塘清塘药物，选用漂白粉较好，慎用生石灰。

（二）选择适宜养殖品种和模式

不同的养殖品种，其耐受盐度、碱度的范围不同，应根据盐碱水的性质、拟养殖品种的耐受性及养殖品种市场价格等因素综合考虑。在实际生产中，如缺乏化验条件，也可将拟养品种进行试水验证，3 ~ 5 天后，如无不良反应，即可正式放苗养殖。为方便养殖户选择使用，表 6 列出了部分养殖种类的耐盐碱范围，供养殖户参考。

表4-2　部分养殖种类耐盐碱范围

参数	主要养殖品种							
	南美白对虾	罗非鱼	梭鱼、花鲈	鲫鱼	鲤、鲷鲢、鳙	河蟹	草鱼	泥鳅
盐度	1 ~ 40	1 ~ 15	3 ~ 25	1 ~ 10	1 ~ 8	1 ~ 7	1 ~ 7	1 ~ 5
碱度/（毫摩尔·升$^{-1}$）	1 ~ 10	1 ~ 15	1 ~ 10	1 ~ 18	1 ~ 10	1 ~ 10	1 ~ 12	1 ~ 13

除了选用合适的养殖品种之外，科学合理的养殖模式也是增产增效的途径之一。常用的养殖及品种搭配模式有以下几种。

1. 常规鱼 80 ：20 模式（或 80 ：10 ：10）

80% 吃食性鱼类、20% 滤食性鱼类，该模式以鲤鱼、草鱼、罗非鱼等为主，投喂主养鱼的饲料。

2. 鱼—虾 80 ：10 ：10 模式

80% 吃食性鱼类、10% 滤食性鱼类、10% 南美白对虾。这是一个盐碱地对虾生态养殖新模式。该模式以鲤色、草鱼、鲫鱼、罗非鱼等为主，正常投放鱼种，饲料投喂主养鱼的饲料，不投对虾饲料。对虾只是副产品，每亩放苗 1 万尾左右，因对虾价格高，对虾产量占 10%，产值可以达到 15%。

3. 虾—鱼 70 ：15 ：15 模式

70% 南美白对虾、15% 淡水白鲳、15% 鲢鱼。这是又一个盐碱地对虾生态养殖新模式。该模式以对虾为主，每亩放虾苗 3 万 ~ 5 万尾，亩产量在 200 千克左右。淡水白鲳是肉食性鱼类，摄食病死虾，起到阻断虾病传播的作用，鱼种规格为 80 ~ 100 克 / 尾，每亩投放 200 ~ 300 尾，亩产量为 70 ~ 80 千克。养殖过程只投喂对虾饲料，不投喂养鱼饲料。鲢鱼为 150 ~ 250 克 / 尾，每亩放 50 ~ 100 尾。

需要特别注意的是：虾类对盐碱水要求比鱼类高，一般只可在氯化钠 I 型、氯化钠 II 型、氯化钠 III 型和硫酸钠 II 型水域中养殖南美白对虾，其他水质类型的盐碱水，养殖南美白对虾尚无成功经验，养殖户在选择品种时一定要慎重。

（三）养殖过程中的水质调节

盐碱水水质易受蒸发量、地下盐桥等影响，而表现出不稳定性。因此，养殖过程中的水质调节工作也是非常重要的。要保持良好的水质，关键是将水的盐度、pH、碳酸盐碱度、营养盐因子和有益微生物等指标，维持在合理的水平上，避免出现"应激反应"，造成对生物的伤害，导致各种继发性疾病发生。养殖过程中的水质调节，主要包括以下几个方面。

1. 降低水体浊度和黏度

调节适宜透明度，定期使用沸石粉等水质改良剂和水质保护剂，降低水体浑浊度和黏稠度，以减少有机耗氧量。

2. 保证水环境稳定和微生态平衡

定期使用有益菌，稳定水色，保持合理的藻相、菌相系统。定期向养殖水体投放光合细菌、芽孢杆菌、EM 混合菌等微生态制剂，促进水体的微生态平衡，并根据水色情况，不定期施肥。

3. 适量加水

初春后，要注重养殖池塘的蓄水。放苗后，根据条件许可和需要，及时补充新水。每次加水应控制在 10 厘米左右，以 10 天加一次水为宜，改善水质，促使对虾蜕壳和鱼类生长。

4. 定期消毒

在养殖过程中，应坚持 7 ~ 10 天使用一次消毒剂，减少水中的细菌总数。要注意使用消毒剂时与生物制剂的使用错开 5 ~ 7 天，以免影响生物制剂的效果。

（四）增氧

充足的氧气不仅可满足养殖动物日益增长的需要，而且还可促进氨氮、硫化氢、亚硝酸盐等有害物质的分解转化，对稳定和改善水质、保持微生态平衡具有非常重要的意义。因此，在某种程度上可以这么说，溶氧量就是产量。盐碱地池塘要配备增氧设备，这是非常必需的。一般每亩配备 0.5 ~ 1.0 千瓦，有条件的地方可适当增加。只有在养殖水体中保持较高的溶氧量水平（5 毫克 / 升以上），才可有效减少生物的发病率，促进生长，提高产量和效益。

第四节　海水池塘健康养殖技术

海水池塘养殖主要以潮间带为开发区域，通过在此区域构筑鱼池进行养殖的一种集约化养殖方式。我国明代已有在潮间带凿池养殖鲻鱼的记载。20 世纪 80 年代以来，海产虾类养殖发展迅速，成为海水池塘养殖的重要对象，我国的海水池塘养殖也是从此时开始大规模迅速发展起来的。

从目前全国海水池塘养殖整体情况来看，各地养殖品种及模式的区域性差异较大，主要由沿海水文环境、底质条件和养殖对象的生物学特性等因素决定。目前我国海水池塘养殖种类主要有甲壳类、鱼类以及一些特色养殖品种，如刺参、海蜇等，其中，甲壳类主要有南美白对虾、斑节对虾、日本对虾、脊尾白虾、锯缘青蟹、梭子蟹；鱼类有鲻鱼、鲈鱼、舌鳎和鲷类等。而以甲壳类为主养对象的池塘面积占海水池塘养殖面积的 8 成左右。

随着海水池塘养殖规模的扩大和集约化程度的提高，近几年水产养殖病害日趋严重，水产品的药物残留问题日益突出，养殖废水的外排造成水体污染，已严重制约了水产养殖业的可持续发展。因此，为了人类的健康和水产养殖业的可持续发展，推行海水池塘健康养殖技术是非常必要的。

海水池塘健康养殖技术就是从改造生态环境和养殖基础条件入手，充分利用国内外先进科技手段、生物技术、免疫技术等高新技术，使用微生物生态制剂、无公害渔药、优质饲料和绿色水产生物饲料添加剂等环保产品，进行集成组装运用于海水池塘养殖生产，从而确保产品质量安全、养殖环境良好，逐渐改变过去以消耗自然资源、污染环境为代价的养殖方式，促进水产养殖业的可持续发展，达到生态效益、社会效益和经济效益三效合一。主要包括两个方面：一是投入品管理，确保苗种、饲料、药品等没有药物残留；二是养殖过程管理，通过科学的管理方案，促进养殖对象健康、快速生长，同时减少养殖过程中的资源浪费和对环境的污染，关键技术措施包括合理的养殖模式（品种、规格、数量的搭配）、水质调控和疾病防治、饲料合理投喂等。

随着海水池塘的综合养殖受到重视，多品种生态养殖模式在各地涌现，并得到快速发展，改变了以往对虾单养为主的养殖模式，有以梭子蟹为主的虾、蟹、贝立体养殖的，有以优质贝类为主的贝、虾、鱼混养的，有以对虾为主的虾、蟹、鱼混养的，还有以优质鱼为主的鱼、虾、蟹混养的。这些养殖模式的共同特点，都是根据生态学原理和食物链原则，将不同食性、不同生活水层的鱼、虾、蟹、贝经过统筹兼顾、合理筛选、优化组合，进行同池养殖，从而充分利用养殖水体、底泥和饵料资源，达到共生互利，改善养殖生态环境，实现优质、高产、高效的目的，这是海水池塘健康养殖技术的新阶段。

在养殖过程中要求科学确定水域养殖容量，推广使用生态健康的养殖方法，规范养殖苗种、饲料、药品的选用，要选择优质的苗种、优质的饲料，使用高效、低毒、低残留的渔药和疫苗，积极发挥渔业的生态功能，通过生态养殖增殖办法，促进水域生态环境的改善。

海水池塘养殖收成的好坏，池塘条件、苗种质量、饵料质量是基础，日常管理是关键。管理主要包括水质调节、饵料投喂、疾病防治等。

一、池塘场地的选择及结构

池塘场地的选择因养殖种类、采用的养殖方式以及养殖者的经济状况而异，一般建在潮流通畅、风浪较小的内湾或河口沿岸的潮间带中、高潮区或潮上带，可结合自然条件挖、堵筑成或利用废盐田改建。以附近自然海区海水为养殖水源。养殖环境符合《农产品安全质量无公害水产品产地环境要求》（GB/T18407.4—2001）。

养殖池规格一般视养殖场规模而定，大的不到1公顷；有时也视养殖对象而定，一些品种如海蜇养殖池塘宜大不宜小，面积至少在2公顷以上。池塘排列呈"非"字形，设总进、排水闸及相应水渠。养殖池多为长方形，池深1.5～2.0米，长边应与主要季节风向平行，以减轻风浪冲刷池坝。于短边池坝上设进、排水闸。池内有中心沟与环沟，沟深较滩面深30～50厘米，沟底不能低于闸底，以利于排水。

二、辅助设施的修建

（一）隐蔽和防逃设施

养殖锯缘青蟹、梭子蟹等蟹类，为防止和减少互相残杀，应在塘中多开沟渠并设置一些隐蔽设施，如陶罐、陶管、瓦片等。对于有打洞和越坝外逃能力的锯缘青蟹、大弹涂鱼等，须增加防逃设施。养殖海蜇时应在水深0.5米的近岸处设置防护网，防止其擦伤和搁浅。

（二）保温大棚

该设施借鉴了蔬菜大棚及地膜覆盖的经验，部分海水池塘养殖应用塑料薄膜大棚进行保温，现已广泛应用于各种苗种培育、鱼虾养成及越冬等环节。大棚多由支架、钢丝及塑料薄膜建成。

三、苗种放养前准备

（一）池塘清淤整治

海水池塘经过1年的使用后，池塘中积累了大量淤泥，而淤泥是造成池塘老化、低产、疾病发生的重要原因之一，必须在苗种放养前清除。首先干塘、晒池，然后清淤、整治，达到全池堤坝规整，无漏穴，池底平坦。在整塘时要针对综合养殖要求，在塘底作特殊处理，以适应养殖对象各自对栖息环境的要求。如北方的虾池养殖刺参，需投放人工参礁、石块等；梭子蟹养殖池，要铺设10厘米左右细沙以利梭子蟹栖息；对于养殖缢蛏、泥蚶等滩涂贝类的池塘，应当根据其生活特性修建蛏（蚶）田。

（二）清塘消毒

养殖池塘在放苗前30天左右，选择一个晴天进行清塘消毒。常用清塘药物有生石灰、漂白粉等，一般干池清塘每亩用生石灰75千克或漂白粉10千克，带水清塘每亩按水深1米计算用生石灰150千克或漂白粉15千克。施用时将生石灰放在船上或容器中，一面往里泼水溶化，一面趁热向池塘泼洒，漂白粉则在容器中溶化后立即全池均匀泼洒。

（三）进水、施肥培养基础生物饵料

根据水质状况和放苗时间适时进水，水质要达到《无公害食品海水养殖用水水质》（NY5052—2001）标准的要求，进水时加过滤网袋，防止野杂鱼类随水入池。由于池水经消毒后比较清瘦，不宜立即投放养殖对象苗种。因此，在放苗前15～20天需进行肥水，培养基础生物饵料。肥水采用经过发酵的有机肥和无机肥培养水质，新、老池塘施肥用量有所不同，具体施肥方法可根据不同养殖品种的设施情况与放养密度灵活掌握。待池塘水色逐渐变为黄绿色或浅绿色，池水的透明度达到30～40厘米时，停止施肥。以后视水色变化情况决定追肥方式。

四、苗种选择及放养

养殖生产所需苗种应来源于持有《水产苗种生产许可证》的正规国家级或省级苗和繁育场，育苗期不使用违禁药物，所用药物浓度严格控制。或者选择不同海域的健康亲体培育出来的苗种，然后再进行严格筛选。苗种质量应符合国家的有关标准。

不同品种的投苗季节有所不同，放苗时间应选择在晴天的上午或傍晚进行，忌在中午太阳曝晒时放苗或在雨天放苗。放养密度根据养殖对象、养殖模式、池塘条件、饲料、苗种规格和放养时间等具体条件而决定。放苗点应设在池水的上风处。放苗方法视养殖对象而定。放苗时应注意育苗池与养成池的温度和盐度差别，要把温差控制在1℃，盐度差控制在2以内，

24 小时温差控制在 3℃、盐度差控制在 3 以内。为使虾蟹苗尽快适应养成池的水质环境，可把装有苗种的袋子先浮在水面上，使袋内外的温度趋于平衡，再打开袋子，向袋内缓慢加入池水，直到向外溢出，让苗种逐渐自行进入水中，以提高苗种的成活率。贝苗要均匀撒播，切忌成堆。

五、养成管理

（一）水质管理

养鱼池塘应保持水深在 1.5 米以上，透明度在 30 ~ 40 厘米，pH 为 7.5 ~ 8.5，池内氨氮含量应控制在 0.02 毫克／升以下。

通过适量换水、开机增氧、使用微生物制剂和底质改良剂、定期消毒水体来调节养殖水质。尽可能减少养殖废水的排放量，排放养殖废水必须达到国家关于养殖废水排放的标准后方可进行排放。将水温、盐度、pH、碳酸盐碱度、营养盐因子和有益微生物等保持在相对合理稳定的水平，以避免出现应激反应造成对生物的伤害，导致各种继发性疾病暴发。

（二）饲料及投喂

1. 饲料质量要求

饲料质量应符合《饲料卫生标准》（GB13078—2001）、《无公害食品渔用配合饲料安全限量》（NY5072—2002）和《饲料和饲料添加剂管理条例》要求。

（1）不使用无产品质量标准、无质量检验合格证、无生产许可证和产品批准文号的饲料及添加剂；不使用变质和过期的配合饲料；购进的饲料应有供货商提供的有资质的检验机构出具的检验报告，必要时进行验证。

（2）不在饲料中添加禁用的药物和其他添加剂，在没有专业技术人员指导的情况下，不擅自在配合饲料中添加药物。

（3）使用未加工的动物性饲料，应进行质量检查，不使用腐烂、变质和受污染的鲜活饵料。

（4）采集、购进的青绿饲料，须确保干净无毒。

（5）不使用未经处理的动物粪便肥水或当作饲料使用。

2. 投饲

（1）方法

投喂饲料府采取"四定"投喂方法，投喂时要遵循"慢—快—慢""少—

多—少"的原则，同时还要根据养殖对象的摄食习性特点，进行合理投喂，在保证养殖个体生长需要的同时，提高饲料利用率，尽量减少饲料的浪费及对养殖环境的污染。如蟹类，不要遍池塘均匀地投喂，而是沿池塘四周投喂。对于虾、蟹混养池塘，要先投喂蟹饲料，1小时后，再投喂虾饲料；而对鱼、虾混养的池塘则应提前0.5～1.0小时投喂鱼饲料，然后再投喂虾饲料，以减少互相争食。

（2）投喂量

投喂量以无残饵或稍有残饵为宜，防止残饵过多而引起水质恶化。为便于及时了解养殖对象摄食情况，可在池中设置食台供检查用：若投饵后2小时，在食台上仍有剩余饵料，则需减少投喂量。投喂量应根据池塘水质、摄食活动及当日天气、水温高低等情况灵活掌握。若投喂鱼饲料，当80%以上的鱼吃饱离开后即可停喂。对虾的投饲量，根据其体质量按比例计算，投饲前后需检查有无残饵。

（3）饲料粒径大小

对虾以投喂人工配合饲料为主，根据不同养殖生长阶段，选用粒径不同的饲料。

（三）巡塘及日常管理

（1）监测池塘水质状况、水位变化及有无异味，观察水色、透明度等，判断水质肥瘦，定期测量池水盐度、水温、pH、氨氮等水质指标，以保持水质正常。同时注意天气变化，适时开机增氧。在天气闷热、气温剧变及黎明之前，尤其要注意防止缺氧。雨天、闷热天气夜间要加强巡塘。观察增氧机的运转情况，防止池塘漏水、溢水，防偷、防逃和防泛池浮头。对台风、赤潮和暴雨引起的水质突变（盐度变化尤为重要），应及时采取有效措施。

（2）每隔10～15天对养殖对象随机抽样，进行1次生长检测，包括生长速度、存活率，并结合生长情况确定和调整投喂量。

（3）巡塘时要注意观察养殖对象的摄食与活动状况，在投喂2小时后，通过检查塘内残饵情况，及时调整投饲量。食毕之后要清理食台，保持食台清洁卫生。通过观察养殖对象的摄食、活动等情况，力求做到疫病早发现、早治疗，及时捞除死亡个体，发现有病个体，立即检查病因并及时治疗。如见异常活动个体，查出原因后及时采取相应有效措施。

（4）检查池塘的堤坝、闸门有无漏洞，各种设施是否安全，及时清除杂草和消灭池塘中的敌害生物。

（5）做好养殖生产日志，记录当天水质、天气、投饵、消毒、防病和治病用药及生长状况等各项情况。

（四）病害防治

必须坚持"预防为主、防重于治"的方针，有病害发生时要对症下药，忌乱用药物。在推广生态防病技术的同时，选择高效、低毒的渔用药物，及时对症进行鱼病治疗，防止滥用渔药与盲目增大用药量或增加用药次数、延长用药时间，并注意相应的休药期，确保养殖产品的质量符合无公害食品和产品进口国的食品标准。定期对水体用生石灰、漂白粉等消毒，并交替使用微生物制剂。药物防治时，尽可能选择不产生耐药性，又对病毒、细菌和生物敌害有明显作用的中草药。有针对性地使用一些对致病菌有专一性的抗生素，如土霉素、磺胺嘧啶和氟苯尼考等。禁止使用呋喃西林、呋喃唑酮、氯霉素、红霉素、环丙沙星、喹乙醇、己烯雌酚、甲睾酮、孔雀石绿和五氯酚钠等国家禁用渔药。

第五节　海水工厂化养殖技术

一、养殖设施

养殖设施包括养鱼车间、养殖池，充氧、调温、调光、进水、排水及水处理设施和分析化验室等。养鱼车间应选择在沿岸水质优良、无污染、能打出海水井的岸段建设，车间内保持安静，保温性能良好。养鱼池面积以 30 ~ 60 平方米为宜，平均池深在 80 厘米左右。

二、环境条件

水质主要理化因子应符合下列要求。

养殖区附近海面无污染源，不含泥，含沙量少，水质清澈，符合《渔业水质标准》（GB11607—1989）（可咨询当地渔业行政主管部门）。所用井水水质优良，不含任何沉淀物和污物，水质透明、清澈，不含有害重金属离子，硫化物不超过 0.02 毫克 / 升，总大肠杆菌数小于 5 000 个 / 升，供人生食的贝类养殖水质中大肠菌群低于 500 个 / 升。盐度在 20 以上。为检验井水质量，可先用少量鱼苗试养，鱼苗放养正常时再进行养殖生产。

光照、水温、盐度应根据具体养殖鱼类而定。养殖水体的 pH 应高于 7.3，最好维持在 7.6 ~ 8.2 之间。溶氧量大于 6 毫克 / 升。

三、鱼苗的选择

（一）苗种质量

购买鱼苗是生产中最重要的环节，应选购体长在 5 厘米以上的苗种。购买苗种前，应对育苗场的亲鱼种质、苗种质量和技术水平进行考察。一定要从国家级良种场或政府指定的育苗场购买。要求苗种体形完整，无伤、无残、无畸形和无白化。要求同批苗种的规格要整齐。要求鱼苗体表鲜亮、光滑，无伤痕，无发暗、发红症状，活动能力强，鳃丝整齐，无炎症和寄生虫。

（二）苗种运输

苗种运输要提前做好停食和降温工作。一般使用尼龙袋充氧装运，运输时间以 20 小时以内为宜。首先在袋内加入 1/3 左右经砂滤的海水，鱼苗计数装入袋内、充氧、封口，再装入泡沫箱或纸箱中运输。10 升的包装袋，每袋可装全长 5 ~ 10 厘米的鱼苗 50 ~ 100 尾；全长 15 厘米的鱼苗，每袋可装 30 ~ 50 尾。鱼苗运输过程空中，要尽量避免鱼体受伤、碰撞、破袋、漏气、漏水、氧气不足等现象发生。水温偏高或运输距离较远时，应在运输袋中加入少量冰块，以便降温和抑制细菌繁殖。

（三）入池条件

鱼苗放入池里的温差要控制在 1 ℃ ~ 2 ℃范围内，盐度差在 5 以内，以避免或减轻鱼苗因环境改变而发生应激反应。

四、鱼种放养

（一）放养密度

养成阶段放养密度可参考表 4–3。

表4-3　养成阶段的放养密度

平均全长/厘米	平均个体重/（克·尾⁻¹）	放养密度/（尾·米⁻²）
5	3	200 ~ 300
10	10	100 ~ 150
20	85	50 ~ 60
25	140	40 ~ 50
30	320	20 ~ 25
35	460	15 ~ 20
40	800	10 ~ 15

（二）控制和调整养殖密度

在实际生产中，要根据池水的交换量和鱼苗的生长等情况，对养殖密度进行必要的调整。控制养殖密度时，要考虑以下几个因素。

（1）当池水交换量小于每天 6 个量程以下时，要适当降低密度；当水交换量大于每天 10 个量程以上时，可酌情提高放养密度；也可根据检测水体中的溶氧量多少来决定增减密度。

（2）每个月对鱼进行取样称重，从而决定是否调整密度。

（3）充分利用养殖面积，既不能因为放养过密而引起某些养殖池内的鱼生长速度下降，也不能因为放养密度过小而浪费养殖面积。

（4）为避免分池操作过多发生胁迫反应对鱼的生长产生影响，每次分池和倒池前，需做好充分计划，以保证放养鱼在一个水池内至少稳定一段时间后，再进行分池操作。

五、饲料及投喂

（一）饲料的选择

海水鱼类养殖所用的饲料，要适合其不同生长阶段的营养需求，饲料中要包含多种维生素、矿物质和高度不饱和脂肪酸等。所用饲料要容易投喂，饲料颗粒成型良好，在水中不易溃散。在选购饲料时，应检查饲料标签是否标明以下内容。

应标有"本产品符合饲料卫生标准"字样，以明示产品符合《饲料卫生标准》（GB13078—2001）的规定；标明主要成分保证值，即粗蛋白、粗纤维、粗灰分、钙、总磷、食盐、水分、氨基酸等的含量；标明生产该产品所执行的标准编号、生产许可证和产品批准文号；标明规格、型号、净重、生产日期、保质期、生产者的名称和地址、电话等。

为杜绝病原生物从饲料中带入养鱼池内，建议工厂化养殖禁止使用湿性颗粒饲料和任何生鲜饲料。

（二）干性颗粒饲料的投喂方法

干性颗粒饲料的投喂量，依鱼的体质量、水温而定。在一定条件下，体质量为 3 ~ 1 000 克的鱼，投喂量为 0.4% ~ 6.0%。在苗种期间应尽量增加投喂次数，每天投喂 6 ~ 10 次，以后随着生长而逐渐减少投喂次数。长到 100 克左右，每天投喂 4 次；长到 300 克左右，每天投喂 2 ~ 3 次；长到 500 克，每天投喂 2 次；长到 500 克以上，每天投喂 1 ~ 2 次。

在夏季高水温期，每天投喂 1 次或 2 ~ 3 天投喂 1 次，投喂量控制在饱食量的 50% ~ 60%。

（三）投饲次数与投饲率

由于海水鱼类属于变温动物，不同水温条件下的摄食量有很大差异。一般在苗种期日投饵率在 6% ~ 4%，长到 100 克大致为 2% 左右，长到 300 克以上，大致掌握在 0.5% ~ 1.0%。

（四）投喂注意事项

在实际投喂时，还要根据下列情况灵活掌握、酌情调整。

（1）投喂时既要评估饲料的损失率、饲料效率，又要评估所用饲料对鱼的健康生长等方面。一般按鱼饱食量的 80% ~ 90% 投喂比较经济合理。由于各池的换水率、放养密度、水温等不同，鱼每天的摄食量也不尽相同。所以在实际投喂操作时，要密切注意鱼的摄食状态、残饵量，随时调整投喂量。

（2）每次投喂可将总投喂量的 60% 先在全池撒投一遍，剩下 40% 根据鱼的摄食状态再进行补充撒投。

（3）大菱鲆耐高水温的能力比较弱，而且个体越大，耐高水温的能力越弱。因此，在高温期间，从维持鱼的体力出发，要按日投喂量的 1/5 ~ 1/2，每天投喂 1 次或隔天投喂 1 次，并添加复合维生素。7-9 月属高水温期，一定要减少投喂量，以便养殖鱼能维持较高的体力，保证存活率。水温下降到15℃以下时，方可投喂脂肪含量稍高的饲料。

六、水质管理

（一）养殖用水管理

目前的主要养殖模式为"温室大棚＋深井海水"工厂化养殖模式，深井海水的质量直接影响和决定养殖鱼的质量。因此，选择适宜的海水井非常重要。岩礁岸断裂带打出的井，井深达80～120米，水质清澈，不含颗粒物，水化学成分与自然海水非常接近，并符合《无公害食品海水养殖用水水质》（NY5052—2001）的要求，周年水温为11℃～15℃，可视为优质的井水水源。其他沿岸带海水井水质情况如下。

粉泥沙岸带打出的井：如山东莱州，井深为18～22米，水质清澈，基本不含颗粒物，周年水温变化范围为14℃～18℃。

粗砂岸带打出的井：如山东海阳粗砂岸带打出的井，井深10米左右，水体清浊程度和水温受风力和潮汐影响较大，有时含微颗粒物（细沙）较多。周年水温变化范围较大，为8℃～23℃，盐度接近于自然海水。

粉泥沙带、卤水区打出的井：如山东昌邑和河北唐山等地粉泥沙带、卤水区打出的井，井深100～1 000米，在同一地区可以打出淡水井和卤水井，按需进行勾兑使用，周年水温变化范围为14℃～16℃。

养殖的水源可以不同，但都要求水质无污染。抽取的自然海水和井水，可根据水源水质的具体情况，进行必要的沉淀、过滤、消毒（紫外线或臭氧）、曝气等措施处理后再入池使用，尤其是地下井水含氧量低（最低的仅为0.2～0.5毫克/升），须充分曝气使进水口的溶氧量达到5～7毫克/升后入池使用。池内按每3～4平方米布气石1个，连续辅助充气，或充纯氧（液氧），使养鱼池内的溶氧量水平维持在6毫克/升以上，出水口处的溶氧量仍能达到5毫克/升。目前工厂化养殖普遍使用的曝气装置，主要有叶轮式曝气机和富氧发生器。前者主要用于入池前的曝气，后者主要用于入池的充气。现在已有不少厂家使用液氧，养鱼效果良好，密度和产量可以成倍提高。

海水和地下井水入池后，应根据养殖品种对环境条件的要求，调节养殖水体的水温、pH、盐度，并创造池内良好的流态环境。

养成池水深一般控制在 40～60 厘米，日换水量为养成水体的 5～10 倍，并根据养成密度及供水情况进行调整。日清底 1～2 次，及时清除养殖池底和池壁污物，保持水体清洁、远离污染。

（二）日常水质管理

1. 监测水质因子

养成期间要配齐仪器设备，定时检测水质，每天抽样检测养殖用水的水温、溶氧量、盐度、pH、硫化物含量、氨氮浓度等，注意观察水质的色、味变化。

2. 水质调节

主要通过调节水的交换量来控制。一般换水量保持在 5～10 个量程 / 天，具体需要根据养殖密度、水温及供水情况等因素进行综合考虑。水温超过适温时，要加大交换量；当水温长期处于适温上限时，应采取降温措施，以防止发生高温反应而导致养殖鱼充血发病死亡。

3. 清污

每次投喂完毕可拔起池外排污立管，池底积存的残饵、粪便和其他污物便会随迅速下降的水位和高速旋转的水流排出池外。与此同时，要清洗池壁、充气管和气石上黏着的污物，捞出死鱼。死鱼应集中埋掉或用火焚化。水桶、捞网及其他工具要用漂白粉消毒后备用，做到工具配备到池，专池专用。

4. 倒池

为保证池内外环境清洁卫生，养鱼池要定期或不定期倒池。当个体差异明显需要分选、密度日渐增大、池子老化及发现池内外卫生隐患时，应及时倒池，进行消毒、洗刷等操作。

5. 其他日常操作及注意事项

为了预防高温期疾病的发生，应采取降温措施。如遇短期高温，可加强海水消毒，加大流量，适当减少投喂量，增加饲料的营养和维生素水平等。各个养成池配备的专用工具，使用前后要严格消毒。出入车间和入池前，均要对所用的工具、水靴和工作人员手脚进行消毒。每日工作结束后，车间的外池壁和走道都要进行消毒处理。白天要经常巡视车间，检查气、水、温度和鱼苗有无异常情况，及时捞出体色发黑，活动异常，有出血、溃疡症状的病鱼，焚埋处理。晚上也要有专人值班，巡查鱼池和设备。每天晚上总结当天工作情况，并列出次日工作内容，每月测量生长一次，统计投饲量和成活率，换算为饲料转化率，综合分析养成效果。

七、病害防治和药物使用

（一）观察检测

用肉眼定时观察养殖鱼类的摄食、游动和生长发育情况，及时发现病鱼及死鱼，捞出病鱼死鱼进行解剖分析、显微镜观察，分析原因，记录在案。对病鱼、死鱼做焚埋处理。

（二）防治原则

应坚持预防为主的方针，采取控光、调温、水质处理、使用安全消毒剂、增加流水量等综合措施进行防治。

（三）药物使用

在整个养殖过程中，药物使用应符合《无公害食品渔用药物使用准则》（NY5071—2002）的要求，并严禁使用农业部第193号公告中所列的药物，详见表4-4。

表4-4　农业部第193号公告中所列的禁用药物

序号	药物及其他化合物名称	禁止用途
1	β-兴奋剂类：克仑特罗、沙丁胺醇、西马特罗及其盐、酯及制剂	所有用途
2	性激素类：己烯雌酚及其盐、酯及制剂	所有用途
3	具有雌激素样作用的物质：玉米赤霉醇、去甲雄三烯醇酮、醋酸甲羟孕酮及制剂	所有用途
4	氯霉素及其盐、酯（包括：琥珀氯霉素）及制剂	所有用途
5	氨苯砜及制剂	所有用途
6	硝基呋喃类：呋喃唑酮、呋喃它酮、呋哨苯烯酸钠及制剂	所有用途
7	硝基化合物：硝基酚钠、硝呋烯腙及制剂	所有用途
8	催眠、镇静类：甲喹酮及制剂	所有用途
9	林丹（丙体六六六）	杀虫剂

续　表

序号	药物及其他化合物名称	禁止用途
10	毒杀芬（氯化莰烯）	杀虫剂、清塘剂
11	呋喃丹（克百威）	杀虫剂
12	杀虫脒（克死螨）	杀虫剂
13	双甲脒	杀虫剂
14	酒石酸锑钾	杀虫剂
15	锥虫胂胺	杀虫剂
16	孔雀石绿	抗菌、杀虫剂
17	五氯酚酸钠	杀螺剂
18	各种汞制剂包括：氯化亚汞（甘汞）、硝酸亚汞、醋酸汞、吡啶基醋酸汞	杀虫剂
19	性激素类：甲睾酮、丙酸睾酮、苯丙酸诺龙、苯甲酸雌二醇及其盐、酯及制剂	促生长
20	催眠、镇静类：地西泮（安定）及其盐、酯及制剂	促生长
21	硝基咪唑类：甲硝唑、地美硝唑及其盐、酯及制剂	促生长

八、成鱼出池

（一）成鱼上市要求

成鱼上市要求体态完整，体色正常，无伤、无残，健壮活泼，大小均匀。养成鱼达到商品规格时可考虑上市。上市前要严格按照休药期规定的时间停药，使用过的药物要低于国家规定的药物残留限量值方可上市出售。目前国内活鱼上市规格为每尾：至少要达500克以上，国际市场通常达到每尾1千克以上，今后应提倡大规格商品鱼上市，以便与国际市场接轨。

（二）商品鱼运输

商品鱼出池时将池水排放至15～20厘米深度，用手抄网将鱼捞至桶中，然后计数、装袋、充氧、装箱发运。一般采用聚乙烯袋打包装运，车运或空运上市。运输前要停食一天，进行降温处理，根据具体品种调节水温。程序是首先在袋内加注 1/5 ~ 2/5 的砂滤海水，然后放鱼、充氧、打包，再封装入泡沫箱中。运输鱼体质量和水重量比为 1 ：1 左右。解包入池时，温差要求在 2℃ 以内，盐度差在 5 以内。

第六节　池塘底部微孔增氧技术

池塘底部微孔增氧技术是近几年来涌现出来的比较经济实用的养殖新技术。该项技术在浙江省部分池塘中应用以来效果显著，能提高产量、降低能耗和饲料成本、提高经济效益，被认为是一项节能、高效、生态型的实用技术。

一、工作原理

水体是水生动物生活的环境，水中的溶解氧是它们赖以生存的最基本的必要条件之一。如果没有足够的氧气，水产物种容易患病，甚至死亡。在鱼、虾高密度养殖中，水中溶解氧的多少，决定着水体容纳生物的密度，即使水质良好，由于喂养饲料和动物排泄物带来的大量营养和有机物质，水塘也会出现溶解氧含量过低的现象。因此，增氧显得尤为重要，使用增氧机可以有效补充池塘中的溶解氧。一般用水车式增氧机的池塘，上层水体很少缺氧，但却难以提供池底充足氧气，所以缺氧都发生在池塘底部。池底微孔增氧技术正是利用了池塘底部铺设的管道，把含氧空气直接输到池塘底部，从池底往上向水体散气来补充氧气，使底部水体一样保持较高的溶解氧含量，以防止底层缺氧引起的水体亚缺氧。池塘底部微孔增氧技术的工作原理是通过罗茨鼓风机，经充气管将空气输入池塘水体中，气泡破裂，将氧气弥散入水中，达到增氧的效果。充气作用使水体上下垂直运动，将水体表层光合作用产生的丰富的溶解氧输入到池塘的底层，迅速提高底层水体的溶解氧水平。溶解氧水平的提高，有利于池塘的氧化反应，加快池底有机物的分解，有效降低硫化物、亚硝酸盐、氨氮等有毒有害物质的浓度，达到防病和立体利用养殖水体的效果，促进营底层生活的对虾、梭子蟹、河蟹以及贝类、甲鱼等养殖动物的生长效果。由于充分利用了光合作用的能源，从而降低了机械增氧的能源消耗，达到节能的效果。

二、普及应用情况

目前，在浙江省安装应用的池塘底部微孔增氧设施主要有两种方式：一种是整机采购，用纳米管作为曝气管，并根据纳米管铺设方式，分为条式、盘式和点式三种；另外一种是自行安装，以PVC管打孔作为曝气管。总体成本在150～800元/亩。截至2009年底，浙江省有杭州、宁波、舟山、嘉兴、绍兴、台州6个地级市的26个县（市、区）采用了池塘底部微孔增氧技术，推广面积达到4.59万亩，主要集中在南美白对虾、三疣梭子蟹、锯缘青蟹、罗氏沼虾等虾、蟹池塘养殖中，甲鱼、鳜鱼、黑鱼、常规鱼类养殖中，也有推广应用。其中，南美白对虾为3.2万亩，梭子蟹为8800余亩，据缘青蟹为1600余亩。

三、增产增效情况

池塘底部微孔增氧技术比传统增氧机可节省电费30%。通过应用该技术，可使池塘养殖鱼、虾、蟹等发病率降低15%，每亩鱼产量提高10%，虾产量可提高15%，蟹产量可提高20%，综合效益可提高20%～60%；同时，还有利于提高成活率、放养密度和养殖品种的生长速度。

四、技术要点

（一）池塘要求

养殖场应具备相应的电力设施或匹配相应的动力设备。养殖南美白对虾的池塘面积以4.5～30亩为宜，方形或长方形（长宽比为2∶1），水深1.5～2.5米，底部平整。养殖梭子蟹的池塘面积为15～30亩，水深1.2～2米，长方形（长宽比为3∶1）。其他水产养殖对象的池塘养殖可参照执行。

（二）设备要求

设备包括鼓风机、动力设施（电动机或柴油机）、镀锌钢管、微孔管或塑料（PVC）管、阀门定时开关等，同时应配备水质检测仪器。

1. 鼓风机

宜选择罗茨鼓风机或层叠式鼓风机。罗茨鼓风机质量应符合《中华人民共和国环境保护行业标准环境保护产品技术要求：罗茨鼓风机》（HJ/T251—2006）的规定，出气风压不得低于3500～5000毫米水柱。

2. 管道

主管道采用镀锌钢管或 PVC 管，主管道的直径与鼓风机出口口径相匹配，一般为 75 ~ 100 毫米。充气管道选择微空管或 PVC 管道，充气管的直径为 10 ~ 15 毫米。微孔管和 PVC 管增氧效果相比，夜间试验结果：微孔管组与 PVC 管组的溶氧增加值表层分别为 1.53 毫克 / 升和 1.18 毫克 / 升，底层分别为 1.58 毫克 / 升和 1.26 毫克 / 升。白天试验结果：微孔管组的底层溶解氧为 7.77 毫克 / 升，PVC 管组为 6.11 毫克 / 升。微孔管组略高于 PVC 管组。采用微孔管和 PVC 管作为充气管道，两者的增氧效果没有显著差异，但由于两种材料的价格存在差异，从节约投资和使用方便及耐用性考虑，选择 PVC 管作为南美白对虾和梭子蟹生产性养殖的底充式增氧充气管则更为经济、实用。

3. 功率配置

增氧形式以微孔管道增氧和水车式增氧结合的形式为佳。底充式增氧鼓风机动力的功率配置，与池塘的水位、水环境状况、养殖动物的密度、养殖动物的需氧要求等因素有关。参考《无公害食品三疣梭子蟹养殖技术规范》（NY/T5163—2002）和《无公害食品南美白对虾养殖技术规范》（DB13/T518—2004），设定池塘底层溶解氧含量最低值（临界值）为 3 毫克 / 升，并作为底充式增氧鼓风机动力功率配置的依据，鼓风机动力功率配置 0.3 千瓦 / 亩，就可以满足养殖池塘溶解氧最低含量的要求。但按照当地南美白对虾和梭子蟹养殖方式，考虑到池塘水体溶解氧的主要来源为水体浮游植物光合作用，底充式增氧可以充分利用水体表层光合作用产生的溶解氧，南美白对虾池塘底充式增氧的鼓风机动力功率配置选择 0.2 千瓦 / 亩，水车式增氧机的配备功率 0.1 千瓦 / 亩；梭子蟹养殖池塘鼓风机动力配置选择 0.15 千瓦 / 亩，可以基本满足养殖水质的要求；其他水产养殖对象的池塘养殖可参照执行。

（三）设备管道安装

1. 鼓风机安装

鼓风机出风口处安装分气装置或在近鼓风机的主管道上安装排气阀门。

2. 管道安装要求

（1）鼓风机出气口处安装储气包或排气阀，充气可采用集中供气或分池充气的方法，单池或多池并联的方式。

（2）主管道采用镀锌钢管或塑料材料（PVC）管，埋于泥土中。主管道的直径为100毫米，充气管道直径为25毫米。主管道与充气管有阀门控制，便于调节气量。

（3）充气管道以单侧排列为主或呈"非"字形排列。南美白对虾充气管采用微孔管或PVC管，梭子蟹养殖充气管道以PVC管为宜。从不同充气管道间距的溶解氧检测值比较结果，充气管道处与两条管道之间在水平方向上的溶解氧含量差异很小，充气管道处和管道之间水体表层与底层的溶解氧含量"水层差"为0.04～0.47毫克/升。考虑到南美白对虾养殖密度大，梭子蟹养殖密度相对小一些，南美白对虾养殖池塘以PVC管作为充气管的管道间距设为4～6米，气孔间距为1米，孔径为0.4～0.6毫米。微孔管作为充气管道的管道间距设为6米（图5）。梭子蟹池塘的管道间距一般为8～10米，气孔的间距为4米，孔径为0.4～0.6毫米。PVC管铺设在池底，微孔管离池底10厘米，用竹竿或木桩固定。

（4）充气管在池塘中安装的高度，尽可能保持一致，底部有沟的池塘，滩面和沟的管道铺设宜分路安装，并有阀门单独控制。

（四）使用方法

1. 安装时间

微孔管道增氧设施安装应掌握在养殖生产开始前15～20天完成。

2. 开启时间

南美白对虾养殖池塘，养殖前期开启时间一般为10：00—12：00，02：00—04：00；养殖中、后期开启时间一般为10：00—12：00，14：00—16：00，22：00—24：00，04：00—06：00。水车式增氧机开启时间一般在02：00—06：00，投喂饵料2小时内停止开机。梭子蟹养殖池塘，一般在高温季节使用，开启时间为08：00—10：00，14：00—16：00，22：00—24：00，03：00—05：00。遇台风、暴雨等特殊气象天气时，底充式增氧设施和水车式增氧机同时开启，并根据池塘水质状况延长增氧机开启时间。

（五）注意事项

（1）保持池塘浮游藻类良好和稳定的藻相，掌握适当的藻类密度，谨慎使用渔药，防止藻类死亡。一般掌握池水的透明度为30厘米，南美白对虾池塘的透明度为20～30厘米，并保持藻类的鲜嫩。正确掌握水质调控技术，切勿在高温季节使用除藻剂，慎防池水藻类死亡腐败。

（2）防止电动机发热，注意鼓风机的风压是否符合要求，充气管道出气孔是否与鼓风机风量匹配。

（3）PVC主管道安装时，将管道埋在泥土中，避免太阳曝晒老化；微孔充气管道，不可拉、折，防止管道折损漏气。使用一段时间后，气孔易堵住，最好经太阳晒一下后再使用。

（4）要配合使用水车式增氧机，使水体的溶解氧均匀。

（5）经常检查增氧设施是否完好，发现问题及时修复。

（6）高密度养殖池塘，池底增氧机宜长期开机。

五、适宜区域

各地区海水、淡水养殖池塘。

六、应用典型

近几年来，浙江省在南美白对虾、梭子蟹、锯缘青蟹、罗氏沼虾等养殖生产中广泛推广应用池底微孔增氧技术，在节能、降本、增效方面发挥了较好的作用，还涌现出不少成功典型。

（一）在南美白对虾养殖中的应用效果

2008年浙江省共有29 900亩南美白对虾池塘在养殖生产中应用底部增氧设施，是被最广泛采用该技术的养殖品种，6个地级市采用了该技术，平均亩增效益812元。

1. 上虞市推广实例

浙江省上虞市2008年推广应用池底微孔增氧技术，养殖面积达到10 350亩，养殖对虾产量达3 363吨，平均亩产325千克，比常规养殖增产12.1%。

养殖示范户楼永兴，养殖面积143亩，全部采用该技术。池塘每口面积为3亩，每5口池塘配备1台2.2千瓦空压机，池底铺设纳米管，同时每口池塘配0.75千瓦水车式增氧机2台。2008年分3次放苗，每亩放苗6.15万尾。经过72天养殖，开始捕大留小，收获产量占总量的1/4，留塘苗种养到10月份全部起捕。最高亩产达到510千克，平均亩产428千克，亩利润达5 648元。

养殖示范户施海峰开展池底微孔增氧与常规水车式增氧的对比试验。

池底微孔增氧养殖面积 78 亩、常规水车式增氧养殖面积 50 亩。经过近 5 个月养殖，池底微孔增氧养殖平均亩产南美白对虾 450 千克、亩利润 6 130 元；而常规方法养虾平均亩产 365 千克、亩利润 3750 元，且对虾规格不匀。两者相比，采用池底微孔增氧技术比单用水车式增氧养殖，南美白对虾产量高 24%、效益提高 64%。

2. 慈溪市推广实例

浙江省慈溪市 2007 年南美白对虾养殖推广应用池底微孔增氧技术 3 190 亩，平均亩产比全市提高 93.5 千克，增产 23%；2008 年南美白对虾养殖使用池底微孔增氯技术的面积达 5 200 亩，总增收节支 1 170 万元，平均每亩增收节支 2 250 元。通过比较效益得出：采用池底微孔增氧的方式，只要每亩配置 0.138 千瓦增氧机即能满足养殖需要，比常规增氧方式的功率配置（0.730 千瓦 / 亩）降低 80%，每亩电费减少 42.3%，每千克虾电费降低 47.5%；饲料利用率也提高 23%。PVC 管比纳米管既经济又实用，安装成本可节约 250 ~ 400 元，安装适宜距离为 8 米，安装费用在 400 元 / 亩左右。

（二）在三疣梭子蟹养殖中的应用效果

2008 年共有 6 791 亩梭子蟹养殖池塘在生产中应用池底微孔增氧设施，平均每亩增加效益 1 097 元，主要集中在浙江省宁波市的象山、鄞州、宁海县和舟山市的定海区、普陀区、岱山县及台州市的三门县。象山县梭子蟹养殖面积 3 000 亩，平均亩产 55 千克，增产 20% 以上。

1. 岱山县东沙养殖场

试验面积 350 亩，共 13 口普通养殖池塘安装 11 套池底微孔增氧设施，平均每亩配置功率 0.1 千瓦的增氧机，PVC 充气管道直径 15 毫米，每隔 3 ~ 4 米打一个孔，孔径为 0.6 毫米，管道间距在 10 米之内。池底微孔增氧设施在 7 月中旬至 10 月中旬启用，开机时间一般在 14：00—16：00，00：00—05：00，遇到异常天气则延长开机时间。至 2009 年 1 月全部起捕，安装有池底微孔增氧设施的养殖池塘比没有安装的平均亩产高 10 千克；脊尾白虾平均亩产高 17 千克，每亩增加效益 1 200 元。

2. 象山县西周对虾莲花塘养殖场

推广使用池底微孔增氧设施养殖面积 350 亩，平均亩产达到 60 千克以上。其中蔡贤裕养殖户的养殖池塘面积 70 亩，采用该增氧方式，开展梭子蟹精养，2007 年梭子蟹亩产达到 90 千克，2008 年梭子蟹亩产达到 75 千克。

（三）在锯缘青蟹养殖中的应用效果

2008年共有1 770亩养殖池塘应用池底微孔增氧技术，平均每亩增加效益867元。主要集中在台州市三门县。

1. 三门县头岙村

养殖面积25亩，采用直径为16毫米的PVC管作为充气管，孔径0.6毫米，孔距60厘米，管距8米。截至2008年年底，锯缘青蟹亩产71千克，比往年亩增产6千克。泥蚶（共3亩）亩产1500千克、脊尾白虾亩产35千克，亩效益为2 560元，每亩增加效益880元。

2. 温岭养殖场

2008年在温岭市3口锯缘青蟹养殖池塘中开展应用池底微孔增氧设施进行养殖的试验。充气管为纳米管，平行铺设在环沟内，间距4~8米，用砖块捆绑固定于池塘底部，距塘底5~10厘米。2007年9-10月份放养蟹苗（秋苗），每亩放养3 500~4 000只，比传统放养的2000只多放75%~100%，至越冬前平均规格为100克，与传统养殖方式下个体大小差不多；养殖期间全部采用配合饲料，比传统养殖多投三分之一；6-10月份，每天黎明开机增氧3小时左右，17∶00—20∶00再开机一次；遇阴天或闷热天气，中午再开一次或整天开机，越冬期间不开机；其他日常管理与一般养殖方式下相同。结果3口试验塘均未见发病情况，青蟹养成成活率提高10%以上，产量提高20%以上。年亩产青蟹150千克以上，亩产值10 000元，亩利润4 000元，较采用传统养殖方式的对照塘亩产增加30千克，综合效益提高1 500元。

（四）在罗氏沼虾养殖中的应用效果

2008年浙江省共有960亩罗氏沼虾养殖池塘应用池底微孔增氧设施，平均每亩增加效益600元。主要集中在嘉兴市的海盐、桐乡、秀洲等县或区。秀洲区示范点的养殖户沈林富，养殖面积120亩，使用池塘底部微孔增氧技术以后，亩产沼虾405千克、亩产值8985元、亩收益3618元，分别比使用前增加了15.70%、42.62%、97.40%，饲料系数从原来的1.5降低到1.2，电费比原来节省了25%，节能增产增效显著。

（五）在常规鱼养殖中的应用效果

嘉兴市秀洲区养殖户李强，养殖面积200亩。使用池塘底部微孔增氧技术以后，亩产量达755千克、亩产值7 550元、亩收益3 985元，分别比使用前增加了 48.6%、110.9%、213.8%，饲料系数也由原来的 3.7 下降到 2.5，电费比原来节省了 33.3%。

（六）在虾鳖混养中的应用效果

杭州市江干区下沙镇周宏水产养殖场，13 口池塘共 45.8 亩，开展养殖对比试验，其中 8 口塘、28.6 亩采用点式微曝气池底增氧系统。平均每亩放养南美白对虾 7 万尾、甲鱼 1 000 只（规格为 0.1 千克）。试验组按 0.1 千瓦 / 亩设置增氧机，并配 1 台水车式增氧机；对照塘为 2 台水车式增氧机、1 台叶轮式增氧机。结果显示：两塘甲鱼生长均良好，但试验塘南美白对虾平均亩产 428.5 千克，亩利润 5 100 元，而对照塘却只有 124.0 千克。使用电费情况：池底增氧塘为 478 元 / 亩，传统增氧塘为 748 元 / 亩，每亩节省电费 270 元，节约 36%。

第七节　优质饲料配制及加工使用技术

对于水产养殖生产来说，单用一种原料不能满足水产动物的营养需求。生产实践证明，只有通过各种饲料原料的科学搭配，才能得到营养平衡的配合饲料配方。

生产工艺也是影响饲料品质的重要指标。不同的生产工艺导致不同的饲料养殖效果，如挤压工艺（膨化饲料）和制粒工艺（颗粒饲料），对饲料营养素消化利用率的影响差异极大；此外，饲料原料的粉碎细度、调质水平和后熟化等，均对饲料效果具有明显的改善作用。

养殖模式是决定饲料好坏的根本指标。与陆生动物不同，水产动物（如鱼、虾类）生活于水体中，除饲料外，水环境及养殖户的鱼塘管理，对水产饲料的养殖效益造成极大的影响。此外，合理的养殖模式还需要配套合理的饲料才能发挥出好的养殖效益，当养殖模式与饲料不匹配时，也难以达到养殖效益最大化。下面就饲料配制、生产工艺和养殖模式展开讨论，以期为饲料厂和养殖户提供创新性技术指导。

一、配合饲料配制

配合饲料是由多种饲料原料根据水产动物的营养需求及饲养特点按相

应的比例组成。所确定的各种饲料原料的搭配比例就是鱼、虾类的饲料配方。要设计水产配合饲料的配方，需要注意以下方面。

（一）研究水产动物的营养需求，确定特定水产动物的营养需求标准

营养标准需要结合鱼、虾类的养殖规格、养殖季节和养殖模式来确定。如小鱼（虾）和大鱼（虾）的营养需求有所差异，饲料配方应结合其生长各个阶段进行调整；当上市成鱼的规格不同时（如广东省的上市草鱼分为50 ～ 150 克的鲩仔、1.0 ～ 1.5 千克的统鲩、2.5 千克以上的大鲩和 5 千克以上的脆肉鲩），饲料标准也有差异。在水温较高的夏季进行水产养殖，鱼类饲料配方可在营养标准的基础上适当降低蛋白质水平并提高饲料能量水平，这样既可明显降低高水温季节的鱼病暴发，又可以兼顾水产动物在高温季节的能量消耗大而产生的能量需求高的特点。同理，在水温较低的季节（如 11 月至翌年 4 月），可相应提高饲料中的蛋白质和脂肪水平、降低饲料中的淀粉含量，以适应鱼、虫下类在低温季节的营养需求变化。不同的养殖模式，对饲料的营养需求也不一样，如广东省进行高密度大规格草鱼养殖时，低蛋白质含量的草鱼料（含 22% 蛋白质）往往表现出好的养殖效益；当养殖密度降低时（水体不易缺氧），较高蛋白质水平的草鱼料（含28% 蛋白质以上）能明显提高养殖收益。

（二）研究水产饲料原料的特点，确定各种饲料原料的营养价值和性价比

根据养殖水产动物的品种特点，确定其对水产饲料原料的消化利用率，结合原料价格确定其在配方中的用量。包括蛋白质原料如鱼粉、肉骨粉、豆粕、棉籽粕和酒糟蛋白（DDGS）等在当前原料价格下的使用特点；淀粉类原料如面粉、次粉、小麦、大麦和玉米等在价格变化时的相互替代水平；油脂类如豆油、鱼粉、猪油、棕榈油和混合油等在不同水产动物中的使用效果及性价比。

（三）考虑饲料原料资源的状况、价格及其稳定供应的可能性

如国产鱼粉、国产酒糟蛋白、棉籽粕的质量稳定性和供应稳定性。

水产饲料配方设计的目的是合理地选用营养好、利用率高、成本低的饲料原料，科学地生产出优质的配合饲料，以便进行养殖生产，获取最大的经济效益。

水户饲料配制，需掌握的基本原则和参数如下。

（1）以水产动物的营养需求标准为基础，结合在实践中的生产反应，对标准进行适当的调整，即灵活使用饲料标准，如上述分析建议。

（2）饲料原料的选择，必须考虑经济合算的原则，即尽量因地制宜，选择适用且价格低廉的饲料原料。

（3）饲料配制要考虑饲料的加工工艺。如膨化饲料和颗粒饲料的生产工艺不同，对原料配比的要求也不相同。膨化饲料对某些饲料原料消化利用率具有较大的改善作用，也需考虑其在膨化饲料中的性价比。

二、配合饲料生产工艺

饲料加工工艺是饲料生产中的一个重要的环节，是确保饲料工业健康稳定发展的坚强支柱之一，但随着饲料原料品种的不断增加、添加剂量的减少等诸多因素的影响，要求加工工艺进行相应的变化，以增强饲料厂的竞争能力。

为了获得优质的水产饲料，要针对主要喂养的水产动物摄食特性，保证其所需的全部营养成分，采用科学、合理的水产饲料加工工艺。

水产饲料加工工艺流程主要包括饲料原料接收、原料去杂、粉碎或微粉碎、超微粉碎、配料、混合、制粒或膨化、熟化、烘干、冷却、筛分或破碎筛分等工序。目前水产饲料的加工工艺，需结合水产动物的养殖特点进行调整，当前可用的创新点包括如下几个。

（一）发展膨化工艺

随着人们环保意识的加强及当前养殖市场的发展，用膨化机生产的产品（包括浮性膨化饲料和沉性饲料）越来越受到广大养殖户的青睐。膨化机的生产、推广及使用，也正成为饲料行业的一大亮点。许多新建的饲料厂，要么一步到位都安装了膨化机，要么就进行预留为以后做准备，而一些早期的饲料厂也纷纷进行改造，新增膨化生产线，抢占膨化饲料市场。膨化工艺之所以得到大力发展，主要在于其具有以下优点。

1. 显著提高饲料原料（尤其是淀粉类原料）的消化利用率

实验证明，水产饲料中常用的玉米淀粉（如玉米）和小麦淀粉（如面粉、小麦和次粉）经过膨化后，可使鱼类的消化率提高 20% 以上，大大提高了饲料的可消化能。这对于目前饲料能量相对不同的水产动物（如温水性鱼类），具有极大的促进作用。

2. 显著降低水产动物的饲料系数

由于养殖业的迅速发展，原料资源相对不足，饲料原料的价格总体趋于上涨，当前的原料价格相当于 5 年前的两倍以上。在这种大环境下，要保证饲料行业的健康发展，必须进一步降低饲料系数，充分利用饲料原料，以最低的养殖成本和原料消耗，产生最大的效益。因此，降低饲料系数，成为各饲料厂家及养殖户追求的热点。研究试验和养殖实践均证明：相同配方的膨化饲料相对于颗粒饲料，饲料系数可降低 10% 以上，并显著提高鱼类的生长速度，缩短养殖周期，降低养殖风险。

3. 显著改善水质、降低鱼病

水质不佳是导致鱼病发生的主要原因。常用的颗粒饲料的含粉率、耐水性和鱼类的及时摄入问题难以有效解决，导致部分饲料成分进入水体，影响了水质的稳定性。此外，鱼类对颗粒饲料的利用率较低，大量未消化饲料排入水体，也在一定程度上增加了鱼病发生的概率。膨化饲料不仅提高了饲料的利用率，还降低了水体中的未消化饲料的排放，并且不存在耐水性和含粉多的问题，有效减少了水体污染和鱼病发生。如近几年的罗非鱼病害严重，而广东省珠海市平沙镇的罗非鱼病害相对其他地区明显要少，平沙镇均使用膨化饲料，水质相对稳定，这是该区域鱼病较少的主要原因之一。

4. 方便养殖管理

养殖户的养殖水平因人而异，膨化饲料浮于水面，方便养殖技术不成熟的养殖户投料观察，大大降低了其养殖管理难度。

（二）降低粉碎细度

谷物经粉碎后，表面积增大，与肠道消化酶或微生物作用的机会增加，消化吸收率提高；粉碎后使得配方中各组分均匀地混合，减少了混合后的自动分级，可提高饲料的调质与制粒效果以及适口性等。再加上水产动物对饲料的利用率偏低，粉碎对于水产饲料的生产极为重要。实践表明：相同配方的颗粒饲料养殖淡水鱼类，当粉碎细度由 2.0 降低到 1.2 时，每包料（40 千克）可多产鱼 1.5 ~ 2.5 千克，饲料系数可降低 6% ~ 8%。降低粉碎细度，虽然增加一定成本，但对饲料效果的改善表明，单位饲料产生的价值远高于其投入的单位成本。

（三）发展颗粒鱼料后熟化设备

目前国内淡水鱼料的最大问题之一，即饲料的蛋白质标签偏高，导致饲料配方中不足以提供足够的可消化能。在颗粒饲料生产工艺中，通过添加后熟化工艺，可明显提高饲料的淀粉熟化度，提高饲料的可消化能，改善饲料耐水性和养殖效果，具有极大的发展潜力。

三、养殖模式与饲料的配套

好的饲料配方和好的生产工艺并不能确保一定会带来好的养殖效益，养殖模式的选择极其重要。养殖模式的不同，往往决定对饲料的需求不一样，只有当养殖模式与饲料相匹配，才能使养殖效益最大化。以下就以广东省的罗非鱼养殖为例，介绍两种高效的养殖模式。

（一）轮捕轮放养殖模式

所谓的轮捕轮放养殖就是捕大留小，也就是说鱼塘中各种不同规格的罗非鱼都有，而且不定期起捕上市。轮捕轮放能充分利用水体，提高罗非鱼的年产量。

优点：①分散上市时间、资金周转快，可以避开出鱼的高峰期，卖到好价格。②存塘量低，可保持水质的长期稳定，饲料利用率高。③产量比单批养殖要高。

缺点：必须有过冬条件的鱼塘才可行。

实例介绍：广东省高要市的邓先生有两口鱼塘，一口 5 亩，一口 20 亩。每年 6 月份购进罗非鱼苗，放养在 5 亩池塘中标粗（放苗 6 万尾，估计能存活 5 万尾），8 月份达到 50 克规格后转移 2 万尾到 20 亩的大塘，余下来的继续标粗，不过投料很少。由于大塘放养密度较小，所以生长速度比较快。12 月底就可以出售一批鱼（选择个体重为 400 克左右的起捕，出售约 2 500千克）。此时标粗塘中的 3 万尾苗种规格在 125 克左右，第一次出售后马上补放 5 000 尾。一般保证池塘中还有存塘罗非鱼 2 万尾左右。养到第二年 3月份再出售一批（选择个体重为 400 克左右的起捕，出售约 2500 千克），再补放入个体重 175 克鱼种 5 000 尾。接下来每个月都一样，起捕出售后补放鱼种，到 6 月份就把标粗塘中剩下的 1 万尾罗非鱼全部转移到大塘（此时的罗非鱼已达到 300 克的规格）。清理标粗塘后，重新购进盘苗进行标粗，大塘养到8月份，干塘全部把鱼出售。此时标粗塘中的鱼种又达到50克的规格，大塘回水后马上转移2万尾过来，重复另外一个周期的养殖。大塘中的放苗及起捕出售成鱼情况见表4-6。

表4-6　轮捕轮放养殖模式实例

放苗时间	放苗数量、规格	起捕出售时间	产量、规格
当年8月份	2万尾、50克	当年12月份	2500千克左右、400克以上
当年12月份	0.5万尾、125克	次年3月份	2500千克左右、400克以上
次年3月份	0.5万尾、175克	次年4月份	2500千克左右、400克以上
次年4月份	0.5万尾、225克	次年5月份	2500千克左右、400克以上
次年5月份	0.5万尾、275克	次年6月份	5000千克左右、400克以上
次年6月份	1万尾、325两	次年7月份	5000千克左右、400克以上
—	—	次年8月份	5000千克左右、400克以上

效益分析：邓先生共养鱼25亩，每年产25 000千克罗非鱼（1 000千克/亩），效益的高低与当年罗非鱼的出售价格有很大的关系。其优势主要体现在资金周转快（可以用现金购买饲料，每包便宜5元）；可避开罗非鱼集中出鱼上市的高峰期，鱼价较高（比下半年集中上市平均高出0.6～1.0元/千克）。由于存塘鱼量不多，可保持水质长期稳定，罗非鱼对饲料的利用率比较高（养出1千克龟的饲料成本比一般的精养鱼塘低0.4元左右）。这样一算，轮捕轮放的养殖模式要比精养模式（一年一造）每千克鱼多赚1.0～1.6元，也就是说，每亩要多赚1 000～1 500元。可见如果有条件越冬的养殖户，采取轮捕轮放的养殖模式更加安全、效益也更好。

（二）分级标粗养殖模式

分级标粗养殖模式可以更加充分地利用水体，鱼塘条件好的一年可以养出2～3批罗非鱼，平均每亩年产量可以达到2 000～3 000千克，如果罗非鱼市场售价看好，那么这种养殖模式效益是非常好的，利润也很高。

优点：①能更加充分地利用水体，每亩的年产量高，效益好。②资金周转速度比较快，抗风险能力强（产量高，综合起来塘租、人工工资等成本相对较低）。

　　缺点：①工作量比较大，转移不好会引起死鱼。②必须有越冬条件。

　　实例介绍：广东省茂名市的邓先生有 3 口鱼塘，一口 2 亩的暂养塘，一口 10 亩的标粗塘，还有一口 30 亩的成鱼塘。

　　每年 4 月份购进一批苗种在暂养塘中进行暂养，此时在成鱼塘中准备起捕出售一批商品鱼，标粗塘中标有 150 克规格的罗非鱼。成鱼塘中的鱼一次性出售完毕，干塘进水后马上把标粗池塘中个体达 150 克的罗非鱼转移到成鱼塘中养殖，接着把暂养塘中的鱼苗转移到标粗塘中。5 月份再进一批苗种暂养在暂养塘中。至 7 月底，成鱼塘中出售第二批商品鱼，此时标粗塘中的罗非鱼苗种已达 150 克的规格，马上将其转移到成鱼塘中饲养，同时把暂养塘中的罗非鱼苗种转移到标粗塘中标粗。9 月份再购进一批苗种在暂养塘中暂养。11 月份卖掉成鱼塘中的第三批商品鱼，此时标粗塘中的罗非鱼又达到 150 克的规格，马上再转移到成鱼塘，同时把暂养塘中的罗非鱼苗种转移到标粗塘中标粗。养到第二年 4 月份起捕出售，同时标粗塘中的苗种达到 150 克的规格。就这样 3 口塘分级标粗养殖，排灌水方便，又能安全越冬，鱼塘每年可以养殖三批鱼。成鱼塘投放苗种及起捕商品鱼情况见表 4-7。

表4-7　分级标粗养殖模式实例

放苗时间	放苗数量、规格	起捕出售时间	产量、规格
当年 11 月底	6 万尾、平均 150 克	次年 4 月初	3.1 万千克、500 克以上
次年 4 月底	5.5 万尾、平均 150 克	次年 7 月底	2.9 万千克、500 克以上
次年 8 月初	5.0 万尾、平均 150 克	次年 11 月中旬	2.75 万千克、500 克以上

　　效益分析：邓先生共养鱼 42 亩，可年产罗非鱼 8.75 万千克，亩产量平均为 2083 千克。

　　分级标粗养殖模式可充分利用水体，使产量达到最大化。但是单批鱼的产量并不算高，这样饲料的利用率也很高，塘租、人工工资等成本比养殖一批鱼可减少一半以上，而且资金周转比较快。这样的养殖模式，无论鱼价高低都能取得较好的效益。

第五章　现代水产苗种培育设施创新研究

　　水产苗种作为水产养殖的基础，对水产养殖业的兴衰发挥着愈来愈重要的作用。现如今，部分育苗场设施陈旧，难以满足现代育苗生产的需要。若任其发展，将给水产养殖业带来极大的负面影响，苗种繁育迫切需要建立和研制技术先进、稳定高产、低成本、高效益的苗种繁育工艺体系及设施设备。通过工程设施的优化可以大大提升苗种生产的技术水平，人为地建立近于自然、甚至优于自然的水生环境，并结合科学培育，提高苗种生产的稳定性，促进苗种培育的健康可持续发展。

第一节　水产苗种场的选址及规划设计研究

一、水产种苗场的选址

　　为了实现稳定、高效、大规模地进行苗种培育，在选择繁育场场址时，应首先对候选地点的各种条件进行充分的调查。育苗场场址的选择非常重要。总的原则是要利于大规模生产，易于建设，节约投资。因此，在选择繁育场场址时，应考虑到以下几方面。

（一）地理条件

　　靠近江河湖海、地势相对平坦，最好在避风内湾有一定高度的地方，便于取水和排水，方向宜坐北朝南。

（二）水质状况

　　能够抽取到水质良好的海水或淡水，水质无污染，无工厂废水排入，远离码头、密集生活区，水质符合渔业用水标准。若是海水种类的苗种培育场，周年盐度相对稳定，受江河水流影响小，悬浊物少等；同时要有充足的淡水水源，以解决生活用水、种苗淡化等用水。

（三）交通运输

交通要方便，不仅有利于建场时的材料运输，而且有利于建场后苗种生产中饵料、材料的运进及种苗的进出等。

（四）电力设备

必须有充足和持续的电力供应，除有配电供应外，还需自备发电设备，以备停电时应急使用。

（五）其他

需考虑周边人力资源、贸易状况、人文、治安环境等因素。

二、育苗场的规划设计

育苗场选好建厂地址后，要做一个规划或方案设计。首先要确定生产规模，也就是需要确定育苗水体。以对虾育苗厂为例，一般培育1cm以上虾苗的实际水体平均密度为 $(5 \sim 10)/10^4$ 尾 $/m^3$。育苗厂可依此标准根据计划育苗量计算虾苗培育池总水体，再根据拟定的育苗池水深计算出池子的面积，由这个面积数，按照对虾育苗室建筑面积利用率80%左右的比例，可以计算出育苗室总建筑面积。至于饵料培养室的水体、面积，可以根据育苗池的情况相应地按比例进行匹配，育苗池、动物性饵料池、植物性饵料池水体比以1：0.1：0.2为宜。一般育苗厂的设计规模分大、中、小三类，育苗水体在2 000 m^3 以上的为大型，1 000 ~ 2 000 m^3 为中型，500 ~ 1 000 m^3 为小型。因育苗的种类、育苗企业的经济实力的不同，育苗厂的设施及布局也有差异，应尽可能结合当地的具体情况，设计出效率高、造价低的育苗厂。在设计生产规模时，一定要考虑多品种生产的兼容性。

育苗场的设计配套合理与否，将直接影响将来苗种的生产能力以及建场后的经济效益。因此，育苗场的总体布局，要根据场地的实际地形、地质等客观因素来确定。总体布局要尽量合理适宜，应符合生产工艺要求，需考虑包括水、饵、苗、电、热、气等几大系统，流程要尽量利用高差自流，各类水、电、气、热、饵等管线要力争布局简捷。总体布局要一次规划，但可分期实施，绝不能边建边想逐年扩建，导致破坏总体布局的合理性，使操作工序烦琐。设计育苗场各建筑物和构筑物的平面布局主要原则如下。

（1）育苗室与动、植物饵料培育室相邻布置；水质分析及生物监测室应与育苗室设在一起，并应设在当地育苗季节最大频率风向的上风侧。

（2）锅炉房及鼓风机房适当远离育苗室，并处于最大频率风向的下风侧。

（3）变配电室应单独布置，并尽量靠近用电负荷最大的设备。

（4）水泵房、蓄水池和沉淀池相邻布置在取水口附近。

（5）需要设预热池时，应靠近锅炉房及育苗室。

（6）各建筑物、构筑物之间的间距应符合防火间距要求，即根据建筑物的耐火等级，按照《工业与民用建筑防火规范》的有关规定执行。

（7）场区交通间距应符合规定，即各建筑物之间的间距应大于6 m，分开建设的育苗室和饵料培育室的间距应大于8 m，育苗室四周应留出5吨卡车的通行空间。

（8）育苗厂应利用地形高差，从高到低按沉淀池、饵料培育室、育苗室的顺序布置，以形成自流式的供水系统，育苗室最低排污口的标高应高于当地育苗期间最高潮位0.5 m。

根据水产苗种生产的工艺流程，苗种生产的主要设施应包括供水系统、供电系统、供气系统、供热系统、育苗车间及其他附属设施和器具等。图5-1和图5-2分别显示了两个对虾苗种培育场的整体布局。其他如蟹类或贝类育苗场基本布局与此大同小异，可以相互参考。

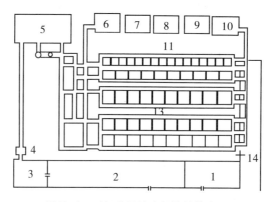

图5-1 对虾苗种培育场的整体布局

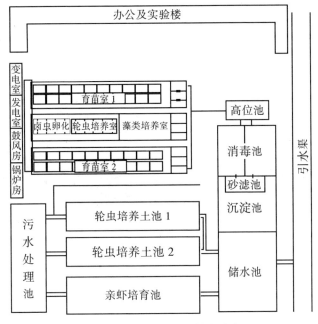

图 5-2　对虾苗种培育场的整体布局

第二节　现代水产养殖供水系统

供水系统是水产种苗培育场最重要的系统之一。一般来讲，完整的供水系统包括取水口、蓄水池、沉淀池、砂滤池、高位池（水塔）、水泵和管道及排水设施等组成。

一、取水口

苗种场取水口的设置有讲究。对于淡水水源，一般设在江河的上游或湖泊的上风口端；对于海水水源，则根据地形和潮汐流向，设置在潮流的上游端。而将育苗场的排水口设置在下游端或下风口端。由于陆地径流及降雨潮汐的影响，取水口一般离岸边有一定的距离，且最好在水体中层取水。对于海水水源，取水口的位置应设在最低低潮线下 3 ~ 6 m 为宜。如果底质是砂质，最好用埋管取水的方法（图 5-3)，或是在高潮线附近挖井，用水泵从井中抽水，这样不仅能获得清新优质的海水，而且还有过滤作用，这样可以节省后续过滤设施的规模。若中高潮线淤泥较多，则可用栈桥式方法取水（图5-4）。

图5-3　埋管式取水

图5-4　栈桥式取水

二、蓄水池

在水源水质易波动或长时间大量取水有困难的育苗场，一般应建一个大的蓄水池，起蓄水和初步沉淀两大作用，可以防止在育苗期因某种原因短期无法从水源地获得足够优良水质的困境出现。

蓄水池一般为土池，且要求有效水位深，最好在2.5 m以上，且塘底淤泥少。蓄水池在使用前要进行清池消毒。清池消毒一般在冬季进行。消毒的药物最好采用生石灰和漂白粉，剂量通常比常规池塘消毒的浓度要大一些。采用干法清塘时，生石灰的用1 500 kg/hm²，带水清塘时生石灰用量为2 000 ~ 3 000 kg/(hm² · m)。蓄水池在清塘消毒后最好在开春前蓄纳冬水，因为寒冬腊月时节，水温低，水体中浮游生物及微生物少，蓄水后水质不容易老。在春季水温回暖后，浮游植物和微生物容易滋生。此时水产动物种苗培育场的淡水蓄水池可以在池塘近岸移栽一些金鱼藻、伊乐藻等沉水植物及菖蒲等水生维管束植物，而海水蓄水池中可以栽培少量江蓠等大型海藻，以净化水质。研究表明，通常沉水植物（湿重）可脱80 g氮，21 g磷。其中尤以伊乐藻的去氮能力强，但需要指出的是，伊乐藻在水温达到30 ℃后，藻体会枯萎，此时若育苗场还在生产，蓄水池若还起蓄水作用，则应在其枯萎前移去。

蓄水池的容量不应小于育苗厂日最大用水量的10 ~ 20倍。确无条件或因投资太大可不设蓄水池，但需要加大沉淀池的容量。

三、沉淀池

标准的育苗厂应设沉淀池，数量不能少于两个。当高差可利用时，沉淀池应建在地势高的位置，并可替代高位水池。沉淀池的容水量一般应为育苗总水体日最大用水量的 2 ~ 3 倍，池壁应坚固，石砌或钢筋混凝土结构；池顶加盖，使池内暗光；池底设排污口，接近顶盖处设溢水口。海水经 24 h 暗沉淀后用水泵提入砂滤池或高位池。

四、砂滤池

对于贝类育苗生产，砂滤池是非常重要的水处理设施。对于一些蓄水池或沉淀池体积相对不足甚至缺失的苗场，砂滤池也是非常重要的水处理设施。砂滤池的作用是除去水体中悬浮颗粒和微小生物。砂滤池由若干层大小不同的砂和砾石组成，水借助重力作用通过砂滤池。砂滤池的大小、规格各育苗场很不一致，其中以长、宽为 1 ~ 5 m，高 1.5 ~ 2 m，2 ~ 6 个池平行排列组成一套的设计较为理想。砂滤池底部有出水管，其上为一块 5 cm 厚的木质或水泥筛板，筛板上密布孔径大小为 2 cm 的筛孔。筛板上铺一层网目为 1 ~ 2 mm 的胶丝网布，上铺大小为 2.5 ~ 3.5 cm 的碎石，层厚 5 ~ 8 cm。碎石层上铺一层网目为 1 mm 的胶丝网布，上铺 8 ~ 10 cm 层厚、3 ~ 4 mm 直径的粗砂。粗砂层上铺 2 ~ 3 层网目小于 100 μm 的筛绢，上铺直径为 0.1 mm 的细砂，层厚 60 ~ 80 cm。砂滤池是靠水自身的重力通过砂滤层的，当砂滤池表面杂物较多，过滤能力下降时过滤速度慢，必须经常更换带有生物或碎块的表层细砂。带有反冲系统的沙滤池可开启开关进行反冲洗，使过滤池恢复过滤功能。图 5-5 为某苗场的反冲式过滤塔结构。

由于砂滤池占地面积大，结构笨重，现在市场上已有多种型号、规格的压力滤器销售，育苗场可根据用水需要选购。压力滤器主要有砂滤罐和陶瓷过滤罐。

砂滤罐由钢板焊接或钢筋混凝土筑成，内部过滤层次与砂滤池基本一致。自筛板向上依次为卵石（Φ05 cm）、石子（Φ2 ~ 3 cm）、小石子（Φ0.5 ~ 1 cm）、砂粒（Φ3 ~ 4 mm）、粗砂（Φ1 ~ 2 mm）、细砂（Φ0.5 mm）和细面砂（Φ0.25 mm）。其中细砂和细面砂层的厚度为 20 ~ 30 cm，其余各层的厚度为 5 cm。砂滤罐属封闭型系统，水在较大的压力下过滤，效率较高，每平方米的过滤面积每小时流量约 20 m³，还可以用反冲法清洗砂层而无须经常更换细砂。国外也有采用砂真空过滤，或硅藻土过滤。

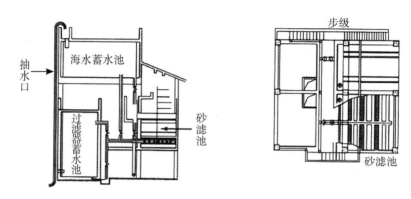

图 5-5　反冲式海水过滤塔剖面及平面结构

砂滤装置中因细砂间的空隙较大，一般 15 μm 以下的微生物无法除去，还不符合海藻育苗及微藻培养用水的要求，必须用陶瓷过滤罐进行第二次过滤。陶瓷过滤罐是用硅藻土烧制而成的空心陶制滤棒过滤的，能滤除原生动物和细菌，其工作压力为 1 ~ 2 kg/cm²，因此需要有 10 m 以上的高位水槽向过滤罐供水，或者用水泵加压过滤。过滤罐使用一段时间水流不太畅通时，要拆开清洗，把过滤棒拆下，换上备用的过滤棒。把换下来的过滤棒放在水中，用细水砂纸把黏附在棒上的浮泥、杂质擦洗掉，用水冲净，晒干，供下次更换使用。使用时应注意防止过滤棒破裂，安装不严、拆洗时过滤棒及罐内部冲洗消毒不彻底均会造成污染。在正常情况下，经陶瓷过滤罐过滤的水符合微藻培养用水的要求。

五、高位池（水塔）

高位水池可作为水塔使用，利用水位差自动供水，使进入育苗池的水流稳定、操作方便，又可使海水进一步起到沉淀的作用。有条件建造大容量高位水池的，高位池的容积应为育苗总水体的 1/4 左右，可分几个池轮流使用，每个池约 50 m³，深为 2 ~ 3 m，既能更好地发挥沉淀作用，又便于清刷。

六、水泵及管道

根据吸程和扬程及供水流量大小合理选用水泵，从水源中最先取水的一级水泵，其流量以中等为宜，其数量不少于两台，需要建水泵房的可选用离心泵；由沉淀池或砂滤池向高位池提水的水泵可以使用潜水泵，从而省去建泵房的费用。输水管道严禁使用镀锌钢管，宜使用无毒聚氯乙烯硬管、钢管、铸铁管、水泥管或其他无毒耐腐蚀管材。水泵、阀门等部件若含铝、锌等重金属或其他有毒物质，一律不能使用。管道一般采用聚氯乙烯、聚乙烯管，管道口径根据用水量确定，管道用法兰盘连接，以便维修。对抽水扬程较高的育苗场，水泵的出水管道直径最好是进水管道直径的 2 倍，以减少出水阻力，保证水泵功率更好地发挥。

七、排水设施

排水系统要按照地形高程统一规划，进水有保证，排水能通畅。要特别注意总排水渠底高程这一基准，防止出现苗池排水不尽，排水渠水倒灌的现象。排水设施有明沟或埋设水泥管道两种形式。生产及生活用水的管道应分开设置，生活用水用市政自来水或自建水源。厂区排水系统的布置应符合以下要求。

（1）育苗池排水应与厂区雨水、污水排水管（沟）分开设置。

（2）目前大多育苗场都是直排，没有经过水处理。为了减少自身污染，特别是防止病原体的扩散，育苗场应该建设废水处理设施，排出水的水质应符合国家有关部门规定的排放要求，达不到要求的要经处理达标后才能排放。

（3）场区排水口应设在远离进水口的涨潮潮流的下方。

上述供水系统中，某些水处理模块可依据生产实际进行适当地调增和删减。如对于对虾育苗场，在自然海区的浮游植物种类组成适于做对虾幼体饵料的地区，经150 ~ 200目筛绢网滤入沉淀池的海水即可作为育苗用水。在敌害生物较多、水质较混浊的地区，以及采用单细胞培养工艺的育苗厂可设置砂滤池、砂滤井、砂滤罐等，海水经沉淀、砂滤后再入育苗池。培养植物饵料用水需用药物进行消毒处理，需要建两个消毒池，两池总容水量可为植物饵料培养池水体的1/3。为杀灭水源中的病原微生物，也可通过臭氧器或紫外线消毒设备氧化或杀死水中的细菌和其他病原体，达到消毒的目的。对于一些不在河口地区的罗氏沼虾育苗场，其水处理系统中还需有配水池，内地罗氏沼虾育苗场还需配有盐卤贮存池等。

第三节　现代水产养殖供电、气、热系统

一、现代水产养殖供电系统

大型育苗场需要同时供应 220 V 的民用电和 380 V 的动力用电。供电与照明设施变配电室应设在全场的负荷中心。由于育苗厂系季节性生产，应做到合理用电，减少损耗，宜采用两台节能变压器，根据用电负荷的大小分别投入运行。在电网供电无绝对把握情况下，必须自备发电机组，其功率大小根据重点用电设备的容量确定，备用发电机组应单独设置，发电机组的配电屏与低压总配电屏必须设有连锁装置，并有明显的离合表示。生产和生活用电应分别装表计量。由于厂房内比较潮湿，所以电器设备均应采用防水、防潮式。

发电机组成本较高，对于一些电源供应基本稳定，但有可能短时间 (1～2 h) 临时或突然断电的地区，为保证高密度生物的氧气供应，也可通过备用柴油发动机。紧急情况时，带动鼓风机运转来应急。

照明和采光一般用瓷防水灯具或密封式荧光灯具。育苗室及动物性饵料室配备一般照明条件即可；植物性饵料室要提供补充光源，可采用密封式荧光灯具，也可采用碘钨灯，但室内通风要良好。

二、现代水产养殖供气系统

育苗期间，为了提高培育密度，充分利用水体。亲体培育池、育苗池和动植物饵料池等均需设充气设备。供气系统应包括充气机、送气管道、散气石或散气管。

（一）充气机

供气系统的主要充气设备为鼓风机或充气机。鼓风机供气能力每分钟达到育苗总水体的 1.5%～2.5%。为灵活调节送气量，可选用不同风量的鼓风机组成鼓风机组，分别或同时充气。同一鼓风机组的鼓风机，风压必须一致。

鼓风机的型号可选用定容式低噪声鼓风机、罗茨鼓风机或离心鼓风机。罗茨鼓风机风量大，风压稳定，气体不含油污，适合育苗厂使用，但噪

声较大。在选用鼓风机时要注意风压与池水深度之间的关系，一般水深在
1.5 ~ 1.8 m 的水池，风压应为 3 500 ~ 5 000 mm 水柱；水深在 1.0 ~ 1.4m
水池，风压应为 3 000 ~ 3 500 mm 水柱。鼓风机的容量可按下列公式计算：

$$V_Q=0.02(V_z+V_b)+0.015V_{zh}$$

式中：V_Q 为鼓风机的容量（m³/min）；V_z 为育苗池有效水体总容积（m³）；
V_b 为动物饵料培养池有效水体总容积（m³）；V_{zh} 为植物饵料培养池有效水体
总容积（m³）。

若使用噪声较大的罗茨鼓风机，吸风口和出风口均应设置消音装置。
应以钢管（加铸铁阀门）连接鼓风机与集气管。集气管最好为圆柱形，水
平放置，必须能承受 24.5 N 的压力。集气管上应安装压力表和安全阀，管
体外应包减震、吸音材料。

（二）送气管道

与风机集气管相连的为主送气管道。主送气管道进入育苗车间后分成几
路充气分管。充气主管及充气分管应采用无毒聚氯乙烯硬管。充气分管又可
分为一级充气分管和二级充气分管。一级充气分管负责多个池子的供气；二
级充气分管只负责一个池子的供气。通向育苗池内的充气支管为塑料软管。
主送气管的常用口径为 12 ~ 18 cm，一级充气分管常用口径为 6 ~ 9 cm，二
级充气管的常用口径为 3 ~ 5 cm。充气支管的口径为 0.6 ~ 1.0 cm。

（三）散气石或散气管

通向育苗池的充气管为塑料软管，管的末端装散气石，每支充气管最
好有阀门调节气量；散气石呈圆筒状，多用 200 ~ 400 号金刚砂制成的砂
轮气石，长为 5 ~ 10 cm，直径为 2 ~ 3 cm。等深的育苗池所用散气石型号
必须一致，以使出气均匀，每平方米池底可设散气石 1.5 ~ 2.0 个。另一种
散气装置为散气排管，是在无毒聚氯乙烯硬管上钻孔径为 0.5 ~ 0.8 mm 的
许多小孔而制成的，管径为 1.0 ~ 1.5 cm，管两侧每隔 5 ~ 10 cm 交叉钻孔，
各散气管间距约为 0.5 ~ 0.8 m。全部小孔的截面积应小于鼓风机出气管截
面积的 20%。

三、现代水产养殖供热系统

工厂化育苗的关键技术之一就是育苗期水温的调控，使之在育苗动物
繁殖期最适宜的温度范围内。因此，供热系统是必不可少的。

生产上加温的方式可分为 3 种：①在各池中设置加热管道，直接加热池内水；②设预热池集中加热水，各池中加热管只起保温或辅助加热作用；③利用预热池和配水装置将池水调至需要温度。目前，多数育苗厂采用第一种增温方式。

根据各地区气候及能源状况的不同，应因地制宜选择增温的热源。一般使用锅炉蒸汽为增温热源，也可利用其他热源，如电热、工厂预热、地热水或太阳能等。利用锅炉蒸汽增温，每 1 000 m³ 水体用蒸发量为 1 吨 / 时的锅炉，蒸汽经过水池中加热钢管（严禁使用镀锌管）使水温上升。蒸汽锅炉具有加热快、管道省的优点，但缺点是价格高、要求安全性强、压力高、煤耗大等。因此，有些育苗厂用热水锅炉增温，具有投资省、技术要求容易达到、管道系统好处理、升温时间易控制、保温性能好并且节约能源等优点。小型育苗设施或电价较低的地方用电热器加热，每立方水体约需容量 0.5 kW。有条件的单位可以利用太阳能作为补充热源。

用锅炉蒸汽作为热源，是将蒸汽通入池中安装的钢管从而加热水，大约每立方水体配 0.16 m² 的钢管表面积，每小时可升温 1 ℃ ~ 5 ℃。钢管的材质及安装要求如下。

（1）加热钢管应采用无缝钢管、焊接钢管，严禁使用镀锌钢管。

（2）加热钢管室外部分宜铺设在地沟内，管外壁应设保温层，管直段较长时应按《供暖通风设计手册》设置伸缩器。

（3）加热钢管在入池前及出池后均应设阀门控制汽量。

（4）加热钢管在池内宜环形布置，离开池壁和池底 30 cm。

（5）为保证供汽，必须正确安装回水装置，及时排放冷凝水并防止蒸汽外溢。

（6）为防止海水腐蚀加热钢管，应对管表面进行防腐处理，可在管表面涂上防腐能力强、传热性能好、耐高温、不散发对幼体有毒害物质的防腐涂料。如在管表面涂上 F-3 涂料，防腐效果及耐温性好，对生物无毒害，可在水产生产上使用。

向各池输送蒸汽的管道宜置于走道盖板下的排水沟内，把汽管、水管埋于池壁之中再通入各池，这样池内空间无架空穿串的管道，观感舒畅。

第四节 其他辅助设施

规范的育苗场除了上述提及的系统外，一般还需要有如下一些辅助设施。

一、育苗工具

育苗工具多种多样，有运送亲本的帆布桶、饲养亲本的暂养箱、供亲本产卵孵化的网箱和网箱架、检查幼体的取样器、换水用的滤水网和虹吸管、水泵及各种水管，还有塑料桶、水勺、抄网以及清污用的板刷、竹扫帚等，都是日常管理中不可缺少的用具。育苗工具使用时也不能疏忽大意。用前不清洗消毒，使用中互相串池，用后又乱丢乱放，是育苗池产生污染，导致病害发生和蔓延的原因之一。

育苗工具并非新的都比旧的好，新的未经处理，有时反而有害，尤其是木制的（如网箱架）和橡胶用品（橡皮管），如在使用之前不经过长时间浸泡就会对幼体产生毒害。为清除一切可能引起水质污染和产生毒害的因素。在使用时应注意以下几点。

（1）新制的橡胶管、PVC 制品和木质网箱架等，在未经彻底浸泡前不要轻易地与育苗池水接触。

（2）金属制作的工具，特别是铜、锌和镀铬制品，入海水后会有大量有毒离子渗析出来，易造成幼体快速死亡或畸形。必须禁用。

（3）任何工具在使用前都必须清洗消毒，可设置专用消毒水缸，用 250×10^{-6} 的福尔马林消毒，工具用后要立即冲洗。

（4）有条件者，工具要专池专用，特别是取样器，最容易成为疾病传播媒介，要严禁串池。

二、化验室

水质分析及生物监测室为能随时掌握育苗过程中水质状态及幼体发育情况，育苗厂必须建有水质分析室及生物监测实验室，并配备必要的测试仪器。实验室内设置实验台与工作台，台高为 90 cm、宽为 70 cm，长按房间大小及安放位置而定，一般为 2 ~ 3 m。台面下为一排横向抽屉，抽屉下为橱柜，以放置药品及化验器具。实验室内要配有必要的照明设备、电源插座、自来水管及水槽等。

化验室通常配备如下实验仪器及工具。

（1）实验仪器。光学显微镜、解剖镜、海水比重计、pH 计、温度计、天平、量筒、烧杯、载玻片、血球计数板等。

（2）常用的工具。换水网、集卵网、换水塑料软管、豆浆机、塑料桶、盆、舀子等。

（3）常用的消毒或营养药品。漂白粉、漂粉精、高锰酸钾、甲醛、硫代硫酸钠、EDTA-钠盐、氟哌酸、美帕曲星、复合维生素、维生素 C、硝酸钠、磷酸二氢钾、柠檬酸铁、硅酸钠以及光合细菌、益生菌等。

三、苗种打包间

育苗场生产出的大量种苗在运输到各地时，需要计数并打包安装（图5-6）。苗种的打包安装场间一般设在育苗车间的出口，从育苗池收集的种苗在苗种打包间经计数、分装、充氧打包后可运送出场。苗种打包间需要配备氧气瓶、打包机等设备。

图 5-6　苗种出场前的充氧打包

四、基本生活设施

由于处于苗种生产季节，苗种场 24 h 不能离人，因此，配套基本的生活设施是保障育苗生产顺利进行的必备条件。育苗场要保证生活用电、用水以及主要的基本生活设施如食堂、办公室、寝室、厕所及其辅助设施等。

五、室外土池

有条件的育苗场配备一定数量的室外土池是非常必要的。育苗场的室外土池主要有 3 个功能：①在苗种销路不畅时，可将苗种从水泥池转移到室外土池中暂养，以提高成活率；②可以培养大规格种苗；③可以用作动物性生物饵料的培养池，以补充室内动物性饵料生产的不足。

水产种苗场的选址应考虑地理条件、水质状况、交通运输、电力供应、人力资源及治安环境等因素。育苗场选好建厂地址后，应先做整体规划和设计，确定育苗水体及育苗室建筑面积，然后配套其他附属设施。在设计生产规模时，一定要考虑多品种生产的兼容性。育苗场的总体布局，要根据场地的实际地形、地质等客观因素来确定。苗种生产的主要设施应包括供水系统、供电系统、供气系统、供热系统、育苗车间及其他附属设施和器具等。育苗车间是苗种培育场的核心生产区。一般包括种苗培育设施、饵料培育设施、亲本培育设施、催产孵化设施等。繁育不同水产生物种苗的育苗车间有所差异。育苗厂在工艺设计上要能满足多功能育苗要求，育苗设施的设计强调统筹兼顾，强调设备的配套，增大设备容量。供水系统是水产种苗培育场最重要的系统之一。完整的供水系统由包括取水口、蓄水池、沉淀池、沙滤池、高位池（水塔）、水泵、管道及排水设施等组成。大型育苗场需要同时供应 220 V 的民用电和 380 V 的动力用电，并自备发电机组。为了提高培育密度，充分利用水体，亲体培育池、育苗池和动植物饵料池等均需设充气设备。供气系统应包括充气机、送气管道、散气石或散气管。供热系统也是工厂化育苗的关键辅助系统，根据各地区气候及能源状况的不同，应因地制宜选择增温的热源。规范的育苗场应配套有完善的育苗工具、化验室、基本生活设施和室外土池等。

第六章 现代藻类养殖技术创新研究

藻类指一类叶状植物，没有真正的根茎叶的分化，以叶绿素 a、叶绿素 b 等作为光合作用的主要色素，并且在繁殖细胞周围缺乏不育的细胞包被物，传统上将其视为低等植物。藻类植物的种类繁多，分布广泛，目前已知有 3 万种左右，广布于海洋及淡水生态系统中。藻类形态多样，有单细胞，也有多细胞的大型藻类。人类利用藻类的历史悠久，尤其是大型海藻，在食品工业、医药工业、化妆品工业、饲料工业及纺织工业中有广泛的应用，大型海藻的栽培是水产养殖的重要内容，本章重点介绍大型经济海藻的养殖。

第一节 藻类生物学概述

一、藻类的分类及基本特征

中国藻类学会编写的《中国藻类志》中将藻类分为 11 门，即：蓝藻门；红藻门；隐藻门；甲藻门；金藻门；硅藻门；黄藻门；褐藻门；裸藻门；绿藻门；轮藻门。而国外藻类学家最新编写的《藻类学》一书，则将藻类分为 4 个类群 10 个门。原核类：蓝藻门；叶绿体被双层叶绿体被膜包裹的真核藻类：灰色藻门、红藻门、绿藻门；叶绿体被叶绿体内质网单层膜包裹的真核藻类：裸藻门、甲藻门、顶复门；叶绿体被叶绿体内质网双层膜包裹的真核藻类：隐藻门；普林藻门；异鞭藻门。

藻类具有 5 个基本特征：①分布广，种类多。②形态多样，从单细胞直至多细胞的丝状、叶片状及分枝状的个体。③细胞中有多种色素或色素体，呈现多种颜色。④结构简单，无根茎叶的分化，无维管束结构。⑤不开花，不结果，靠孢子繁殖，没有胚的发育过程。

二、海藻的生长、生活及生殖方式

海藻生存的区域可划分为潮带、浅海区和滨海区。根据多细胞大型海藻藻体生长点位置的不同，将海藻的生长方式分为以下 5 种。

（一）海藻的生长

1. 散生长

藻体各部位都有分生能力，即生长点的位置不局限于藻体的某一部位，这种生长方式称为散生长。

2. 间生长

分生组织位于柄部与叶片之间，这种生长方式称为间生长。如海带目的种类。

3. 毛基生长

生长点位于藻毛（毛状的单列细胞藻丝）的基部，这种生长方式称为毛基生长。如一些褐藻酸藻目（Desmarestiales）和毛头藻目（Sporochnales）等种类。

4. 顶端生长

藻体的生长点位于藻体的顶端，这种生长方式称为顶端生长。如墨角藻目（Fucales）等的种类。

5. 表面生长（边缘生长）

有些藻体细胞由表面向周围生长，这种生长方式称表面生长或叫边缘生长。如网地藻目（Dictyotales）等的一些种类。

（二）海藻的生活方式

海藻的生活方式多样，一般可分为浮游生活型、附生生活型、漂流生活型、固着生活型及共生或寄生型 5 种。其中固着生活型和漂流生活型一般为多细胞大型海藻的生活方式。

（三）海藻的生殖

海藻的生殖方式可分为营养生殖、无性生殖和有性生殖。

1. 营养生殖

营养生殖即不通过任何专门的生殖细胞来进行生殖的方式，在适宜的环境条件下，由这种方式可迅速增加个体。常见的营养生殖方式有细胞分裂（通常单细胞海藻以这种方式生殖）、藻体断裂和形成繁殖小枝 3 种。

2.无性生殖

无性生殖即通过产生孢子（spore)进行生殖的方式，又称孢子生殖。产生孢子的藻体叫孢子体，产生孢子的母细胞叫孢子囊。根据孢子能否运动，孢子可分为游孢子和不动孢子两种类型，不动孢子中又包括似亲孢子、厚壁孢子(休眠孢子）、复大孢子、内生孢子、外生孢子、单孢子、多孢子、四分孢子（tetraspore）和果孢子等形式。

3.有性生殖

一般由海藻的孢子囊经减数分裂产生的孢子萌发成的新藻体称配子体（gametophyte)。配子体生长发育至一定阶段，藻体的某部分细胞即形成配子囊，并在其中产生配子。有性生殖即通过产生雌、雄两性配子进行结合生殖产生后代的方式。配子为单倍体，雄配子和雌配子结合成为一个合子，合子可直接或经过休眠后萌发为新个体。根据形成合子的配子情况，将有性生殖分为同配生殖、异配生殖和卵配生殖3种类型。

第二节　海藻类苗种培育

一、海带苗种繁育

海带，分类上属于褐藻门，褐子纲，海带目，海带科，海带属。我国海带栽培业的稳步发展是建立在海带自然光低温育苗（夏苗培育法）和海带全人工筏式栽培技术的基础上实现的。海带育苗可分为孢子体育苗和配子体育苗。应用于栽培生产的海带苗种繁育方式主要有自然海区直接培育幼苗、室内人工条件下培育幼苗和配子体克隆育苗3种。目前我国的海带育苗仍以传统的夏苗培育法为主。

（一）自然海区育苗

自然海区育苗在海上海带养殖区进行。在中国北方的辽宁、山东地区，一般在9月下旬至10月底，当海水温度降到20℃以下时，利用海带孢子体在秋季自然成熟放散游孢子的习性，采集海底自然生长或单独培养的成熟种海带，在自然海区用劈竹等育苗器进行海带游孢子采集，然后将育苗器悬挂于事先设置好的浮筏上进行培育，使其形成配子体并获得海带幼孢子体。最后将幼苗分夹到粗的苗绳上进行养成。

自然海区育苗得到的海带苗为秋苗，秋苗培育的优点是，凡是能开展海带栽培的海区，只要有成熟的种菜，就能进行培育，不需要特殊的设备。但是秋苗培育是在海上进行，培育时间长达3个月，敌害多，加之正值严寒的隆冬季节，易导致生产不稳定、产量低。

（二）工厂化低温育苗

工厂化低温育苗利用育苗车间，调整自然光，在低温、流水的条件下进行培育海带苗，通常在初夏进行，所得的苗种通常称夏苗。工厂化低温育苗与自然海区育苗相比，具有育苗产量高、培育劳动强度低、种海带用量少、敌害易控制、可在南方进行生产等优点，但存在培育时间长，成本高，难以实现稳定和高度一致的良种化养殖等缺点。

1. 工厂化低温育苗的基本设备

工厂化低温育苗的主要设备包括制冷系统、供排水系统、育苗室、育苗池及育苗器等。

（1）制冷系统

制冷系统是海带工厂化低温育苗的必备设备，也是其与其他水产生物苗种生产相比特有的设备。当前生产上一般采用氨冷冻机给育苗海水降温。

（2）供排水系统

供排水系统用于海水的抽取、沉淀、过滤、输送、回收、排放。系统中的设施设备主要包括沉淀池、过滤器（塔）、制冷槽、储水池、回水池、水泵和供排水管道。

（3）育苗室

育苗室也称育苗车间或育苗库，由毛玻璃屋面和水泥屋架组成，为调节光照和保持室内温度，屋顶外面盖有苇帘，屋内有布帘。我国南北方各地育苗车间的结构不尽相同，但基本上分为两种类型。一种是阶梯式，即每排育苗池有40～70 cm的高差，相应的房顶也有高差，这种设计水流畅通、流速较大；另一种是平面式，没有高差。

（4）育苗池

海带育苗车间的育苗池一般为长方形，池深一般为30～40 cm。在进水端的池壁上有2～3个进水孔，进水孔应高于育苗池水面10～15 cm，利用自然落差形成水流。另一端有一个排水孔，排水孔紧贴池子上缘，育苗池从进水孔的一端到排水孔一端不是水平的，而是稍有坡度的，育苗期间，池子放绳架，育苗帘放在绳架上。排水孔一端的池底有一个排污孔，洗刷池子时污水由此孔排出。进水沟的水面是整个育苗间最高的，从储水池来的海水，经二次过滤后进入进水管，再分别流入各育苗池。排水管的水位最低，从育苗池流出的海水进入排水管，流回水池。进水管和排水管一般都建成暗管式。育苗池的排列方式有串联式和并联式两种。串联式特点是育苗池的排列为阶梯式，进水管和排水管分置育苗间的两边，利用每排池子间的自然落差形成水流；并联式特点是进水管位于育苗间的中央，育苗池对称分列于进水管的两侧，而两条排水管分布于两侧，海水从进水管同时流入两侧的育苗池，经排水管而回流到回水池。实践证明，串联式因为存在落差，海水从进水管集中向一侧的育苗池流，流量大，对幼苗生长较为有利。

（5）育苗器

育苗器是用以附着孢子和生长海带幼苗的基质。目前生产中一般采用直径为 5 ~ 0.6 cm 的红棕绳编制成一定规格的育苗帘做育苗器。育苗器因为长期浸泡在育苗池内，所以事先需要经过处理和制作。育苗器的制作工序如下：①纺绳、捶绳（把红棕绳捶软并洗去杂物）；②浸泡（用淡水浸泡1个月，7 ~ 10天换一次水，去红棕绳里的棕榈酸、单宁等杂质）；③煮绳（淡水煮12 h进一步除去杂质）；④伸绳（晒干伸直备编帘）；⑤编成育苗帘（各地规格不一，有 1 m×0.5 m 和 1.2 m×0.4 m 不同规格）；⑥燎毛（细棕毛上附着孢子长成幼苗容易掉落，预先烧掉）；洗净晒干备用。

2. 种海带的培养

采用自然海区度夏或室内培育的方法培育种海带。当初夏水温达25℃左右时，从海上选出藻体层厚、叶片宽大、色浓褐、附着物少、没有病烂及尚未产生孢子囊的个体，移入室内继续培育。室内培育条件：水温13 ℃ ~ 18 ℃，光照1 000 ~ 1 500 lx，培育海水经过净化处理，采用流水式培育，施肥分别为氮400 mg/m³、磷52.0 mg/m³，一般培养14天左右，叶片上就能大量形成孢子囊群，即可用来采苗。种海带的选用量根据育苗任务及种海带的成熟情况而定，一般一个育苗帘准备一棵种海带即可。

3.采苗

（1）采苗时间

何时采苗主要从两个方面考虑：一是能采到大量健康的孢子；二是要

在海区水温回升到 23℃之前采完苗。在北方一般在 7 月下旬至 8 月初进行采苗。

（2）种海带的处理

在采苗前还要对种海带进行一次处理，将种海带上附着的浮泥、杂藻清除掉，然后剪掉边缘、梢部、没有孢子囊群的叶片部分以及分生的假根，重新单夹于棕绳上（株距约 10 cm）。夹好的种海带要放到水深流大的海区，以促使其伤口愈合和孢子囊的成熟，待孢子囊行将成熟时，在傍晚或清晨气温较低时，运输到育苗场，用低温海水对种海带进行清洗、冲刷处理，以免影响孢子的放散与附着。为获得大量集中放散的孢子，可将种海带进行阴干处理 2 ~ 3 h，刺激时气温保持在 15 ℃左右，最高不超过 20 ℃。海带成熟度好时，当种海带运到育苗室进行洗刷时就可能有大量放散孢子，洗刷后可直接采孢子。

（3）孢子水的制作

种海带经过阴干处理后移入放散池，即可进行孢子放散。阴干处理的种海带，由于叶面上的孢子囊失去了部分水分，突然入水后，便吸水膨胀，孢子囊壁破裂，游孢子便大量放散出来，在 160 倍显微镜下观察，每视野达到 10 ~ 15 个游动孢子时，即可停止放散，将种海带从池内移出，并用纱布捞网将种海带放散孢子时排出的黏液及时捞出，以防黏液黏附在育苗器上，妨碍孢子的附着与萌发并败坏水质，同时用纱布捞网清除其他杂质，制成孢子水。

（4）孢子的附着

孢子水搅匀后，将处理好的棕绳苗帘铺在池水中，根据水深及放散密度一般铺设 6 ~ 8 层苗帘，苗帘要全部没入孢子水中。铺设苗帘时，可在上、中、下 3 个不同水层的苗帘间放置玻片，以便检查附着密度，经过 2h 的附着，镜下 160 倍附着密度达 10 个左右即可停止附着，将附着好的苗帘移到放散池旁边的已注入低温海水的育苗池中，将原放散池洗刷干净，打绳架并注入新水，以备附着好的苗帘移入。

4. 培育管理

（1）水温的控制

海带苗培育适宜的温度为 5 ℃ ~ 10 ℃。在育苗过程中要严格控制温度，并根据幼苗生长阶段调整温度。初期（配子体时期）水温控制在 8 ℃ ~ 10 ℃；中期（小孢子体时期）7 ℃ ~ 8 ℃；后期（幼苗时期）8 ℃ ~ 10 ℃；在接近出库前水温可提高到 12 ℃左右。

（2）光照的调节

每天保证 10 h 以上的光照时间，光强在 1 000 ~ 4 000 lx 为适宜范围。根据各时期幼苗大小给予不同的光照强度。前期（配子体时期）1 000 ~ 1 500 lx；中期（小孢子体时期）1 500 ~ 2 500 lx；后期（幼苗时期）2 500 ~ 4 000 lx；在出库前可适当提高光强，以适应下海后自然光强，光照时间以 10 h 为适宜。

（3）营养盐的供给

海带苗培育过程中要不断地补充营养盐，特别是氮、磷的含量，以满足海带幼苗的生长需要。生产上一般采用硝酸钠做氮肥，磷酸二氢钾做磷肥，柠檬酸铁做铁肥。

（4）水流的调节

在育苗初期配子体阶段，较小的水流即可满足其发育需要；发育到小孢子体之后，随着个体的增大，呼吸作用不断加强，必须给予较大的水流。

（5）育苗器的洗刷

在幼苗培育过程中，苗帘和育苗池要定期进行洗刷，清除浮泥和杂藻。苗帘洗刷一般在采苗后第 7 天开始。随着育苗场育苗能力的加大，双层苗帘的出现，苗帘开始洗刷的时间也提前，在采苗后第 3 天即开始洗刷，洗刷的力度及次数据不同时期具体情况而定。育苗初期，洗刷力度轻、次数少，育苗中后期，洗刷力度大、次数多。苗帘的洗刷有两种方法：一是通过水泵吸水喷洗苗帘；二是两人用手持钩，钩住育苗帘两端，在玻璃钢水槽内或特制的木槽内上下击水，利用苗帘与水的冲击起到洗刷作用。现在大库生产一般使用水泵吸水喷洗方法。

（6）水质的监测

在整个育苗过程中，要检查各因子的具体情况，测定培育用水中各因子含量看是否适合海带幼苗生长，并适时调整到最适宜状态。

（三）无性繁殖系育苗（配子体克隆育苗）

配子体克隆育苗简单地说就是将保存的雌、雄配子体克隆分别进行扩增培养，将在适宜条件下培养的雌、雄配子体克隆按一定比例混合，经机械打碎后均匀喷洒于育苗器上，低温培育至幼苗。配子体克隆育苗生产技术体系包括克隆的扩增培养、采苗以及幼苗培育。配子体育苗较传统的孢子体育苗具有可快速育种、能够长期保持品种的优良性状，工艺简单，育苗稳定性高，劳动强度低，可根据生产需要随时采苗、育苗等优点，但要求生产单位必须具有克隆保种、大规模培养和苗种繁育的整套生产技术体系，而目前配子体克隆保种和育苗技术，多数苗种生产单位尚未掌握，这在一定程度上影响了该技术的推广应用。

1. 克隆的扩增培养

将种质库低温保存的克隆簇状体经高速组织捣碎机切割成 200 ~ 400 μm 的细胞段，接种于有效培养水体为 16 L 的白色塑料瓶。初始接种密度按克隆鲜重 1 ~ 1.5 g/L 为宜。24 h 连续充气，使配子体克隆呈悬浮状态，充分接受光照利于克隆的快速生长。克隆经过约 40 天的培养，由初始的 200 ~ 400 μm 的细胞段长成了簇状团，肉眼观察是较大颗粒，此时对于克隆团的内部细胞，光照已严重不足影响其生长，需及时进行机械切割并分瓶扩种。如果培养的克隆肉眼观察呈松散的絮状，显微镜下细胞细长、色素淡，生长状态很好，此时不需机械切割直接分瓶。

克隆培养温度一般控制在 10 ℃ ~ 12 ℃，光照以日光灯为光源，24 h 连续光照，接种初期光强一般采用 1 500 ~ 2 000 lx，随着克隆密度的增大，光强可提高到 2 000 ~ 3 000 lx，扩增培养结束前十几天可适当降低光强。营养盐以添加 $NaNO_3$-N10g/m^3，KH_2PO_4-P1g/m^3 为宜。当克隆鲜重量达到每瓶 400 g 以上，可加大培养液中 KH_2PO_4-P 含量至 2 g/m^3。每周更换一次培养液。更换培养液前停止充气，使克隆自然沉降于培养容器底部，沉降彻底直接倒出上清液，沉降不彻底或克隆量较多，可用 300 目筛绢收集倒出的克隆。

2. 采苗

克隆采苗一般在 8 月中旬进行。将扩增培养的克隆簇状体按雌、雄鲜重比 2∶1 进行混合，连同少量培养液置于高速组织捣碎机进行第一次切割，切割时间一般 10 ~ 15 s，将克隆由簇状团切割成 500 ~ 600 μm 的细胞段。将一次分离的配子体克隆进行短光照培养，目的是使雌、雄配子体细胞由生长状态转向发育状态，这样附苗后很快可发育成孢子体。短光照培养光期 L∶D 为 10∶14，光照强度为 1 500 lx 左右，温度 10 ℃ ~ 12 ℃，营养盐 $NaNO_3$-N 10 g/m^3，KH_2PO_4-P 1 g/m^3。

短光照培养一般在采苗前的 7 ~ 16 天进行。经过 7 ~ 16 天的短光照培养，配子体细胞仍有所生长，细胞段太长不利于附着或附着不匀，故采苗前要进行第二次机械切割，并经 400 目筛绢搓洗过滤，未滤出的细胞段继续机械切割过滤，反复进行。滤出的细胞段基本为 1 ~ 5 个细胞。滤出的细胞液经低温 (5 ℃ ~ 6 ℃) 海水稀释至一定浓度，用喷雾器均匀喷洒在已平铺了一层棕绳苗帘并且加满低温海水的培育池水面上，细胞段靠重力自然沉落于苗帘上。每个棕绳苗帘按雌克隆鲜重 3 g 进行均匀喷洒。

3. 幼苗培育

（1）水温的控制

采苗时 5 ℃ ~ 6 ℃，静水期间不超过 15 ℃，流水期间水温 7 ℃ ~ 10 ℃。

（2）光照的调节

配子体至 8 列细胞时，高光 3 000 lx，平均光 1 700 ~ 1 800 lx；8 列细胞至 0.3 mm 时，高光 3 300 lx，平均光 1 800 ~ 1 900 lx；0.3 ~ 3 mm 时，高光 3 600 lx，平均光 1 900 ~ 2 000 lx；3 ~ 5 mm 时，高光 4 000 lx，平均光 2 100 ~ 2 200 lx；5 ~ 10 mm 时，高光 4 500 lx，平均光 2 200 ~ 2 400 lx；10 mm 以上，高光 5 000 lx 以上。

（3）营养盐的供给

幼苗大小在 0.5 mm 前，$NaNO_3$–N 3 g/m³，KH_2PO_4–P 0.3 g/m³，$FeC_6H_5O_7 \cdot 5H_2O$–Fe 0.02 g/m³；幼苗大小在 0.5 mm 后，$NaNO_3$–N4 g/m³，KH_2PO_4–P 0.4 g/m³。

（4）水流的调节

为避免配子体细胞段受外力作用影响其附着率，采苗第一天静水培养，24 h 后微流水，72 h 后正常流水。

（5）苗帘的洗刷

孢子体大小普遍在 8 列细胞时开始洗刷，洗刷力度前期弱，以后逐渐增强。如果附苗密度偏大，孢子体大小在 2 ~ 4 列细胞时就开始正常洗刷，将冲刷下来的孢子体和配子体进行收集，重新附在空白苗帘上，进行双层帘培育，这样既增加了培育的苗帘数量，使配子体采苗双层帘的使用成为可能，也不致造成克隆浪费。

（6）清池

采苗 20 天后开始清池，培育前期每 15 天清池一次，培育后期每 7 ~ 10 天清池一次，根据水质和幼苗生长情况而定。

（7）检测

在整个育苗过程中要对海水密度、营养盐、酸碱度、溶解氧进行检测分析，对氨的含量更要做细致检查，保证育苗水质适合幼苗的生长。

（四）海带苗的出库、运输和暂养

目前夏苗仍是海带栽培的主要苗源。室内培育的海带幼苗，在培育过程中随着藻体的长大，室内环境不能满足其生活需要时，就要及时将幼苗移到自然海区继续培育，以改善幼苗的生活条件。将幼苗从室内移到海上培育的过程，生产上一般称为出库；幼苗在海上长到分苗标准的过程，称为幼苗暂养。

（1）幼苗出库

自然光低温培育的夏苗，在北方一般经过 80 ~ 100 天，在南方经过 120 天左右，到自然海水温度下降到 19℃ 左右时，即可出库暂养。在北方约在 10 月中、下旬，在南方约在 11 月中、下旬。

要保证幼苗下海后不发生或少发生病烂，一定要考虑下述两点：一是必须待自然水温下降到 19℃ 以下，并要稳定不再回升；二是要在大潮汛期或大风浪天气过后出库，在大潮汛期，水流较好，大风过后水较混浊，透明度较低，自然肥的含量也较高，这样就可以避免或减轻病害的发生。

在水温适宜的情况下，要尽量早出库。早出库的苗长得快。出库时，一定要达到肉眼可见的大小，否则幼苗下海后由于浮泥的附着、杂藻的繁生，而使幼苗长不起来，或长得太慢，影响生产。此外，苗太小，生活力弱，下海后由于环境条件的突然变化而适应不了，就易发生病烂。

（2）海带苗的运输

海带苗的短途运输（运输时间不超过 12 h)，困难不大。长距离运输需要采取措施降低藻体新陈代谢，尽量减少藻体对氧气和储藏物质的消耗，避免升温，抑制住微生物的繁殖等，才能安全运输。幼苗的运输有湿运法和浸水法。湿运法适于短距离运输，比较简单、省事，一般用汽车夜间运输，在装运时，先用经过海水浸泡过的海带草将汽车四周缝隙塞紧，并将车底铺匀，然后一层海带草一层育苗器相互间隔放，以篷布封牢，并浇足海水。装车时，不要把两个育苗器重叠在一起，每车最多装15层，一车可装 500×10^4 株苗。装的层数太多了易发热。浸水运输法是将幼苗置于盛有海水的运输箱内，在箱内用冰袋降温，使海水温度保持在左右。

（3）幼苗的暂养

从夏苗出库下海培养到分苗为止，这段时间为夏苗暂养时间。这段时间幼苗暂养的好坏不仅影响到幼苗的健康和出苗率的多少，而且也直接影响到分苗进度。

幼苗暂养要选择风浪小，水流通畅，浮泥、杂藻少，水质比较肥沃的安全海区。幼苗下海以后，随着幼苗个体的长大，很快出现密集相互遮光，影响到幼苗生长，因此，下海后要尽快拆帘。并根据幼苗生长及时调整水层。初下海和初拆帘时，水层略放深点为宜。这是因为幼苗在室内受光较弱，需要一段适应时期。幼苗在密集生长时互相遮阴，拆帘疏散后也需要一段适应时期。随着幼苗逐渐适应了环境，开始生长，对光要求也逐渐增加，这时水温和光照强度又逐渐下降，所以应逐渐提升水层，促进小苗生长，至分苗前可使小苗处于较浅的水层，如 20 ~ 30 cm。海带幼苗要求较高的氮肥浓度，宜采用挂袋法施肥，使海水中保持一定的氮含量。幼苗下海后，要及时洗刷，清除浮泥和杂藻，促使幼苗生长。一般幼苗管理中要抓好前10天的洗刷工作，幼苗越小越要勤洗。当幼苗长到 2 ~ 3 cm 时，可适当减少洗刷，当幼苗长到 5 cm 以上时，可酌情停止洗刷。同时及时清除敌害。

二、紫菜苗种繁育

紫菜，分类上属于红藻门，红毛菜目，红毛菜科，紫菜属。全世界紫菜属有70余种，我国自然生长的紫菜属种类有10余种，广泛养殖的经济种类主要有北方地区的条斑紫菜和南方地区的坛紫菜。紫菜的苗种培育主要是进行丝状体的培育，可以利用果孢子钻入贝壳后在大水池进行贝壳丝状体的平面或者吊挂培养。还可以将果孢子置于人工配制的培养液中，以游离的状态进行丝状体（自由丝状体）培养。

（一）采果孢子

1.培养基质

各种贝壳都可以作为丝状体的生长基质，我国主要用文蛤壳作为紫菜育苗基质，日本、韩国多用小牡蛎壳进行丝状体培育。贝壳应用1%~2%漂白液浸泡。

2.采果孢子的时间

紫菜生长发育最盛时期就是采果孢子的最好时期。但在生产上，为了缩短室内育苗的时间，节省人力物力，采果孢子的时间应适当地推迟。条斑紫菜采果孢子以及丝状体接种的时间，一般在4月中旬至5月中旬；浙江、福建坛紫菜采果孢子的适宜期为2~3月，一般不迟于4月上旬。

3.种菜的选择和处理

最好使用人工选育的紫菜良种进行自由丝状体移植育苗，培育贝壳丝状体。如果种藻使用野生菜，需选择物种特征明显、个体较大、色泽鲜艳、成熟好、孢子囊多的健壮菜体作为种藻。

采果孢子所用种菜的数量很少，一般1 m²的培养面积用1 g左右成熟的阴干种菜，即可满足需要。种菜选好后，应用沉淀海水洗净，单株排放或散放在竹帘上阴干，通常阴干一夜失水30%~50%即可。

4.果孢子放散和果孢子水浓度的计算

将阴干的种紫菜放到盛沉淀海水的水缸内（每1 kg种菜加水100 kg)进行放散。在放散的过程中应不断搅拌海水，要经常吸取水样检查。当果孢子放散量达到预定要求时，即将种菜捞出，用4~6层纱布或80目筛绢将孢子水进行过滤并计算出每毫升内的果孢子数，以及每池所需孢子水毫升数。放散过后的种菜还可以继续阴干重复使用。通常第二次放散的果孢子质量比第一次放散的好，萌发率高，而且健壮。

果孢子放散完成后，计数果孢子水的浓度与果孢子总数。根据贝壳数量与每个贝壳上应投放的密度（个/cm²)，计算出每个培养池所需的果孢子水的用量。将果孢子水稀释，用喷壶均匀洒在已排好的贝壳上。条斑紫菜和坛紫菜果孢子的适宜投入密度为200~300个/cm²。

5.采果孢子的方法

目前采果孢子的方法，结合培育丝状体的方式大体分为平面采果孢子和立体采果孢子两种。平面采果孢子就是将备好的贝壳，凹面向上呈鱼鳞状形式排列在育苗池内，注入清洁海水15~20 cm，计算果孢子所需的孢子水数量，量出配制好的果孢子液，并适当加水稀释，装入喷壶，均匀喷洒在采苗池中，使其自然沉降附着在贝壳上即可。

立体吊挂式采果孢子方法要求池深 65 ~ 70 cm，采果孢子前先将洗净的贝壳在壳顶打眼，将贝壳的凹面向上用尼龙线成对绑串后，吊挂在竹竿上。吊挂的深度应保持水面至第一对贝壳有 6 cm 的距离。将采苗用水灌注采苗池至满池，按每池所需的果孢子量，量取果孢子液装入喷壶，并适当稀释，均匀喷入池内，随即进行搅动，使果孢子均匀分布在水体中，让果孢子自然沉降附着在贝壳面上。

（二）丝状体的培养管理

1. 换水和洗刷

这是丝状体培育期的主要工作。换水对丝状体的生长发育有明显的促进作用，采果孢子 2 周后开始第一次换水，以后 15 ~ 20 天换一次水；保持海水的适宜盐度为 19 ~ 33。

洗刷贝壳一般与换水同时进行，洗刷时要用软毛刷子或用泡沫塑料洗刷，以免损伤壳而破坏藻丝。尤其丝状体贝壳培养到后期，壳面极易磨损，所以更应该注意轻洗。坛紫菜的丝状体在培养后期，壳面常常长出绒毛状的膨大藻丝，这时如无特殊情况，就不再洗刷。洗刷时，要注意轻拿轻放，避免损坏贝壳，并防止贝壳长期干露。

2. 调节光照

丝状体在不同时期，对光照强度和光照时间都有不同的要求，总体上随丝状体生长光强减弱。在丝状体生长时期（果孢子萌发到形成大量不定型细胞并开始出现个别膨大细胞），日最高光强应控制在 1 500 ~ 2 500 lx。挂养丝状体，需要每 15 ~ 20 天倒置一次以调节上下层光照，使其均匀生长。倒置工作应结合贝壳的洗刷换水时进行。在膨大藻丝形成时期，生产中条斑紫菜的光照强度可从 1 500 lx 的日最高光强逐渐降低到 750 lx 左右，坛紫菜丝状体的光照强度可从 1 000 ~ 1 500 lx 的日最高光强逐渐降低到 800 ~ 1 000 lx。光照时间以 10 ~ 12 h 为宜。在壳孢子形成时期，应将日最高光强进一步减弱到 500 ~ 800 lx，每天的光照时间缩短到 8 ~ 10 h，以促进壳孢子的形成。

3. 控制水温

目前国内外不论是水池吊挂或是平面培养丝状体，都是利用室内自然水温。但条斑紫菜丝状体不宜超过 28 ℃；坛紫菜丝状体一般控制在 29 ℃以下为宜。当壳孢子大量形成时，如果这时水温下降较快，应及时关窗保温，避免壳孢子提前放散。

4. 搅拌池水

在室内静止培养丝状体的条件下，搅动池水可以增加海水中营养盐以及气体的交换，在夏季又可以起到调节池内上下水层水温的作用，有利于丝状体的生长发育。因此每天应搅水数次，促进丝状体对水中营养盐的充分吸收，改善代谢条件。

5. 施肥

在丝状体的培养过程中，应当根据各海区营养盐含量的多少以及丝状体在各个生长发育时期对肥料的需要量，进行合理施肥。丝状体在培养过程中以施氮肥和磷肥为主。前期其用量氮肥 20 mg/L，磷肥 4 mg/L。后期可不施氮肥，但增施磷肥至 15 ~ 20 mg/L，以促进壳孢子的大量形成。肥料以硝酸钾、磷酸二氢钾的效果最好。

6. 日常管理工作

丝状体培养的好坏，关键在于日常管理。管理人员应及时掌握丝状体的生长情况，采用合理措施，才能培育出好的丝状体。在日常管理工作中主要有海水的处理、环境条件的测定和丝状体生长情况的观察等三项内容。

（1）海水处理

要求海水盐度高于 19，且一般经过 3 天以上的黑暗沉淀。

（2）环境条件的测定

每天早晨 6：00—7：00、下午 14：00—15：00 定时测量育苗池内的水温和育苗室内的气温，调节育苗室的光照强度。

（3）丝状体的检查

丝状体检查可分为肉眼观察和显微镜观察两种。前期主要是用肉眼观察丝状体的萌发率、藻落生长及色泽变化等，例如丝状体发生黄斑病，壳面上便出现黄色小斑点；有泥红病的壳面出现砖红色的斑块；缺肥表现为灰绿色；光照过强的呈现粉红色并在池壁和贝壳上生有很多绿藻和蓝藻；条斑紫菜的丝状体，当壳面的颜色由深紫色变为近鸽子灰色，藻丝丛间肉眼可见到棕红色的膨大丝群落时，说明已有大部分藻丝向成熟转化。坛紫菜的丝状体，培养到秋后，生长发育好的壳面呈棕灰色或棕褐色。由于膨大藻丝大量长出壳外，在阳光下看，可以看到一层棕褐色的"绒毛"。如果用手指揩擦去"绒毛"，可以看到许多赤褐色的斑点，分布在贝壳的表层。

（4）后期加强镜检、观察藻丝生长发育的变化情况

首先要把检查的丝状体贝壳用胡桃钳剪成小块，放入小烧杯中，倒入柏兰尼液（由10%的硝酸4份、95%的酒精3份、0.5%的醋酸3份配制而成）过数分钟用镊子将藻丝层剥下，放在载玻片上，盖上载玻片，挤压使藻丝均匀地散开，然后在显微镜下观察。观察的主要内容是，丝状藻丝不定型细胞的形态及发育情况，并记录膨大藻丝出现的时间和数量，"双分"（开始形成壳孢子）出现的时间和数量。

生产上为了在采苗时壳孢子能集中而大量放散，需要促进或抑制壳孢子在需要时集中大量放散。一般采用加磷肥、减弱光照和缩短光时及保持适当高的温度的方法可促进丝状体成熟；采用降温、换水处理、流水刺激等措施可以促进壳孢子集中大量放散；黑暗处理而不干燥脱水处理及5℃冷藏可抑制壳孢子放散。

（三）自由丝状体的培养

果孢子在含有营养盐的海水溶液中，也可以萌发生长成为丝状体，它同贝壳的丝状体完全一样，形成壳孢子囊，放散大量的壳孢子，而且，这种丝状体还能切碎移植于贝壳中生长发育，用于秋后采壳孢子。由于这种丝状体是游离于在液体培养基中生活，所以称游离丝状体，也称为自由丝状体。利用自由丝状体进行大规模的采壳孢子生产，对开展紫菜育种研究及降低育苗成本具有非常重要的意义。

1. 自由丝状体生长发育条件

紫菜自由丝状体的适宜培养温度为 10 ℃ ~ 24 ℃；适宜的光照是以 1 000 ~ 2 000 lx 为好，光照时间每天为 14 h；pH 为 7.5 ~ 8.5 时，适宜于果孢子萌发和早期丝状体的生长。pH 为 8.0 时，果孢子的萌发率最高。在采孢子时，海水中不施加营养盐，采孢子效果较好。而在培养阶段，则需要添加营养盐，尤其是施加氮肥。

2. 紫菜自由丝状体的制备、增殖培养

（1）成熟种藻的选择

具有典型的分类学特征，藻体完整，边缘整齐，无畸形，无病斑，无难以去除的附着物；颜色正常，藻体表面有光泽；个体较大，叶片厚度适宜（条斑紫菜应选用略薄的藻体）；生殖细胞形成区面积不超过藻体的1/3。种藻经阴干，储存于冰箱备用。

（2）种质丝状体的制备

用于培养丝状体的种藻，在藻体上切取色泽好、镜检无特异附着物的成熟组织片。然后对切块表面进行仔细的洗刷、干燥、冷冻、消毒海水漂洗，在隔离的环境中培养，培养条件为煮沸海水加氮、磷的简单培养液，15 ℃ ~ 18 ℃，1 000-2 000 lx，12 L ∶ 12 D。组织片经 20 ~ 30 天培养，便可获得合适的球形丝状体。

自由丝状体的贝壳移植：培养好的自由丝状体经充分切碎，移植在贝壳上能再生长繁殖成贝壳中的丝状体，这种丝状体在秋季同样发育成熟，放散壳孢子，并且由于丝状体在壳层生长较浅，成熟较一致，所以壳孢子放散更集中，有利于采苗。

（3）移植方法

将自由丝状体用切碎机切成 300 μm 左右的藻段，装入喷壶，并加入新鲜清洁海水。搅匀后喷洒在贝壳上。附着的自由丝状体藻段可以钻进贝壳生长。移植后一周，控制弱光培育，以后恢复正常光照，在半个月左右就可以见到壳面生长的丝状体。以后与前述的贝壳丝状体进行同样的生产管理即可。

丝状体的采苗：自由丝状体可以用来直接采苗。当秋季形成大量膨胀大细胞后，一般情况下却很少产生"双分"现象。通常每天晚上 6∶00 至翌日清晨 6∶00，连续流水刺激 4 天，在第 5 天可形成壳孢子放散高峰，以后继续形成两次高峰。壳孢子放散后，即可附着在网帘上，长成紫菜。

（四）紫菜的人工采苗

根据紫菜有秋季壳孢子放散和附着规律，利用秋季自然降温，促使人工培育的成熟丝状体，在预定时间内大量地集中放散壳孢子，并通过人工的控制，按照一定的采苗密度，均匀地附着在人工基质上，实现紫菜的人工采苗。

1.紫菜壳孢子附着的适宜条件

（1）海水的运动

紫菜壳孢子的密度比海水略重，在静止的情况下便沉淀池底。在室内人工采苗时必须增设动力条件，使壳孢子从丝状体上放散出来得以散布均匀，增加与采苗基质接触的机会。水的运动大小直接影响采苗的好坏和附苗的均匀程度，水流越通畅。采苗效果越好。

（2）海水温度

条斑紫菜采壳孢子的适宜温度是 15 ℃ ~ 20 ℃；坛紫菜采壳孢子的适宜温度是 25 ℃ ~ 27 ℃。在 20 ℃以下都不利于采苗。

（3）采光照强度

采壳饱子的效果与光照有很大关系。天气晴朗时采壳孢子效果比较好，采苗时间也集中，阴雨天采苗效果差。在室内进行采苗，光强度至少在 3 000 ~ 5 000 lx。

（4）海水盐度

壳孢子附着与海水盐度有密切的关系，壳孢子的附着和萌发最合适的海水盐度为 26 ~ 34。

（5）壳孢子附着力

条斑紫菜壳孢子在离开丝状体 4 ~ 5 h 以内，仍然保持附着的能力；在合适的水温条件下，坛紫菜壳孢子附着力可保持相当长的时间，在放散 24 h 内都有附着力。

（6）壳孢子的耐干性

壳饱子离开丝状体后，它的耐干性比较差。壳孢子附着基质的吸水性与壳孢子附着萌发有关。吸水性好的基质，附着率和萌发率都比较高。

2. 紫菜壳孢子采苗前的准备工作

在紫菜全人工采苗栽培的过程中，壳孢子采苗网帘下海和出苗期的海上管理，是既互相衔接又互相交错的两个生产环节。其特点是季节性强，时间短，工作任务繁重，是关系到栽培生产成败的重要时期。因此抓紧、抓早、抓好采苗下海前的准备工作是搞好全年栽培的关键，应及时及早确定栽培生产计划、采苗基质及安装调试好室内流水式、搅拌式或气泡式人工采苗所使用的机械设备和装置。当前我国南北方紫菜的采苗基质，以维尼纶网制帘为主，也有利用棕绳帘作为基质。维尼纶或棕绳网帘中，含有漂白粉或其他有害物质，在使用前必须进行充分浸泡和洗涤。将网帘织好后放在淡水或海水中浸泡，并经搓洗和敲打数遍，每遍都结合换水，一直洗到水不变混、不起泡沫为止，然后晒干备用，使用前再用清水浸洗一遍。

3. 壳孢子采苗

紫菜壳孢子采苗有室内采苗和室外海面泼孢子水采集两种方法。

（1）室内采苗

利用成熟的贝壳丝状体在适宜的环境条件下刺激（如降温或流水刺激），使壳孢子放散在采苗池中，进行全人工采苗，这样的采苗，人工控制程度大，附着比较均匀，采苗速度快，节约贝壳丝状体的用量，生产稳定，可以提高单位面积产量。

（2）海面泼孢子水采苗

海面泼孢子水采苗法就是使成熟的丝状体，经过下海刺激，使其集中大量放散孢子，然后将壳孢子均匀地泼洒在已经架设于浮筏上的附苗器上，以达到人工采苗的目的。

海面泼孢子水采苗所需的采苗设备简单，只要有船只和简单的泼水工具即可，操作也较方便，采苗环境与栽培条件比较一致，是一种易于推广的采苗方法。缺点是采苗时受到天气条件的限制，附苗密度不能人为控制，有时也出现附着不均匀现象，在流速大的海区，孢子流失严重。

第三节　主要海藻类养殖技术——海带筏式养殖技术

海带，又名昆布、江白菜，属褐藻门、褐藻纲、海带目、海带科，是一种大型海洋经济藻类。它不仅富含碘、胶、醇等可用作化工原料的成分，而且还富含多种人体所必需的微量元素以及维生素、纤维素、海带多糖、岩藻多糖等抗衰老、增进人体健康的宝贵物质。海带为亚寒带冷水性藻类，自然分布在日本北海道、白令海、鄂霍次克海等高纬度的海域，多附生在海底岩礁上，是人工养殖产量最多的海藻。本文主要从海带育苗出库开始，对海带的筏式养殖技术进行介绍。

（一）**海带苗的出库、运输、暂养**

海带夏苗在室内培育过程中，随着藻体的长大，人工环境条件逐渐不能满足其生长的需要，因此要及时将海带幼苗移到自然海区培育。把幼苗从室内移到海上培育的过程，在生产上称为出库。出库下海的幼苗在海上长到分苗标准的养殖过程，称为幼苗暂养阶段。

1. 出库

自然光低温培育的夏苗在北方经过 90 ~ 100 天（南方为 130 ~ 140 天）的室内培育，当自然海水温度下降到 19℃以下时，即可出库暂养。北方约在 10 月中旬，南方约在 11 月中旬。在出库前，要逐步提高培育水温和光照强度，以接近自然海区的条件。实践证明，夏苗出库暂养一定要考虑以下 3 点：①最好在自然水温下降到 19 ℃以下，并要稳定不再回升时出库；②在大潮汛期或在大风浪过后出库；③最好出库下海后 4 ~ 5 天为无大风的多阴天气。在条件适宜的情况下，要尽量早出库。早出库的苗长得快，可提前分苗，苗的利用率高，为增产增收打下良好基础。

出库幼苗的规格，北方以 1 ~ 2 厘米为宜（南方不足 1 厘米），但出库时一定要达到肉眼可见的大小，否则幼苗下海后由于浮泥的附着、杂藻的繁生，会影响幼苗正常生长和养殖生产。

2. 幼苗运输

幼苗的短途运输（一般不超过 12 小时）困难不大；长距离运输则要采取降低藻体的新陈代谢，尽量减少对氧气和储藏物质的消耗，避免升温，抑制微生物的繁殖等措施，以保证运苗成功。

幼苗的运输有湿运法和浸水法。

湿运法比较简单、省力，一般用汽车夜间装运，适宜短距离运输。装运时先用海水浸透过的海草将运输车车厢铺匀，四周缝隙塞紧严禁透风透光，然后一层海草一层育苗器（苗帘）相互间隔码放，最后加入海水并用篷布封车。

浸水法是将育苗器置于盛有海水的运输箱内，再在箱内用冰袋降温，使海水温度保持在 5 ℃左右，适宜长距离运输。

3. 幼苗培育

（1）选择海区

要选择风浪小、水流畅通、浮泥杂藻少、水质比较肥沃的安全海区。最好选择远离牡蛎等贝类养殖区，以尽量减轻敌害生物的破坏。

（2）及时拆帘

幼苗下海后，随着幼苗个体的长大，会出现因密集相互遮光，影响幼苗的均匀生长和出苗率等问题，因此，下海后要尽快拆帘。

（3）调节水层

适时合理地调节水层对幼苗的生长至关重要。生产实践表明，如初挂的水层过浅，幼苗会受强光抑制，生长缓慢，易导致苗子"白烂"；如初挂水层过深，则幼苗光照不足，生长缓慢，易导致苗子"绿烂"。因此，目前多以透明度为依据，初挂时水层一般略深于透明度，随着幼苗的逐步适应，逐渐提升暂养水层。水层的调节次数和每次提升的深度，要视具体情况因地制宜，一般透明度大的海区每次可多提升一些。

（4）抓紧施肥

施肥是幼苗培育阶段十分重要的环节。幼苗期苗小需要肥量不大，但要求较高的氮肥浓度。通常是采用挂袋法，使海水中保持一定的氮量。挂袋时应注意尽量使挂袋接近幼苗，要少装、勤换，以利于充分发挥肥效。

（5）及时洗刷

幼苗下海后，要及时洗刷，清除浮泥和杂藻，促使幼苗生长。在幼苗管理中，要切实抓好前10天的洗刷工作（最好每1～2天洗刷1遍），幼苗越小，越要勤洗。幼苗长到3～4厘米时，可以适当减少洗刷，长到5厘米以上后可酌情停止洗刷。

（6）清除敌害

幼苗下海后有很多敌害，如麦秆虫、钩虾等敌害生物的破坏尤为严重，特别是刚下海的幼苗，个体小，受到的危害更大。一般用1：300的$NaNO_3$溶液清除育苗绳上的敌害。

（二）养殖海区的选择

实践证明，海带养殖生产的好坏，与海区的选择有着十分密切的关系。一般根据以下几个方面的条件考虑选择海区。

1.底质

以平坦的沙泥底或泥沙底为好，较硬沙底次之。这类底质的海区适合打橛设置筏架。凹凸不平的岩礁海区可采用石砣设置筏架。

2.水深

海带筏式养殖的海区，其水深应以10～15米为宜。最低也要保证养殖海区在冬季大干潮时能保持5米以上水深，满足以上条件方可进行筏式养殖。

3. 海流

理想的养殖海区是海流畅通、风浪较小，且为往复流的海区。养殖海带的海区，海水流速在 25 ～ 45 厘米 / 秒的范围内最为理想；另外，要重视对冷水团和上升流海区的利用。有冷水团控制的海区，最大特点是海水温度比较稳定，在冬季温度不会太低，春季又能控制水温缓慢回升。同时冷水团的营养盐含量较高，有利于海带的生长。上升流能不停地将海底的营养盐带到表层，同时有上升流的海区透明度也比较稳定，有利于海带的生长。海水的流向与筏架设置的关系十分密切，如顺流筏，要求筏架的方向与流向一致；横流筏架要求与流向垂直。

4. 透明度

以水色澄清、透明度较大的海区为好。透明度的稳定是关键，一般要求在 1 ～ 3 米，年平均海水透明度以 1.2 ～ 1.5 米为宜。

5. 盐度

海带喜欢盐度较高的海区，其耐盐度变化的能力较弱。适宜海带生长的盐度范围为 30.12 ～ 39.26，盐度低于 19.61 时，对海带生长有影响。

6. 营养盐

营养盐的含量对海带的生长发育有很大的影响，尤其是氮和磷。因此，在选择海区时，要调查清楚该海区自然肥的含量及其变化规律，为合理施肥提供依据。根据海带日生长速度对氮肥的需求量的计算，海水中硝酸氮和氨氮的总量，要维持在 100 毫克 / 米³ 以上才能满足海带生长的正常需要；总量为 200 毫克 / 米³ 以上的海区则为肥区，不需要施肥。

7. 水质

工业污水含有大量的有毒物质，不仅危害海带的生长，而且很多有毒物质在海带体内大量积累，使海带无法食用。所以已被工业污水污染的海区，不能养殖海带。

（三）养殖海区类型的划分

根据不同的自然条件划分养殖海区，便于对其进行科学管理和养殖技术措施的实施。一般把海带养殖海区划分为三个类型。

1. 一类海区

在大汛潮期，最大流速为 30 ～ 50 厘米 / 秒，低潮时水深在 20 米以上，不受沿岸流影响，透明度比较稳定，在一个季节内变化幅度在 1 ～ 3 米，含总氮量一般保持在 200 毫克 / 米³ 以上。底质为泥底或泥沙混合底质。

2. 二类海区

在大汛潮期，最大流速为 20 ～ 30 厘米 / 秒，低潮时水深在 15 米左右，一个季节内透明度变化幅度在 1 ～ 5 米，受沿岸流影响较大，含总氮量一般保持在 150 毫克 / 米 3 以上。

3. 三类海区

流速比较小，在大汛潮期最大流速在 10 ～ 15 厘米 / 秒，低潮时水深在 10 米以下，透明度变化在 0 ～ 5 米，含总氮量一般在 100 毫克 / 米³ 以下。

在掌握了海区自然环境条件的基础上，对不同类型的海区要因地制宜，采取相应的措施，充分发挥其自然优势，这样才能获得较高的经济效益。

（1）水深、流大、浪大的一类海区首先要做好安全生产工作，在保证生产安全的基础上，以采用顺流设置筏架大平养的方法最好，这样有利于海带叶片均匀充分受光，发挥个体生长潜力。

（2）流小、浪小的二类海区在外区适合设置顺流筏大平养；在内区适合横流设筏，以采用先垂养、后斜平养殖为好。若进行贝、藻间养，可提高经济效益。

（3）水流较缓、流速较小的三类海区适合贝、藻间养，顺流或横流设筏均可。

（四）养殖筏

养殖筏是一种设置在一定海区，并维持在一定水层的浮架，基本分为单式筏（也称大单架）和双式筏（也称双架）两类。

1. 养殖筏的主要器材及规格

（1）浮绠和橛缆

一般采用聚乙烯、聚丙烯绳等，风浪大的海区，梗绳直径为 1.5 ～ 2.0 厘米，风浪小的海区一般为 1.0 ～ 1.5 厘米。

（2）浮子

浮子有玻璃浮子和塑料浮子，一般直径为 25 ～ 30 厘米。现在大部分用塑料浮子。

（3）木橛和石砣

北方都用木橛，南方也有用竹橛的。凡风浪大、流大、底质松软的海区，橛身要长些、粗些，反之可细些、短些。一般木橛长 1 米、粗 15 厘米。

石砣是在不能打橛的海区，采取下石砣的办法以固定筏子。石砣的大小要根据养殖区的风浪潮流而定，一般为1吨左右。

2.养殖筏的设置

（1）海区布局

筏架的设置首先要视海区的特点而定，必须把安全放在首位；其次是有利于海带的生长，还要考虑到管理操作方便、整齐美观。一般30～40台架子划为一个区，区与区之间呈"田"字形排列，区间要留出足够的航道。区间距离以30～40米为宜，平养的筏距以6～8米为宜。

（2）筏架设置的方向

在考虑筏架设置的方向时，要考虑风和流的因素，如风是主要破坏因素，则可以顺风下设；如流是主要破坏因素，则可顺流下设。当前推广的顺流筏养殖法，必须使筏向与流向平行，尽量做到顺流。采取"一条龙"养殖法时，筏向必须与流向垂直，要尽量做到横流。

（3）打橛或下砣

打橛是比较累的工作，现在各地已研制成功各式各样的打橛机械。一般软泥底应打入3米以上，硬泥底可适当浅一些。下石砣比较简单，只需要两条养殖两船，几根架石砣用的粗木杠及一条大缆即可。

（4）下筏

木橛打好或石砣下好后就可以下浮筏。下筏时先将数台或数十台筏子装于舢坂上，将船开到养殖区内，顺着风流的方向，开始将第一台筏子推入海中，然后将筏子浮绠的一端与系在有浮漂的橛缆或砣缆上用"双板别扣"或"对扣"接在一起，另一端与另一根橛缆或砣缆用相同的绳扣连接起来。这样一行一行地将一个区下满后，再将松紧不齐的筏架整理好，使整行筏子的松紧一致，筏间距离一致。一般养殖1亩海带，按4台筏子（筏架长80米）或400根苗绳（苗绳长2米）计算。

（五）海带分苗

将生长在附苗器上（苗帘绳）的幼苗剔除下来，再夹到夹苗绳上进行养成，这个过程称为分苗和夹苗。

夏苗是在自然海水温度下降到19℃以下时下海暂养的苗，这时自然水温仍继续下降，越来越适宜于海带的生长，此时应及时把海带的大苗剔下来进行夹苗，早分苗早夹苗能争取时间，促进海带生长。分苗的时间越早，藻体在优良的环境中度过最适宜温度的时间越长，海带生长就越好。北方一般是 10 月中旬出库，10 月底到 11 月上旬就可开始分苗、夹苗了。

要提高海带分苗质量，需从以下几方面入手：一是采苗，要做到勤采、轻采、转水采，要做到不断根、不断苗、不带落水苗；二是要采大留小，幼苗体长要适当，一般早期苗体长以 15 厘米左右为宜，晚期苗以 20 厘米左右为宜；三是要做到当日分苗，当日夹苗，当日上筏，已经夹好的苗绳，要经常淋水，使幼苗保持湿润，并要及时下海挂养，尽量缩短干露时间，避免日光暴晒，以提高幼苗成活率；四是要防止脱苗，分苗时，要将苗的根部和茎部的 2/3 嵌入苗绳中心处，但要注意不能把生长部夹进苗绳内。

（六）海带养成方式

目前我国海带筏式养殖方式主要有垂养、平养等形式。

垂养是立体利用水体的一种养成方式，就是在分苗后，将苗绳通过一根吊绳垂直挂在浮筏下面。在养殖过程中，必须通过调节吊绳长短和苗绳上下倒置的措施，调节海带光照强度。

平养是水平利用海域的养殖方法，是在分苗后将苗绳挂在两行平行浮筏相对称的两根吊绳上，使苗绳斜平地挂于水体中。目前顺流浮筏平养方法是我国海带养殖的主要方式。

（七）海带养成期的管理

1. 养殖密度

生产实践证明，如果养殖密度过大，藻体间相互遮光，阻流严重，不管是群体还是个体都得不到充足的光照，再加上其他条件不能满足，生长潜力得不到充分发挥，会明显影响养殖产量；如果养殖密度过小，虽然改善了光照和其他条件，海带个体生长潜力得到了发挥，但群体株数少，不能充分合理利用水体资源，同样也会影响养殖效果。海带的养殖密度主要由苗数、苗距、绳距、筏距以及海区条件等因素决定，根据目前生产技术水平，一般一类海区每绳（苗绳净长 2 米）夹苗 40 株左右，每亩放苗 1.6 万株左右；二类海区每绳夹苗 35 株左右，每亩放苗 1.4 万株左右；三类海区每绳夹苗 30 株左右，每亩放苗 1.2 万株左右。

2. 养成期水层的控制与调整

养殖水层的调整实际上就是调整海带的受光强度。实践证明，采用同样的管理方法，放养在不同水层的海带，其生长呈现出不同的效果。

（1）养成初期

根据海带幼小时期不喜强光的特性，分苗后，在一类海区，可采取深挂，一般与海水透明度相当，北方初挂水层为 80 ~ 120 厘米，南方一般海区，初挂水层为 60 ~ 80 厘米；在二类、三类海区，多采取密挂暂养，即在每行筏上临时增挂苗绳 1 ~ 2 倍，或在两行筏之间增设 1 台临时筏，待海带生长到一定大小再进行疏散。

（2）养成中期

一是调整水层，不论什么类型的海区，随着海带个体的生长增大，相互间的遮光、阻流等现象愈来愈严重，必须及时调整水层（一般小于海水透明度），北方一般控制在 50 ~ 80 厘米（南方一般控制在 40 ~ 60 厘米）。二是疏稀苗绳，养成初期密挂暂养的苗绳，到一定时间要进行疏稀。适宜疏稀的时间，比较统一的标准是海带长度达到 80 ~ 100 厘米左右，平直部也有一定的大小，即海带即将进入脆嫩期，这时要抓紧疏稀。三是倒置，对于采用垂养法的海带，应根据不同水层、海带的大小和色泽变化情况，及时进行倒置。水深流大采用顺流筏平养的方式可以不倒置，一平到底。

（3）养成后期

需要增大光照强度，以利于海带的促成，筏养水层要尽力提升，一般控制在 30 ~ 40 厘米。

（4）促熟间收

当海带进入养成后期，不仅要及时提升水层、增加光照，促使海带尽快成熟，同时要进行间收，即把较大的海带植株间收上来，这样既能改善受光条件，促进后成，同时也有利于安全生产。

目前，已推广应用"海带苗绳绑漂生产方法"的调光增产新技术即根据海带的不同生长阶段，在两根苗绳下端的衔接处，增加适宜的浮漂，将下垂部分的苗绳提升到合理的受光水层，增产效果明显。

3. 施肥

海带和农作物一样，在整个生长过程中需要一定的营养，在光照、水温等条件能满足海带生长需要时，如果营养条件不良，也不能充分地发挥海带的生长潜力。海带施肥主要是施氮肥，如果海区海水过瘦，含总氮量低于 100 毫克／米^3 时，则必须要施肥。施肥促长主要集中在幼苗期。主要施肥方法如下。

（1）挂袋施肥

将肥料装入塑料袋，在袋上刺几个小孔，然后挂在筏架上。要采取少装勤换、间隔轮挂的方法。

（2）泼洒施肥

在平潮时（即平流），用喷枪进行喷洒。必须注意两点：一是泼肥浓度要小；二是泼肥次数要多。

（3）浸肥

为了减少肥料的流失，根据海带能一次吸收大量肥料供数天用的特点，将海带浸泡于肥料水中。浸泡时一般配制 500 ∶ 1 的肥料水，将海带浸泡 3 ~ 5 分钟，每隔 5 ~ 6 天进行一次。

4. 切尖

海带是一种间生长的海藻。在生长过程中，新的细胞从生长部不断分裂出来，老的细胞从叶梢部衰退脱落。经研究，一棵体长 4 米的海带，在生长过程中因衰老脱落的组织可达 1 米左右。由此可见，海带因衰老脱落的叶片是相当可观的，不把这些已经开始腐烂或即将腐烂脱落的部分及早切割下来是白白浪费，所以切尖也是海带的一项增产措施。经过切尖的海带，既可以改善海带受光条件，又有利于安全生产。北方海区，一般切尖的时间在 5 月下旬至 6 月上旬较为适宜。切尖的部位以不超过海带叶片的 1/3 为宜。

5. 其他管理措施

其他管理包括整齐筏子、添加浮力、更换吊绳、冲洗浮泥、观察测量等。在分苗、夹苗工作结束后，要集中力量搞好海带的查苗、补苗和筏架的整理工作，将过松过紧的筏子调整到适当松紧程度，将参差不齐的要调整整齐，养殖过程中可能发生拔橛、断埂、缠绕等，要及时整理好。要根据海带生长情况，筏子负荷的增加，适当调整浮力，及时去掉坠石。要检查吊绳的磨损情况及时更换。要及时冲洗海带上的浮泥，以防影响生长或病烂的发生。要定时测量海水温度、透明度及海带生长情况。

（八）病害防治

海带养成期间的病害主要有绿烂病、白烂病和点状白烂病等。

1. 绿烂病

通常从藻体梢部的边缘变绿、变软，或出现一些斑点，而后腐烂，并由叶缘向中带部，由尖端向基部逐渐蔓延扩大，严重时整棵海带烂掉。绿烂病一般发生在4—5月份，天气长期阴雨多雾、光照差，或海水混浊、透明度小时容易发生。防治措施是提升水层或倒置、切尖或间收、疏稀苗绳、洗刷浮泥等。

2. 白烂病

通常发生在叶片尖端，藻体由褐色变为黄色、淡黄色，以至白色。然后由尖端向基部延伸，由叶缘向中带部逐渐蔓延扩大。同时，白色腐烂部分大量脱落，严重凹凸部分藻体全部烂掉。一般发生在5—6月份，在天气长期干旱、海水透明度大、营养长期不足的情况下容易发生。防治措施是加强技术措施，提高海带的抗病能力；合理布局养殖区；合理调整光照强度、适时施肥、切尖和洗刷等。

3. 点状白烂病

一般先从叶片中部叶缘或同时于梢部叶缘出现一些不规则的小白点，随着白点的逐渐增加和扩大，使该叶片变白、腐烂或形成一些不规则的孔洞，并向叶片生长部、梢部或中带部发展，严重时整个叶片烂掉。该病多发生在5月份前后，在透明度突然增大、天晴、光强、风和日暖的情况下容易发生。防治措施是畅通流水，控制水层，加强幼苗管理。

第七章 现代鱼类养殖技术创新研究

鱼类是最古老的脊椎动物，它们几乎栖居于地球上所有的水生环境——从淡水的湖泊、河流到咸水的盐湖和海洋。鱼类终年生活在水中，用鳃呼吸，用鳍辅助身体平衡与运动。据调查，我国淡水鱼有 1 000 余种，著名的"四大家鱼"青鱼、草鱼、鲢鱼、鳙鱼，另外如鲤鱼、鲫鱼、团头鲂、暗纹东方鲀等 50 余种都是我主要的优良淡水养殖鱼类；我国的海洋鱼类已知的有 2000 余种，其中约有 30 种是我国的经济养殖种类，主要有大黄鱼、褐牙鲆、大菱鲆、鲻鱼、尖吻鲈、花鲈、赤点石斑鱼、斜带石斑鱼、卵形鲳鲹、军曹鱼、红鳍东方鲀、真鲷、花尾胡椒鲷等种类。目前，鱼类养殖是我国水产养殖最重要的产业。

第一节 鱼类生物学概述

一、鱼类生物学概念

（一）鱼类的基本生物学特征

鱼，分类地位属动物界，脊索动物门，脊椎动物亚门。可分为有颌类和无颌类。有颌类具有上下颌；多数具胸鳍和腹鳍；内骨骼发达，成体脊索退化，具脊椎，很少具骨质外骨骼；内耳具 3 个半规管；鳃由外胚层组织形成。

1.鱼类的体型

鱼类的体型可分如下几类。

（1）纺锤型

纺锤型也称基本型（流线型），是一般鱼类的体形，适于在水中游泳，整个身体呈纺锤形而稍扁。在 3 个体轴中，头尾轴最长，背腹轴次之，左右轴最短，使整个身体呈流线型或稍侧扁。

（2）平扁型

这类鱼的 3 个体轴中，左右轴特别长，背腹轴很短，使体型呈上下扁平，行动迟缓，不如前两型灵活，多营底栖生活。

（3）棍棒型

棍棒型又称鳗鱼型，这类鱼头尾轴特别长，而左右轴和腹轴几乎相等，都很短，使整个体型呈棍棒状。

（4）侧扁型

这类鱼的 3 个体轴中，左右轴最短，头尾轴和背腹轴的比例差不太多，形成左右两侧对称的扁平形，使整个体型显扁宽。

2.鱼鳍、皮肤和鱼鳞

鱼类的附肢为鳍，鳍由支鳍担骨和鳍条组成，鳍条分为两种类型：一种是角鳍条，不分节，也不分枝，由表皮发生，见于软骨鱼类；另一种是鳞质鳍条或称骨质鳍条，由鳞片衍生而来，有分节、分枝或不分枝，见于硬骨鱼类，鳍条间以薄的鳍条相连。骨质鳍条分鳍棘和软条两种类型，鳍棘由一种鳍条变形形成，是既不分枝也不分节的硬棘，为高等鱼类所具有。软条柔软有节，其远端分枝（叫分枝鳍条）或不分枝（叫不分枝鳍条），都由左右两半合并而成。鱼鳍分为奇鳍和偶鳍两类。偶鳍为成对的鳍，包括胸鳍和腹鳍各 1 对，相当于陆生脊椎动物的前后肢；奇鳍为不成对的鳍，包括背鳍、尾鳍和臀鳍（肛鳍）。

软骨鱼的鳞片称盾鳞。硬鳞与骨鳞通常由真皮产生而来。现存鱼类的鱼鳞，根据外形、构造和发生特点，可分为楯鳞、硬鳞、侧线鳞 3 种类型。

鱼类的鳍条和鳞片是鱼类分类的重要依据。

鱼类的皮肤由表皮和真皮组成，表皮甚薄，由数层上皮细胞和生发层组成；表皮下是真皮层，内部除分布有丰富的血管、神经、皮肤感受器和结缔组织外，真皮深层和鳞片中还有色素细胞、光彩细胞以及脂肪细胞。

3.鱼类的生长特点

鱼类的生长包括体长的增长和体重的增加。各种鱼类有不同的生长特性。

（1）鱼类生长的阶段性

生命在不同时期表现出不同的生长速度，即生长的阶段性。鱼类的发育周期主要包括胚胎期、仔鱼期、稚鱼期、幼鱼期和成鱼期。一般来说，鱼类首次性成熟之前的阶段，生长最快，性成熟后生长速度明显缓慢，并且在若干年内变化不明显。通常凡是性成熟越早的鱼类，个体越小；而性成熟晚的鱼类，个体则大。此外，雌性性成熟的年龄也因种类而异。对于存在性逆转的鱼类，其个体大小显然与性别相关。对于不存在性逆转的鱼类，通常雄鱼比雌鱼先成熟，鲤科鱼类的雄鱼大约比雌鱼早成熟 1 年。因此，雄鱼的生长速度提早下降，造成多数鱼类同年龄的雄鱼个体比雌鱼小一些。

（2）鱼类生长的季节性

生长与环境密切相关。鱼类栖息的水体环境、水温、光照、营养、盐度、水质等均影响鱼类的生长，尤以水温与饵料对鱼类生长速度影响最大。不同季节，水温差异很大，而饵料的多少又与季节有密切关系。因此鱼类的生长通常以 1 年为一个周期。从鱼类生长的适温范围看，鱼类可以分为冷水性鱼类（如虹鳟）、温水性鱼类（如青、草、鲢、鳙等）和暖水性鱼类（如军曹鱼）。此外，不同季节光照时间的长短差异很大。光通过视觉器观刺激中枢神经系统而影响甲状腺等内分泌腺体的分泌。现有的研究发现，光照周期在一定程度上也影响鱼类的生长。

（3）鱼类生长的群体性

鱼类常有集群行为。试验表明，多种鱼混养时其生长与摄食状况均优于单一饲养。将鲻鱼与肉食性鱼类混养，发现混养组的摄食频率增加，生长较快。以不同密度养殖鱼类，发现过低的放养密度并不能获得最大的生长率。鱼类的群居有利于群体中的每一尾鱼的生长，并有相互促进的作用，即所谓鱼类生长具有"群体效益"。当然，过高的密度对生长也不利。

（二）鱼类的摄食特性及消化生理

1. 主要养殖鱼类的食性

不同种类的鱼类，其食性不尽相同，但在育苗阶段的食性基本相似。各种鱼苗从鱼卵中孵出时，都以卵黄囊中的卵黄为营养。仔鱼刚开始摄食时，卵黄囊还没有完全消失，肠管已经形成，此时仔鱼均摄食小型浮游动物，如轮虫、原生动物等；随着鱼体的生长，食性开始分化，至稚鱼阶段，食性有明显分化；至幼鱼阶段，其食性与成鱼食性相似或逐步趋近于成鱼食性。不同种类的鱼类，其取食器官构造有明显差异，食性也不一样。鱼类的食性通常可以划分为如下几种类型。

（1）滤食性鱼类

如鲢鱼、鳙鱼等。滤食性鱼类的口一般较大，鳃耙细长密集，其作用好比浮游生物的筛网，用来滤取水中的浮游生物。

（2）草食性鱼类

如草鱼、团头鲂等，均能摄食大量水草或幼嫩饲草。

（3）杂食性鱼类

如鲤鱼、鲫鱼等。其食谱范围广而杂，有植物性成分也有动物性成分，它们除了摄食水体底栖生物和水生昆虫外，也能摄食水草、丝状藻类、浮游动物及腐屑等。

（4）肉食性鱼类

在天然水域中，有能凶猛捕食其他鱼类为食物的鱼类，如鳜鱼、石斑鱼、乌鳢等。也有性格温和，以无脊椎动物为食的鱼类，如青鱼，黄颡鱼等。

一般来说，大多数鱼类通过人工驯化，均喜欢摄食高质量的人工配合饲料，这就为鱼类的人工饲养提供了良好的条件。

2.鱼类消化系统的组成

鱼类的消化系统由口腔、食道、前肠或胃（亦有无胃者）、中肠、后肠、肛门以及消化腺构成。口腔是摄食器官，内生味蕾、齿、舌等辅助构造，具有食物选择、破损、吞咽等功能。鱼类鳃耙的有无及形态与食性有关。鱼类的食道短而宽，是食物由口腔进入胃肠的管道，也是由横纹肌到平滑肌的转变区。

3.影响鱼类消化吸收能力的因素

消化吸收是指所摄入的饲料经消化系统的机械处理和酶的消化分解，逐步达到可吸收状态而被消化道上皮吸收。鱼类吸收营养物质的主要方式有扩散、过滤、主动运输和胞饮4种。鱼类对营养物质的吸收能力，除了与鱼的种类和发育阶段有关外，更重要的是与食物的消化程度和消化速度有关。

消化速度及消化率是衡量鱼类消化吸收能力的重要指标。消化速度常指胃或整个消化道排空所需要的时间。单指胃时，叫胃排空时间；指整个消化道时，称总消化时间。确切地说，是食物通过消化道的时间。消化率是动物从食物中所消化吸收的部分占总摄入量的百分比。影响消化速度和消化率的因素众多而复杂，主要有鱼类的食性及发育阶段、水温、饲料性状及加工工艺、投饲频度和应激反应等。了解影响鱼、虾消化速度的因素，对养殖中投饲策略的制定具有指导意义。

第二节　鱼类苗种培育

一、亲鱼培育

亲鱼是指已达到性成熟并能用于繁殖下一代鱼苗的父本（雄性鱼）和母本（雌性鱼）。培育可供人工催产的优质亲鱼，是鱼类人工繁殖决定性的物质基础。要获得大量的、具有优良性状和健康的鱼苗，就要认真做好亲鱼的挑选和亲鱼的培育工作。

（一）亲鱼挑选

"种好，收一半"，优良健康的种苗是搞好养殖生产的前提和关键。挑选优质亲鱼对持优良的生物遗传性状十分重要，因此，繁殖用亲鱼的挑选必须选择优良品种，且按照主要性状和综合性状进行选择，如生长快、抗病强、体型好等性状，往往成为亲鱼挑选的主要因素。在正常的人工育苗生产中，亲鱼的挑选通常是在已达到性腺成熟年龄的鱼中挑选健康、无伤、体表完整、色泽鲜艳、生物学特征明显、活力好的鱼作为亲鱼。在一批亲鱼中，雄鱼和雌鱼最好从不同来源的鱼中挑选，防止近亲繁殖，以保证种苗的质量。亲本不能过少，并应定期检测和补充。

（二）饲料供应

与生长育肥期动物的培育有所不同，亲体的培育是为了促进性腺正常发育，以获得数量多、质量好的卵子和精子。影响亲体性腺发育和生殖性能的因素有很多，如饲养环境、管理技术、饲料的数量和质量、选育的品系或品种等。其中，营养和饲料无疑是十分重要的因子。众所周知，在生殖季节里，水产动物性腺（尤其是卵巢）的重置在一定时间内可增加数倍乃至十倍以上。在该发育期内，卵子需要合成和积累足够的各种营养物质，以满足胚胎和早期幼体正常发育所需。当食物的数量和质量不能很好地满足亲体性腺发育所需时，会极大地影响亲体的繁殖性能、胚胎发育和早期幼体的成活率。这些影响具体表现在：饲料的营养平衡与否会影响亲体第一次性成熟的时间、产卵的数量（产卵力）、卵径大小和卵子质量，从而影响胚胎发育乃至后续早期幼体生长发育的整个过程。食物短缺会抑制初级卵母细胞的发育，或抑制次级卵母细胞的成熟，从而导致个体繁殖力下降。抑制次级卵母细胞的成熟主要表现在滤泡的萎缩和卵母细胞的重吸收，这在虹鳟、溪红点鲑等种类中十分普遍。食物不足直接使卵子中卵黄合成量减少，使卵径明显变小。从已有的研究来看，限食会降低雌体的繁殖力，使卵径减小。如果食物严重短缺，通常会造成群体中雌体产卵比例下降。下降的比例与食物受限程度，以及鱼的种类紧密相关。

（三）培育管理

亲鱼的培育管理是鱼类人工繁殖的首要技术关键。只有培育出性腺发育良好的亲鱼，注射催情剂才能使其完成产卵和受精过程。如果忽视亲鱼培育，则通常不能取得好的催情效果。在淡水鱼类繁殖中，亲鱼的培育通常在池塘中进行，而海水鱼类繁育中亲鱼的培育则更多是在海区网箱中进行。

1. 亲鱼池塘培育

（1）产后及秋季培育（产后到 11 月中下旬）

此阶段主要是要及时恢复产后亲鱼的体力以及使亲鱼在越冬前储存较多的脂肪。一般在在产卵后要给予优良的水质及充足营养的亲鱼饲料，一般投喂量占亲鱼体重的 5%。

（2）冬季培育和越冬管理（11 月中下旬至翌年 2 月）

天气晴好，水温偏高时，鱼还摄食，应适当投饵，以维持亲鱼体质健壮，不掉膘。

（3）春季和产前培育

亲鱼越冬后，体内积累的脂肪大部分转化到性腺，加之水温上升，鱼类摄食逐渐旺盛，同时性腺发育加快。此时期所需的食物，在数量和质量上都超过秋冬季节，是亲鱼培育非常关键的时期。此阶段要定期注排水，保持水质清新，以促进亲鱼性腺的发育。一般前期可 7 ~ 10 天排放水 1 次，随着性腺发育，排放水频率逐渐提高到 3 ~ 5 天排放水 1 次。

亲鱼池塘培育的一般要点如下。

①选择合适的亲鱼培养池。要求靠近水源，水质良好，注排水方

便，环境开阔向阳，交通便利。布局上靠近产卵池和孵化池。面积以 0.2 ~ 0.3 hm² 的长方形池子为好，水深 1.5 ~ 2 m，池塘底部平坦，保水性好，便于捕捞。

②放养密度。亲鱼培养池的放养密度一般在 9 000 ~ 15 000 kg/hm²。雌雄放养比例约为 1：1，具体可根据不同种类适当调整。

③培养管理。亲鱼的池塘培育管理一般分阶段进行。

2. 亲鱼网箱培育

（1）选择合适的海区和网箱

网箱养殖海区的选择，既要考虑其环境条件能最大限度地满足亲鱼生长和成熟的需要，又要符合养殖方式的特殊要求。应事先对拟养海区进行全面详细的调查，选择避风条件好，波浪不大，潮流畅通。地址平坦、无水体物污染的内湾或浅海，且饵料来源及运输方便的海区。

亲鱼培育的网箱多为浮筏式网箱，根据亲鱼的体长选择合适的网箱规格，亲鱼体长小于 50 cm，可选择 3 m×3 m×3 m 的网箱，亲鱼体长大于 50 cm，则一般选择 5 m×5 m×5 m 的规格。网箱的网目，越大越好，以最小的亲鱼鱼头不能伸出网目为宜。

（2）确定合适的放养密度

亲鱼放养密度以 4 ~ 8 kg/m³ 为好，密度小于 4 kg/m³，则不能充分利用水体；密度大于 8 kg/m³，亲鱼拥挤，容易发病，不利亲鱼培育。

（3）日常管理

每天早晚巡视网箱，观察亲鱼的活动情况，检查网箱有无破损。每天早上投喂 1 次，投喂量约为体重的 3%。投喂时，注意观察亲鱼摄食情况。若水质不好，则减少投喂量；若水质和天气正常，但亲鱼吃食不好，则需取样检测是否有病。若有病则需及时对症治疗。在入冬前 1 个月，亲鱼每天需喂饱，使亲鱼贮存足够的能量安全越冬。20 天左右换网 1 次。台风季节做好防台风工作。

（4）产前强化培育

产卵前一个半月至两个月为强化培育阶段。在这个阶段，亲鱼的饵料以新鲜、蛋白含量高的小杂鱼为主，每天投喂 1 次，投喂量为亲鱼体重的 4%，同时在饵料中加人营养强化剂如维生素、鱼油等，促进亲鱼性腺发育。一般经过一个半月至两个月的培育，亲鱼可以成熟，能自然产卵。检查亲鱼性腺成熟度的方法是：用手轻轻挤压鱼的腹部，乳白色的精液从生殖孔流出，表示雄鱼成熟。雌鱼可以用采卵器或吸管从生殖孔内取卵，若卵呈游离状态，表示雌鱼成熟。此时可以把亲鱼移到产卵池产卵，或在网箱四周加挂 2 ~ 2.5 m 深的 60 目筛绢网原地产卵。

（5）产卵后及时维护管理

亲鱼在产卵池产完卵后，应移入网箱培育。产后亲鱼体质虚弱，常因受伤感染疾病，必须采取防病措施，轻伤可用外用消毒药浸泡后再放入网箱；受伤严重，除浸泡外，还需注射青霉素（10 000 IU/kg），并视情况投喂抗生素药饵。

二、催产

（一）催产基本原理

在天然水域条件下，鱼类性腺发育成熟并出现产卵和排精活动，往往是水流等外界综合生态条件刺激及鱼体内分泌调节共同作用的结果。在人工养殖条件下，通常缺乏外界生态条件的有效刺激，从而影响养殖鱼类下丘脑合成并释放 GnRH，导致亲鱼的性腺发育不能向第 V 期过渡，进而在人工养殖条件下顺利产卵。因此，可采用生理、生态相结合的方法，即对鱼体直接注射垂体制剂或 HCG，代替鱼体自身分泌 GtH 的作用，或者将人工合成的 LRH–A 注入鱼体代替鱼类自身的下丘脑释放的 GnRH 的作用，由它来触发垂体分泌 GtH。总之，对鱼类注射催产剂是取代了家鱼繁殖时所需要的那些外界综合生态条件，而仅仅保留影响其新陈代谢所必需的生态条件（如水温、溶解氧等），从而促进亲鱼性腺发育成熟、排卵和产卵。

（二）雌雄鉴别及成熟亲鱼的选择

1. 雌雄亲鱼的鉴别

鱼类在接近或达到性成熟时，在性激素的作用下也会产生第二性征，尤其是淡水鱼类的雄性个体，在胸鳍上会出现"珠星"，用手摸有粗糙感。但不少海水鱼类中，这些副性征并不明显。在繁殖季节，一般雌性亲鱼由于卵巢充满成熟卵而腹部膨胀，可由体型判别雌雄，而且，雌性亲鱼生殖器外观较大、平滑、突出，内有 3 个孔，由前而后依次为肛门、生殖孔和泌尿孔，即将产卵的雌鱼生殖孔向外扩张呈深红色，而雄鱼只有肛门和尿殖孔两个孔。此外，一些海水鱼存在性转变现象，如鲷科鱼类为雌雄同体雄性先成熟的种类，石斑鱼则是雌雄同体雌性先成熟的种类，故在挑选亲鱼时，仅从个体大小即可初步鉴别亲鱼的性别。

2. 成熟亲鱼的选择与配组

一般认为，雌性亲鱼个体光滑、无损伤，腹部膨大松软，卵巢轮廓明显延伸到肛门附近，用手轻压腹部前后均松软，腹部鳞片疏开，生殖孔微红，稍微突出者为完好的成熟亲鱼。从外观上选择成熟亲鱼有时比较困难，检查前一定要停食1~2天，避免饱食造成的假象。选择时将鱼腹部朝上，两侧卵巢下坠，腹中线下凹，卵巢轮廓明显，后腹部松软者为好。此外，也可从卵巢中取活卵进行成熟度的鉴别。

成熟雄鱼的选择相对简单，将雄鱼腹部朝上，轻轻挤压雄鱼腹部两侧，若是成熟的雄鱼，即有乳白色黏稠的精液涌出，滴入水中后即散开，若精液稀少，如水呈细线状不散，则表明尚未完全成熟，应继续培育；若挤出的精液稀薄，带黄色，表明精巢退化，不宜使用，否则受精卵低，畸形率高。

选择成熟亲鱼时，不论雌雄，不仅性腺发育要好，而且要求体质健壮，无损伤，否则催产效果差，且产后亲鱼易死。催产时，雌雄亲鱼搭配比例要适当，一般雌雄比在 1：(1~2) 即可。

（三）产卵

一般发情达到高潮时亲鱼就产卵、排精。因此，准确地判断发情排卵时刻是很重要的，特别是采用人工授精方法时，如果发情观察不准确，采卵不及时，都直接影响鱼卵受精、孵化的效果。过早动网采卵，亲鱼未排卵；太迟采卵，可能在动网时亲鱼已把卵产出或卵子滞留在卵巢腔内太久，导致卵子过熟，受精率、孵化率低。

目前，生产中采用自然产卵受精及人工采卵授精两种方法。

1. 自然产卵受精

亲鱼自行把卵产在池中自行受精的称为自然产卵受精。对于产浮性卵的鱼类，在产卵池的集卵槽上挂上一个集卵网箱通过水流的带动，将受精卵集于网箱中，再将网箱中的受精卵用小手抄网移到孵化池中孵化；也可用小手抄网直接捞取浮在水面的受精卵转移到孵化池中孵化。对于产黏性卵的鱼类，则需在亲鱼产卵发情前在产卵池中放置处理好的鱼巢，供受精卵附着，然后转移到孵化池中孵化。

2. 人工采卵授精

当亲鱼处于发情临产时，取雌雄亲鱼同时开始采卵和采精，把精、卵混合在一起进行人工授精。

三、孵化

孵化是指受精卵经胚胎发育到孵出仔鱼的全过程。人工孵化就是根据受精卵胚胎发育的生物学特点，人工创造适宜的孵化条件，使胚胎能正常发育孵出仔鱼。

（一）鱼卵质量鉴别

由于卵子本来的成熟程度不同，或排卵后在卵巢腔内停留的时间不同，使产出的卵质量上有很大的差异。

亲鱼经注射催产剂后，发情时间正常，排卵和产卵协调，产卵集中，卵粒大小一致，吸水膨胀快，配盘隆起后细胞分裂正常，分裂球大小均匀，边缘清晰，这类卵质量好，受精率高。

如果产卵的时间持续过长，产出的卵大小不一，卵子吸水速度慢，卵膜软而扁塌，膨胀度小，或已游离于卵巢腔中的卵子未及时产出而趋于成熟。这类卵质量差，一般不能受精或受精很差。过熟的卵，虽有的也能进行细胞分裂，但分裂球大小不一，卵子内含物很快发生分解。鱼卵质量可用肉眼从其外形上鉴别。

（二）环境对孵化的影响

适宜的孵化条件是保障胚胎正常发育、提高出苗率的重要因素。影响鱼类孵化的环境因素主要有温度、溶解氧、盐度、水质和敌害生物（桡足类、霉菌）等。

四、仔、稚鱼培育

仔、稚鱼培育一般有两种方式，一种是在室内水泥池培育，一般适用于海水鱼类及部分名贵的淡水鱼类。另一种是室外土池培育，在淡水常规鱼类的繁育中应用普遍，目前在我国海南及广东等地，土池培育方法也开始应用于石斑鱼等海水鱼类的苗种培育。

（一）室内水泥池培育

仔、稚鱼室内水泥池培育的育苗池根据实验和生产的规模，可以采用圆形、椭圆形、不透明、黑色或蓝绿色的容器，也可以是方形或长方形的水泥池。初孵仔鱼的放养密度与种类有关，花鲈的初孵仔鱼的放养密度为 10 000 ～ 20 000 尾 /m³；赤点石斑鱼初孵仔鱼的放养密度为 20 000 ～ 60 000 尾 /m³。在仔鱼放养前，先注入半池过滤海水，之后每天添水 10%，至满池再换水。育苗期间的主要管理工作有以下几点。

1. 饵料投喂

室内水泥池鱼苗培育的饵料有小球藻、轮虫、卤虫无节幼体、桡足类及人工配合饲料。小球藻主要作为轮虫的饵料，同时又可以改善培育池的水质，从仔鱼开口的 40 天内，一般都要添加，小球藻的添加密度一般为 30×10^4 ～ 100×10^4 细胞 /mL。轮虫作为仔鱼的开口饵料，一般在开口前一天的晚上添加。若是酵母培养的轮虫，则在投喂之前需要用富含 EPA 和 DHA 的营养强化剂进行营养强化。轮虫的投喂密度一般为 5 ～ 10 个 /mL。轮虫的投喂期一般在 15 ～ 30 天，具体视鱼苗的种类及生长情况而定。当仔鱼培育至 10 ～ 15 天，视鱼苗口裂的大小，可以同时投喂卤虫无节幼体，卤虫无节幼体投喂前同样需要营养强化，投喂密度为 3 ～ 5 个 /mL。一般种类在孵化后 20 天左右，可以投喂桡足类，在 25 ～ 30 天左右可以投喂人工配合饲料。各种饵料投喂需要有一定的混合，以保证饵料转换期不出现大的死亡率。

2. 水色及水质管理

在仔鱼培育时可利用单胞藻等以改善水质。利用小球藻、盐藻等单胞藻配成"绿水"培育仔鱼，如石斑鱼、真鲷、花尾胡椒鲷、鲻、军曹鱼等已有很多成熟的经验。水质管理要求使水温、盐度、溶解氧等指标处于鱼苗的最适宜范围内。特别要注意水体中氨氮等有毒物质的积累不能超标。一旦超出则需换水。一般初孵仔鱼日换水量可以控制在 20%，之后随鱼苗生长、鱼苗密度、投饵种类和数量、水质情况等逐渐加大换水量，最高日换水量可到 100% ～ 150%。换水一般采用筛绢网箱内虹吸法进行。

3. 充气调节

初孵仔鱼体质较弱，在育苗池中充气时，若气流太大则易造成仔鱼死亡。在一般情况下，由通气石排出的微细气泡可附着于仔鱼身上或被仔鱼误食，造成仔鱼行动困难，浮于水面，生产上称为"气泡病"，是仔鱼时期数量减耗的原因之一。充气的目的是为了提高水体中的溶氧量和适当地促进水的流动。在生产性育苗中，每平方米水面有一个小型气泡石，进行微量充气即可满足要求。

4. 光照调节

在种苗生产中，不同种类的鱼对光照度的要求不同。如在真鲷培育中，育苗槽的水面光照度应调整在 3 000 ~ 5 000 lx 之间，夜间采用人工光源照射，可以促使仔鱼增加摄食量和运动量，并避免仔鱼因停止运动而有被冲走的危险。

5. 池底清污

在鱼苗投饵一周后，可采用人工虹吸法进行池底清污。一般投喂轮虫时，可 2 ~ 3 天清污 1 次，若开始投喂配合饲料，则最好每天清污 1 次。

6. 鱼苗分选

鱼苗经过一个月的培育，大小会出现分化。若是一些肉食性的鱼类，则会出现明显的残杀现象。应及时用鱼筛分选，将不同规格的鱼苗分池培育，以提高成活率。

此外，培苗期间每天还应注意观察仔稚鱼的摄食和活动情况，做好工具的消毒工作，发现异常及时采取措施加以应对。

（二）室外土池培育

室外土池培育是我国淡水"四大家鱼"传统的育苗生产方式，一般在仔鱼开口后数天或稚鱼期后放入土池，以此降低生产成本。培育的要点是控制敌害，掌握在池内浮游生物快速增长时放苗，防止低溶氧等。同室内水泥池育苗相比较，其优点是可在育苗水体中直接培养生物饵料，饵料种类与个体大小呈多样性，营养全面，能满足仔、稚幼鱼不同发育阶段及不同个体对饵料的需求。仔、稚鱼摄食均衡，生长快速，个体相对整齐，减少了同类相残，且节省人力、物力及供水、饵料培育等附属设施，建池及配套设施投资少，操作简便，便于管理，有利于批量生产。但缺点是难以人为调控理化条件，更无法提早培育仔、稚鱼，只能根据自然水温条件适时进行育苗。主要的技术要点如下。

1. 池塘选择

选塘的标准应从苗种生活环境适宜、人工饲喂、管理及捕捞方便等几方面来考虑。同时亦应根据培育不同种类加以选择。池塘不宜过大，一般以面积 0.1 ~ 0.3 hm²、平均水深 1.5 m 以上为宜。要求进排水方便，堤岸完整坚固，堤壁光洁，无洞穴，不漏水，池底平坦，并向排水处倾斜，近排水处设一集苗池，可配套提水设备。池塘四周应无树荫遮蔽，阳光充足，空气流通，有利于饵料生物及鱼苗的生长。

2. 清塘

清塘的目的是把培育池中仔、稚鱼的敌害生物彻底清除干净，保证仔、稚鱼的健康和安全，这是提高鱼苗成活率的一个关键环节。比较常用的清塘药物有茶粕 (500 ~ 600 kg/hm²)，生石灰（干塘 750 ~ 1 000 kg/hm²；带水 1 500 ~ 2 000 kg/hm²/m 水深）、漂白粉等。

3. 培养基础饵料

待清塘药物药效消失后，重新注入经双层 100 目过滤的清洁无污染渔业用水，待水位覆盖池底 5 ~ 10 cm 后，用铁耙人工翻动底泥，让轮虫冬卵上浮。然后继续进水，将水位升至 50 cm 左右。在鱼苗下塘前 2 天，用全池泼洒的方式每亩施发酵猪肥 200 kg，培养轮虫饵料，同时清除青蛙卵群。根据天气及鱼卵孵化进程调整施肥类和数量，以使鱼苗下塘时池塘中轮虫等基础饵料处于高峰期。一般情况下，轮虫高峰期在进水施肥后的 7 ~ 10 天出现。

4. 仔鱼放养

将孵化环道中或孵化桶中的鱼苗转移到鱼苗培育池旁边的暂养水槽内，保持环道和暂养水槽的水温基本一致。按 10×10^4 尾鱼苗投喂 1 个鸡蛋黄的用量，投喂经 120 目过滤的蛋黄液，同时向暂养水体中添加 10×10^6 个光合细菌，微充气。1 h 后将鱼苗转移到鱼苗培育池内。鱼苗下塘时，应注意风向。如遇刮风天气，则在上风口的浅水处将鱼苗轻缓投放在水中。鱼苗培育的投放密度控制在 $(1.5 ~ 2) \times 10^6$ 尾 /hm²，具体视鱼苗种类、池塘饵料生物、培苗技术等做适当调整。

5. 培养管理

鱼苗下塘后，当天即应泼洒豆浆，并根据鱼苗的生长及池塘水质情况进行分阶段强化培育。鱼苗下塘第 1 周：每天均匀泼洒豆浆 3 次，每次使用黄豆 15 kg/hm²。黄豆在磨成豆浆前需浸泡 8 ~ 10 h。每 2 ~ 3 天添补新水 10 cm，同时使用光合细菌菌液 45 L/hm²。鱼苗下塘第 2 周：每天均匀泼洒豆浆 3 次，每次使用黄豆 20 kg/hm²。每 2 ~ 3 天添补新水 15 cm。每次添水后增施发酵有机肥 1 000 kg/hm²，并使用光合细菌菌液 45 L/hm²。鱼苗下塘第 3 周：每天在池塘浅水处投喂糊状或微颗粒状商品饵料 3 次。饵料的投喂量 15 ～ 30 kg/ 次，视鱼苗的生长而逐步增加。同时每天均匀泼洒豆浆两次，每次使用黄豆 15 kg/hm²。每 2 ～ 3 天添补新水 15 cm，并使用光合细菌菌液 45 L/hm²。鱼苗下塘第 4 周：每天在池塘浅水处投喂微颗粒饵料 4 次。每亩日投喂量在 100 ～ 200 kg/(hm²/d)，视水体生物饵料的数量及鱼苗的生长而定。水位逐步加注到 1.5 ～ 1.6 m 后，视水质情况进行换水。每 2 ～ 3 天使用光合细菌菌液 45 L/hm²。整个鱼苗管理期间，注意巡塘和水质监控，防止鱼苗缺氧致死，同时及时捞出青蛙卵群和蝌蚪。

6. 拉网锻炼

在鱼苗下塘后第 4 周，选择晴天上午进行拉网，将鱼苗集中于网内，不离水的情况下半分钟后撤网。隔天再次拉网，并将鱼苗集中到网箱中 1 h。期间网箱中布置气石充气以防止鱼苗缺氧，然后可将鱼苗出售或转移到鱼种培育池养殖。

五、鱼苗运输

（一）鱼苗运输的方法

根据所运鱼苗的数量、发运地至目的地的交通条件确定运输方式。鱼苗的运输方式有空运、陆运和海运 3 种。

1. 空运

适合远距离运输，具有速度快，时间短，成活率高。但要求包装严格，运输密度小，包装及运输费用高。一般采用双层聚乙烯充气袋结合航空专用泡沫包装箱和纸箱进行包装。往聚乙烯袋中装入 1/3 体积的海水及一定数量的鱼苗，赶掉袋中空气，冲入纯氧气，用橡皮筋扎紧后平放入泡沫箱中，然后将泡沫箱用纸箱包裹，用胶带密封。空运时间不宜超过 12 h，且鱼苗在运输前 1 天应停止投喂。运输海水最好用砂滤海水，气温和水温高时，泡沫箱中可以适当加冰降温。

2. 陆运

运输密度大，成本低。但远距离运输，时间太长，会影响成活率。陆运一般使用箱式货车进行，车上配备空袋、纸箱（或泡沫箱）、氧气和水等，以便途中应急，运输途中，不能日晒、雨淋、风吹，最好用空调保温车辆运输，运输方法有密封包装运输和敞开式运输两种。密封包装运输的包装方法和运输密度同空运，只是不需航空专用包装，外层纸箱可省掉，以降低运输成本。敞开式运输使用鱼篓、大塑料桶、帆布桶等进行运输。

3.海运

运输量大，成本低，沿海可做长距离运输。但运输时间长，受天气、风浪影响大。将鱼苗装到船的活水舱内，开启水循环和充氧设备，使海水进入活水鱼舱内进行循环，整个运输途中，鱼苗始终生活在新鲜海水中。这种运输方式，相对要求鱼苗规格较大，但对鱼苗的影响小，途中管理方便，可操作性强，成活率高。通过大江大河入海口和被污染水域时应关闭活水舱孔，利用水泵抽水进行内循环，以免水质变化太大，造成鱼苗死亡。长距离运输途中要适当投喂。

（二）提高运输成活率的主要措施

在鱼苗运输中要保持成活率，以取得较好的经济效益。因此在整个运输过程中，必须改善运输环境，溶解氧、温度、二氧化碳、氨氮、酸碱度、鱼苗渗透压、鱼苗体质、水体细菌含量是影响鱼苗运输成活率的关键因素。运输中通常可采用的措施有以下几点。

（1）充氧。目前大多采用充氧机增加水中溶解氧的含量。

（2）降温。通过降低温度来减缓其机体的新陈代谢，以提高运输成活率。

（3）添加剂。为控制和改善运输环境，提高运输成活率，可在水中适当加入一些光合细菌或硝化细菌，以保持良好的水质。也可以适量添加维生素 C 等抗应激药物。

（4）运输密度。运输时，常用的鱼水之比为 1：(1 ~ 3)，具体比例视品种、体质、运输距离、温度等因素而定。一般距离近、水温低、运输条件较好或体质好、耐低氧品种的运输密度可大些。

（5）运输途中管理。运输途中要经常检查鱼苗的活动情况，如发现浮头，应及时换水。换水操作要细致，先将水舀出 1/3 或 1/2，再轻轻加入新水，换水切忌过猛，以免鱼体受冲击造成伤亡。若换水困难，可采用击水、送气或淋水等方法补充水中溶氧。另外要及时清除沉积于容器底部的死鱼和粪便，以减少有机物耗氧率。

第三节　主要鱼类养殖技术

一、罗非鱼无公害健康养殖技术

（一）养殖环境

罗非鱼的池塘成鱼养殖对池塘没有特殊要求，一般养殖家鱼的池塘都可以用来养殖。面积为 10 ~ 20 亩，最大不超过 30 亩。因为池塘过大，水质不易肥沃，而且不易捕捞，冬季捕不干净容易冻死。水深一般为 1.5 ~ 2.0 米。池塘应选择在水源充足，注、排水方便的地方。水质要求水肥而且无毒。放养鱼种前池塘要清整消毒，一般采用生石灰清塘，其常用清塘方法有两种。

1. 干法清塘

先将池塘水放干或留下水深 5 ~ 10 厘米，在塘底挖掘几个小坑，每亩用生石灰 70 ~ 75 千克，并视塘底污泥的多少而增减 10% 左右。把生石灰放入小坑用水乳化，不等其冷却立即全池均匀遍洒，次日清晨最好用长柄泥耙翻动塘泥，充分发挥生石灰的消毒作用，提高清塘效果。一般经过 7 ~ 8 天，待药力消失后即可投放鱼种。

2. 带水清塘

对于清塘之前不能排水的池塘，可以进行带水清塘，按水深 1 米计，每亩用生石灰 125 ~ 150 千克，通常将生石灰放入木桶或水缸中溶化后立即趁热全池均匀遍洒。7 ~ 10 天后，药力消失即可投放鱼种。

（二）饲养管理

罗非色是杂食性鱼类，喜欢吃浮游生物、有机碎屑和人工饲料。因此，在饲养管理上，主要是投饲和施肥为主。

1. 投饲

池塘施肥培养天然饵料还不能满足罗非鱼的生长需要，必须投喂足够的人工饲料才能获得高产。一般每天 08：00—09：00、14：00—15：00 各投喂饲料 1 次。日投喂量为鱼体质量的 3% ~ 6%。投喂的饲料要新鲜，霉烂变质的饲料不能投喂。豆饼、米糠等要浸泡后再喂。饲料要投放在固定的食场内。每天投饲量要根据鱼的吃食情况、水温、天气和水质而掌握。一般每次投饲后在 1 ~ 2 小时内吃完，可适当多喂，如不能按时吃完，应少喂或停喂。晴天水温高时，可适当多喂；阴雨天或水温低时，则要少喂；天气闷热或雷阵雨前后，应停止投喂。一般肥水可正常投喂，水质清淡要多喂，水肥色浓要少喂。

2. 施肥

饲养罗非鱼不论是单养还是混养，均要求水质肥沃。肥水中的浮游生物丰富，而施肥则能培养浮游生物供罗非鱼摄食，同时肥料的沉底残渣，又可直接作为罗非鱼的食料。因此，在保证不致浮头死鱼的情况下，要经常施肥，保持水质肥沃，透明度以 25 ~ 30 厘米为好。一般施肥量为每周施绿肥 300 千克左右。施肥要掌握少而勤的原则。施肥的次数和量的多少，要根据水温、天气、水色来确定。水温较低，施肥量可多些，次数少些；水温较高，施肥量要少，次数多些；阴雨和闷热将有雷雨时少施或不施，天晴适当多施。水色为油绿色或茶褐色，可以少施或不施肥；水色清淡的要多施。

3. 日常管理

每天早、晚要巡塘，观察鱼的吃食情况和水质变化，以便决定投饲和施肥的数量。发现池鱼浮头严重，要及时加注新水或增氧改善水质。通常每 15 ~ 20 天注水一次，高温季节可视情况增加注水次数；另外，每 2 亩池塘配 1.5 千瓦叶轮式增氧机 1 台，每天午后及清晨各开机一次，每次 2 ~ 3 小时，高温季节可适当增加开机时数。

放养时可每亩搭配放养大规格鲢、鳙鱼种各 50 尾左右，适当套养一些肉食性鱼类，如投放翘嘴红鲌、斑鳢、大口鲇 30 尾左右。

4. 捕捞

按出池规格或按市场需求行情确定起捕时间，但当水温下降到 15℃时，所有罗非鱼均应捕完。

（三）鱼苗、鱼种培育及放养

鱼苗和鱼种培育是养鱼生产中的重要环节，其任务是为成鱼养殖提供数量充足、品种齐全、体质健壮、无病害的大规格鱼种。目前生产中的大规格苗种培育，一般分为鱼苗培育和鱼种培育两个阶段。鱼苗培育是将鱼苗经过 15 ~ 20 天左右的培育成为夏花的生产过程；鱼种培育是将夏花分塘后，继续培育 2 ～ 3 个月，成为全长 13 ～ 17 厘米以上的大规格鱼种的培育过程。

1. 鱼苗和鱼种的生长特点

其生长特点主要有两个：①新陈代谢旺盛。②生产速度快。在鱼苗、鱼种培育阶段，放养密度应适宜。鱼苗一般每亩放养 3 万 ～ 5 万尾；鱼种一般每亩放养 5 000 ～ 10 000 尾。要注意加强施肥和投喂饲料，采取经常注入新水等措施才能使苗种生长快，成活率高。

2. 鱼苗、鱼种体质强弱的鉴别

主要从以下几方面鉴别。

（1）看体色

优质鱼苗应是群体色素相同，无白色死苗，身体清洁，略带微黄色或稍红。反之，则为劣质苗。

（2）看游动情况

在鱼篓里将水搅动产生旋涡，鱼在旋涡边缘溯水游泳的为优质苗；如鱼苗大部分被卷入旋涡，则为劣质苗。

（3）抽样检查

在白色瓷盆中，口吹水面，鱼苗溯水游泳，倒掉水后，鱼苗在盆底剧烈挣扎，头尾弯曲成圈状的为优质苗；如口吹水面，鱼苗顺水游泳，倒掉水后，挣扎力弱，头尾仅能扭动，则为劣质苗。

3. 鱼苗培育（鱼苗培育成夏花）

（1）苗池清整

主要包括修整和药物清塘两项工作。

①池塘修整。一般安排在冬季或初春进行。先排干水，让太阳曝晒 1 周左右，挖去过多的淤泥和杂物，铲除塘边杂草，平整池底，修补池堤，加高、加同塘基，疏通进、排水渠道等。

②药物清塘。具体做法和药物用量参照前文所述。

（2）鱼池注水和施放基肥需注意以下几项工作

①注水时间和注意事项：经排水清塘的池塘，一般在清塘消毒后 1 ～ 2 天即可注入新水。注水时进水口一定要用细密筛绢网过滤，严防野杂鱼随水进入鱼塘；注水深度开始时为 50 ～ 70 厘米。因浅水易于提高水温，节约肥料，培肥水质，有利于鱼苗生长和浮游生物的繁殖。

②施放基肥：参照前文所述。

③测定水质肥瘦的方法：根据水色和透明度来判断，参照前文所述。根据鱼类浮头程度来确定，放苗后，若鱼苗在每天黎明前开始浮头，太阳出来后不久即下沉，表明池水肥度适中；若浮头时间过久，则表明水质过肥，应加入新水；若不浮头或少浮头，则表明肥度不够，应继续适当施肥。

4.鱼苗放养

（1）放养方式

一般采取单养方式。

（2）放养密度

一般为 3 万 ~ 5 万尾 / 亩。

（3）注意事项

①一般应在清塘消毒 7 ~ 10 天（待毒性消失）后方可放养。也可取池水于盆中试养 3 ~ 5 尾鱼苗，如第二天鱼苗活动正常，即可放苗。

②放苗时苗袋与池水温差应在5℃之内。如温差大，须先将苗袋置于池中 0.5 小时后，再慢慢用池水冲入苗袋使之一致后轻倒入池中。

③选择晴天上午或下午运苗放养。

④操作要细心，避免损伤鱼体。

⑤鱼苗入塘前应进行药物浸洗消毒。

⑥如遇有风浪，应在池塘的上风头离岸边 1 ~ 2 米处的水中放苗。

⑦列表记录，以备查阅。

（四）病害防治

坚持预防为主，防治结合的原则。下面介绍一下吉富罗非鱼的主要病害和防治方法。

1.小瓜虫病

小瓜虫病由小瓜虫入侵皮肤、鳃部而引起，是罗非鱼越冬期主要的常见病，当水温在15℃ ~ 25℃时，2 ~ 3 天可遍及全池，大量死亡。

防治方法：在越冬前，用生石灰清池消毒；用食盐水浸洗病鱼15 ~ 20分钟。

2.斜管虫病

斜管虫病由斜管虫侵入皮肤和鳃部而引起。发病水温在15℃ ~ 20℃，3 ~ 5 天后大批死亡。

预防方法：①用生石灰或 0.7 克 / 米³ 硫酸铜全池泼洒，彻底消毒越冬池。②越冬池进鱼前用浓度为 8 毫克 / 升的硫酸铜溶液浸洗鱼体 15 ~ 30 分钟。

治疗方法：①采用硫酸铜和硫酸亚铁合剂（5 ∶ 2）全池均匀泼洒，每立方米水体用硫酸铜 0.5 克和硫酸亚铁 0.2 克。②用 2% 食盐或用 0.4% ~ 0.5% 福尔马林浸洗病鱼 5 分钟。

3. 车轮虫病

车轮虫病由于车轮虫大量寄生于鱼体鳃部和皮肤而引起，病鱼离群独游，浮于水面，游动缓慢，食欲减退，能引起大批死亡。

防治方法：①越冬池用 0.7 克 / 米³ 硫酸铜彻底消毒。②用硫酸铜和硫酸亚铁合剂（5 ∶ 2）全池泼洒，使池水浓度为 7 毫克 / 升。

4. 鳞立病

鳞立病又名松鳞病、松皮病，这种病是由细菌引起的，并常年发生。

防治方法：①拉网、运输、放养时，应避免鱼体受伤。②用 2% 食盐水与 3% 小苏打混合液，浸洗病鱼 10 分钟。

罗非鱼抗病力强，在池塘养殖条件发病很少，仅在越冬期间，由于越冬池不适宜的水体环境，饲养管理不善以及在各种病原体的侵袭下常发生鱼病，除上述几种疾病外，还有水霉病、鱼虱病、赤鳍病、气泡病和眼球白浊病等。

罗非色为热带鱼类，喜热怕冷，当水温降低到 12 ℃ ~ 13 ℃ 时就会引起死亡，所以应掌握最后一次起捕必须在第一次寒潮之前进行。捕捞方法主要有拉网扦捕、撒网捕捞、诱饵扦捕以及干塘捞鱼等。起捕的鱼类直接进入市场销售。

二、大黄鱼健康养殖技术

大黄鱼，俗称黄鱼、黄花鱼和黄瓜鱼，隶属于硬骨鱼纲、鲈形目、石首鱼科、黄鱼属，是我国重要的海洋经济鱼类。随着捕捞技术的提高和捕捞强度的增强，大黄鱼资源遭到严重的破坏，致使我国大黄鱼天然产量急剧下降，几近枯竭，从而成为珍稀鱼类，身价倍增。浙江省于 1997 年开始大黄鱼人工育苗和养殖，1998 年迅速进入产业化，成为海水养殖的主要养殖鱼类品种。大黄鱼养殖主要有网箱养殖和池塘养殖两种模式，均取得明显效益。目前浙江省大黄鱼养殖主要采用网箱养殖模式。网箱养殖主要有传统网箱养殖和抗风浪深水大网箱养殖两种，现将其养殖情况介绍如下。

（一）传统网箱养殖

1. 网箱养殖区选址

（1）地形及海区条件

要求最低潮位水深在 3 米以上；海底平坦、倾斜度小，以泥沙底质最为适宜；潮流畅通，流量适中，水体交换良好；可避大风浪；水质清澈新鲜，透明度高；附近无直接的工业"三废"排放及农业、生活、医疗废弃物等污染物排入。

（2）水文气象条件

水温：水温范围为 8 ℃ ~ 30 ℃，早春鱼苗在水温 14℃ 以上放养为宜，最适水温为 20 ℃ ~ 28 ℃。

盐度：海水盐度要相对稳定，常年变化范围为 18 ~ 33，骤变幅度小。

pH 酸碱度：以 7.0 ~ 8.5 为宜。

透明度：0.2 ~ 0.8 米，最适为 1.0 米。

溶氧量：4 毫克 / 升以上。

流速：海水流速以 0.3 ~ 0.8 米 / 秒为宜，网箱内流速以 0.2 米 / 秒为宜。

2. 网箱的设置与维护

（1）网箱布局

养殖大黄鱼的网箱为浮动式网箱，根据网箱大小以及潮流和风浪的不同情况，每 100 个左右网箱连成一个网箱片，由数十个网箱片分布的局部海区形成网箱区，每个网箱区的养殖面积不能超过可养殖海区总面积的 15%。网箱布局应与流向相适应，各网箱片间应留宽 50 米以上的主港道，数个 20 米以上的次港道，各网箱片间的最小距离为 10 米以上，每个网箱区之间应间隔 500 米以上。每个网箱区连续养殖两年，应收起挡流装置及网箱，休养半年以上。

（2）网箱区的环境卫生

网箱中及台筏架上的生活污水、废弃物、残饵、垃圾、病死鱼等不得直接丢弃于海区，各网箱片应设收集容器予以分类收集，各网箱区应配备船只专人负责收集废弃物进行专门处理。

3. 网箱的选择

（1）网箱规格一般为（3.0 ~ 6.0）米 ×（3.0 ~ 6.0）米 ×（2.5 ~ 3.0）米。

（2）网箱的网衣以无结节网片为宜。

（3）网目放养全长 25 ~ 30 毫米鱼苗，网目长为 3 ~ 4 毫米；放养全长 40 ~ 50 毫米鱼苗，网目长为 4 ~ 5 毫米；放养全长 50 毫米以上鱼苗，网目长为 5 ~ 10 毫米。

4. 鱼苗运输

根据运输距离长短和鱼苗的个体规格大小而定，活水船运输密度为 1.5 万 ~ 6.0 万尾 / 米³；充氧塑料薄膜袋（规格为 0.4 米 ×0.8 米）包装运输宜在 15℃以下进行，每袋 200 ~ 1 000 尾。

5. 鱼苗放养

投放鱼苗选择在小潮汛期间，水质新鲜，平缓流动时为宜。低温季节选择在晴好天气且无风的午后，高温季节宜选择在天气阴凉的早晚进行。全长 25 毫米的鱼苗，放养密度为 1 500 尾 / 米³ 左右，随普鱼体的长大，密度逐渐降低。

6. 饲料种类

刚入网箱的鱼苗可投喂适口的配合饲料、新鲜鱼贝肉糜、糠虾、解冻后的大型冷冻桡足类等。25 克以上的鱼种可直接投喂经切碎的鱼肉块。

7. 饲料投喂

采用少量多次、缓慢投喂的方法。刚入网箱时，每天投喂 3 ~ 4 次，以后可逐渐减少至 2 次，早晨和傍晚各投喂 1 次。全长 30 毫米以内的鱼苗，在 20℃以上时，鱼贝肉糜日投饵率为 100% 左右，随着鱼苗长大，逐渐降低投饵率。

8. 日常管理

（1）换、洗网箱

在高温季节，网目长为 3 毫米的网箱隔 3 ~ 5 天应进行换洗，目长 4 毫米的网箱隔 5 ~ 8 天换洗，网目长 5 毫米的网箱隔 8 ~ 12 天换洗；网目长 10 毫米以上的视水温情况在 15 ~ 30 天进行换洗。同时，对苗种进行筛选分箱和鱼体消毒。

（2）其他管理

每天定时观测水温、盐度、透明度与水流等理化因子以及苗种集群、摄食、病害与死亡情况，发现问题应及时采取措施并详细记录，做好养殖日志记录。

（二）深水网箱成鱼养殖

1.深水网箱类兜

（1）重力式全浮网箱

重力式全浮网箱基本都是圆形，用高密度聚乙烯（HDPE）为材料，底圈用 2 ~ 3 道 250 毫米直径管，用以网箱的成形和浮力，可载人行走。上圈用 125 毫米直径管作为扶手栏杆，上下圈之间也用聚乙烯支架。该类型网箱逐渐向大型化发展，现阶段主要规格的直径为 25 ~ 35 米，即周长为 78.5 ~ 110.0 米，最大的周长已达 120 米，甚至 180 米，深 40 米，可养鱼 200 吨，最大日投饲量 6 吨；另外，最大的橡胶管网箱——八角形网箱每边长已达 20 米。PE-50 的相对密度为 0.95，可浮于水面，使用寿命在 10 年以上。设计性能为：抗风能力 12 级，抗浪能力 5 米，抗流能力小于 1 米/秒，网片防污 6 个月。

（2）浮绳式网箱

该种网箱是浮动式网箱的改进，相比之下，具较强的抗风浪性能，日本最早使用。首先，网箱由绳索、箱体、浮力及铁锚等构成，是一个柔韧性的结构，可随风浪的波动而波动，具有"以柔克刚"的作用；其次，网箱是一个六面封闭的箱体，不易被风浪淹没而使鱼逃逸。柔性框架由两根直径 2.5 厘米的聚丙烯绳作为主缆绳，多根直径 1.7 厘米的尼龙绳或聚丙烯绳作副缆绳，连接成一组若干个网箱软框架，再用直径 1.0 厘米的尼龙绳或聚乙烯绳作浮子绳，用于固定浮力，并将其固定于框架的主、副缆绳上。浮子的间距为 50 ~ 100 厘米/个，并在主缆的两端各固定一个大浮体。

2.网箱养殖海区选址

（1）地形及海区条件

网箱养殖海区选择要符合有关海区功能区划和发展规划要求；无工厂排污影响；充分估计强台风、大风浪的破坏力，以有自然屏障的海区为宜，要避开海沟；海区大干潮最低潮位水深应大于 9 米；底质以泥或泥沙为宜，锚泊范围内不能有暗礁（石）及大型硬质沉降物。

（2）水文气象条件

水温：水温范围为 8 ℃ ~ 30 ℃，最适水温为 20 ℃ ~ 28 ℃。

盐度：海水盐度要相对稳定，常年变化范围为 18 ～ 33，骤变幅度小。

pH：以 7.0 ～ 8.5 为宜。

透明度：在 0.3 米以上。

溶氧量：4 毫克 / 升以上。

流速：一般大潮最大流速不大于 1.1 米 / 秒。

3. 网箱布局

一般以 10 口网箱串联为 1 排，2 排并联为 1 组，顺流布局，口间距 8 米以上，排间距 10 米以上，组间距纵向 60 米以上，横向 50 米以上。

4. 鱼种选择

鱼种应选择健壮活泼、游动正常、体表完整、体色鲜明、体形肥满、规格整齐的个体。

5. 鱼种运输

（1）运输方式

长距离、大批量的鱼种运输，大多数采用活水舱充氧运输；中、短距离运输，视鱼种数量、个体大小，可采用敞口容器充氧运输。

（2）运输前准备

①消毒：先将所有的工具进行消毒，再对鱼种进行药浴消毒。

②停食：运输前鱼种应停食 1 ～ 2 天。

③锻炼：需拉网密集锻炼 1 ～ 2 次，以增强鱼种的体质，适应运输环境。

③分苗：分出大小，以便同样大小个体在同一网箱内。

（3）运输注意事项

①运输应选择低温凉海天气；夏季天气热，气温高，最好在早上、傍晚或夜间运输，运输控温与水温差别不能太大。

②鱼种在过数、搬运节操作过程中，动作要轻柔细致，防止机械损伤鱼体。

③在运输过程中，要及时充气增氧，密切注意鱼种的活动状况及水温变化，发现死鱼应及时捞出。

④鱼种进箱前，若水温相差太大，应通过逐级升温或降温暂养；外地采运的鱼种，若两地盐度相差太大，应在池子中逐级淡化或咸化后方可放进网箱养殖。

6. 苗种放养

（1）放养时间

放养时间尽量选择在小潮平潮时刻。低温季节在晴天午后，高温季节在早上或傍晚进行。

（2）放养规格

鱼种的放养规格原则上以鱼体不能钻过网目为标准。大规格鱼种，其抗风浪、抗疾病及适应环境能力相对较强，所以放养大规格鱼种，有助于提高鱼种成活率。一般情况下，放养鱼种尾重的规格以 100 克、150 克、200 克较好。

（3）放养密度

一般 1 口规格为 13 米 × 13 米 × 8 米的浮绳式深水网箱，可放养规格为 100 克左右的鱼种 15 000 尾左右。

（4）放养操作

放养前鱼种应用淡水浸浴 3 ～ 10 分钟或用 10 ～ 15 毫克 / 升的高锰酸钾溶液浸泡 5 ～ 10 分钟，放养时，要小心操作，尽量避免损伤鱼体。

7. 鱼种筛选分箱

鱼种经过一段时间的饲养后，随着个体生长，密度过大，须定期进行分箱处理，按鱼种规格大小，体质强弱分开饲养，以防饲料不足时弱肉强食。

8. 投饲管理

（1）饲料种类

网箱养鱼所用饲料，通常有新鲜饲料、冰冻饲料及配合饲料。具体选择哪一种饲料，应视养殖鱼类及结合当地的实际情况而定。

（2）饲料颗粒大小

应根据鱼体大小而定，小规格个体的鱼种，应投喂鱼肉糜或适口的小颗粒配合饲料；中等规格、大规格个体的鱼种，可投喂适口的鱼块或配合饲料。

（3）投饲时间及次数

一般应在平潮或潮流缓时投喂。对于潮流较缓的海域，应实行定时投喂，高温季节应在日出前、日落后投喂，低温季节应在日出后、日落前投喂。一般夏秋两季水温高，鱼类的摄食和新陈代谢旺盛，可每天投喂 2 次；

冬春季节水温低，可每天投喂 1 次。鱼种期间，投饲次数多些，而成鱼期间，投饲次数少些。

（4）投饲量

网箱养殖鱼类的日投饲量，应根据水质、水温、鱼的摄食情况等因素来确定。一般情况下，鱼种期间的日投饲量为鱼体质量的 5% ~ 10%；成鱼期间日投饲量为鱼体质量的 1% ~ 5%。遇大风浪、水质恶化及恶劣天气时，应少喂，甚至停喂。

（5）投饲方法

①撒投

撒投即边投料边摄食，食完再投，多吃多投，少吃少投，直至鱼群不再上浮争食，开始游散时停止投喂。

②搭饲料台投喂

对浮性饲料，可搭浮性饲料框，沉性饲料一般设饲料篮。开始投喂时，须经过一段时间的训练，使鱼类养成到饲料台摄食的习惯。

9. 日常管理

（1）检测

对于水体的一些主要理化因子，如水温、盐度、pH、溶解氧等，要做到定期检测，同时结合每天的投饲、吃食及病死鱼情况，做好养殖记录。

（2）测量

周期性地对鱼体进行抽样测量，记录体长、体重，算出阶段饲料系数，作为调整投饲量的依据。

（3）检查

经常观察鱼群摄食、游动及残饵情况，同时还要做好一系列安全检查工作，包括检查网具是否破损，是否有逃鱼；检查连接网箱的绳索有否松动脱落等。

（三）病害防治

大黄鱼养殖的常见病害主要有细菌性疾病、寄生虫性疾病、营养缺乏引起的疾病、药物中毒症和生物敌害五类，包括弧菌病、烂鳃病、肠炎病、白点病等近 20 种，并且随着养殖密度的提高，新的病害还在不断地产生。鱼病防治应坚持"预防为主，无病先防，有病早治"的原则，其综合预防措施如下。

①对采购的鱼种，须进行检疫，把好质量关，严禁收购患病鱼种；②

切忌投喂变质不新鲜甚至腐烂的饲料；③定期投喂药饵，投饵做到定时定量细心投喂；④控制海域和网箱的放养密度，保持良好的生态环境；每日观察鱼群活动情况，建立鱼病信息档案，发现病鱼及时治疗；⑤妥善处理病死鱼，对网箱中漂浮的病死鱼应及时捞出，集中掩埋或焚化。

三、鳗鲡标准化健康养殖技术

健康养殖是指鳗鱼质量安全，即鳗鱼产品质量符合保障人体的健康、安全的要求。

池塘（土池）养鳗，利用露天的普通池塘，稍加改造成为精养池塘，具有基建费用低、施工快、投入少、技术要求低、易转产和效益明显等优点。

（一）环境条件

1.产地环境

（1）气候

养殖地气候变化较小，每年有 6 个月以上时间气温为 15 ℃ ~ 32 ℃。

（2）生态环境

产地周边生态环境良好，植被丰富，环境基本条件符合 GB/T18407.4 规定。

（3）地势

养殖场地势平坦、进水和排水方便，不会造成各养殖场间的交叉污染。

（4）地质

坚实、保水性能好，土质以沙质土或黏壤土为佳，尽量避免酸性。

（5）交通

场外陆路交通方便、快捷，场内道路通畅，满足机动车辆通行要求。

（6）电力

电网电力供应充足、稳定；必须配备能满足养殖和生活需要的备用发电机。

2.水环境

养殖采用地下水或水库水，水源充足，水质无污染；水质应符合 NY5051—2001 及 GB/T18407.4—2001 的要求。

3.养殖场地

（1）规模

养殖水面面积应达到 3.33 公顷以上。

（2）养殖场

排灌方便，有独立、完整的进水、排水系统、进水处理系统和污水排放处理系统；具有与外界环境隔离的设施，生活区与养殖区分设；具有独立分设的药物和饲料仓库，仓库保持清洁干燥，通风良好。

（3）布局

要合理，符合卫生防疫要求。

（4）池塘

①整体指标要求：建在阳光充足、通风良好的地方；排列整齐，集污、排污能力强，有独立的进水口和出水口；各池塘有规范化的编号；池塘连片统一规划、池塘面积以 330 ~ 700 平方米为宜；池基牢固，无渗透崩塌，池底平坦；底泥以沙质或泥沙质硬底为佳，塘泥淤积不超过 20 厘米，池深 1.8 ~ 2.5 米，水深 1.5 ~ 2.0 米

②增氧机配置：池塘每 2000 ~ 2500 平方米面积配备 1.5 千瓦的水车式增氧机一台，最好全池再配置涡轮式增氧机 1 ~ 2 台。

4.池塘水质

外延养殖区内水源为水库水，水质符合 NY5051—2001 的规定，溶氧量达到 5 毫克 / 升以上。

（二）健康养殖技术

将规格为 5 克 / 尾的鳗种饲养至商品鳗规格的养殖技术。

1.池塘整理、消毒与培养水质

（1）鳗池清整、消毒

鳗种放养前对鳗池进行清理和消毒。

冬季将池水排干，清除过多的淤泥和池内杂物，曝晒池底，池底呈灰白色、土质干裂后即可。检查塘基，进水和排水系统。投放鳗种前 10 天左右，施用生石灰清塘，用量为 1 125 ~ 1 500 千克 / 公顷，应符合 NY5071—2002 的要求；清塘后 4 ~ 5 天进水 30 ~ 35 厘米备用。

（2）培养水质

对清塘后 4 ~ 5 天，进水 30 ~ 35 厘米的池塘，按 0.5 ~ 1.0 毫克 / 升的浓度施用敌百虫，以杀死池中的水蚤、轮虫等浮游生物，然后按 15 ~ 30 千克 / 公顷的量施用尿素，使池内水体中的藻类繁殖起来；接人微囊藻，使水色保持"肥、活、嫩、爽"，放养鳗种后，逐渐加水至正常水位。

2.苗种放养

（1）苗种质量

鳗种要求体质健壮，体表光洁，规格整齐，无病无伤，游泳活泼。鳗种必须经过仔细检查，一方面要鉴别是否混有欧洲鳗鲡和美洲鳗鲡等其他鳗种；另一方面要鉴别是否为隔年的"老头鳗"。一般来说，当年的新鳗种，体色清新灰白而有光泽，吻端圆钝，身体丰满，肌肉丰润，活动力强。用手轻抓鱼曼体，有圆滑柔嫩之感。而隔年的老鳗种，体色较黄，色泽暗淡，头部和吻端较尖，肥满度差，身体瘦长，用手轻抓鳗体油滑度差，并有坚实感。

（2）鳗种消毒

鳗种放养时要经过消毒。鳗种在入池前，要进行显微镜常规镜检，如发现寄生虫等疾病，待进行处理后再入池。

药浴消毒方法：可用 0.5% ~ 0.9% 的食盐水长时间浸洗鳗种。1.5% ~ 2.0% 浓度的盐水，浸洗鳗种 15 ~ 20 分钟即可。鳗种在药浴时，要注意避免阳光直射，水温以 25℃ 为宜。药浴时必须充气，以防缺氧。在药浴过程中要注意观察，以防发生意外，如发现有异常情况，应立即停止药浴。

（3）放养

①放养时间：选择无风、晴天放养。放养前对池塘增氧。同时在放养前两天试水，确定安全后，再行放养。放养后当天傍晚，全池泼洒聚维酮碘等药物进行消毒，用量为 0.05 ~ 0.10 毫克/升，按 NY5071—2002 的要求执行。

②合理混养：混养就是在鳗鱼池中投放一定数量的其他鱼类，利用搭配鱼种与鳗鱼在生活习性和食性等方面的互利性，充分利用养殖水体的立体空间，提高水中食物的利用率，进而提高养殖效益。混养品种有鳙鱼、鲢鱼、青鱼和一些不影响鳗鱼生长的下层底栖鱼类品种。这些鱼类在池塘中摄食残饵、有机碎屑、底层藻类以及水生植物、浮游动植物。它们的觅食活动可以清除有害的生物和过剩的有机物，同时可以促进底质有机物氧化，有助于稳定和维护良好的水质。

③混养密度：每公顷放养规格为 0.25 ~ 0.50 千克的鲢鱼、鳙鱼 750 ~ 1 200 尾，规格为 0.25 千克/尾的青鱼 150 ~ 225 尾。

3. 饲料投喂

（1）食台设置及配套设施

食台做成 1.5 米（长）×1.0 米（宽）×0.6 米（高）规格的框架。设置在池塘靠交通干道面，置于池埂正中；食台距池边 1.5～1.0 米，食台没于水中约 2/3；用木桥与塘基和食台连接。于食台侧面距其 7～8 米处设置一台水车式增氧机。

在距池边 2 米处，用宽为 40 厘米的网衣围成一个约 30 平方米的正方形投食区域。

（2）饲料调制

饲料中添加一定比例的水和油脂，用搅拌机调制成柔软而膨胀、黏弹性强、不易溃散的团块状后，方可投喂。加水比为 1∶（1.3～1.5），油脂控制在 3%～5%。饲料符合 NY5072—2002 和 SC1004 的要求。

（3）投饲方法

饲料中投喂坚持"四定"原则，即定质、定量、定时、定点；将饲料直接投入食台中即可。

（4）投饲量

根据鳗池中鳗种的规格和重量、前一天的摄食情况以及当天的天气和鳗鱼在水中活动情况等而定，每次投喂量以 30 分钟内吃完为宜。

（5）投喂次数和时间

每天投喂 2 次，分别在 05∶00—06∶00、17∶00—18∶00 投喂。冬季和春季投喂 1 次。

4. 日常管理

（1）水质管理。鳗鱼对水质超求较高，需对表 7-1 所列因素进行监测和调控。

表7-1　鳗鱼养殖水质主要调控因子

水质因子	溶氧量（毫克·升⁻¹）	酸碱度（pH）	透明度/厘米	氨氮/（毫克·升⁻¹）	硫化氢/（毫克·升⁻¹）	亚硝酸盐/（毫克·升⁻¹）
适宜范围	>6	7.5-8.5	20-35	<1.0	<0.2	<0.1

水质要求：pH控制在7.5～8.5，溶氧量保持在6毫克/升以上，透明度保持在25～35厘米，氨氮浓度小于1.0毫克/升，有机耗氧量小于12～15毫克/升，水位调节控制在1.5～2.0米，严冬和炎夏水位加至2.0米以上，以保证池塘水质温度稳定。

（2）在养殖过程中应加水补充池水的蒸发，在秋末至早春季节，养鳗池每月换水1～2次，每次换水量为池水的10%左右，夏季每15日加水1次，每次加水量为池水的5%～10%。

（3）晚上及中午及时开动增氧机，中午开机2～3个小时，其他恶劣天气，可适当延长。

（4）定期全池泼洒沸石粉等水质改良剂，当池水pH在7.0以下时，可全池泼洒生石灰，将池水pH提高至7.5～8.5。夏季池水透明度大于35厘米，冬季大于30厘米时，应适当减少换水量或每公顷水位，用复合肥3千克兑水全池泼洒，以增加池水中浮游植物生物量，改善池塘水体溶解氧及水质状况。

（5）定期全池泼洒有益微生物制剂。

（6）做到一勤、二早、三看、四定、五防。一勤，即要求勤巡塘，每日至少3次，观察鳗鱼的活动和摄食情况；二早，即尽早放养，在水温允许情况下争取放养；三看，即看天、看水、看鱼；四定，即投饲稳定；五防，即防治疾病、防逃鱼、防高温、防严寒、防农药、防有毒污水及其他鳗池的排污水流入鳗池，以减少交叉污染。

（7）定期进行水质监测，每天对池塘的pH、溶解度做检测，每5～7天对池塘水质作全面监测、评价，并针对存在的问题采取相应措施。

（8）保持养殖场环境符合标准，保持池塘内环境卫生，保持池内无杂物、无漂浮物。

（9）做好养殖生产过程中的养殖记录。

5.疾病防治

坚持"以防为主，防重于治，防治结合，科学治疗"的原则。

（1）预防

彻底做好放养池塘的清理和消毒工作。苗种放养时，做常规病检，放养的鳗种不带病原。鳗种在放养、分养时，动作要轻柔、细心操作，避免鱼体受伤，并做好鱼体消毒工作，使用的网具及其他工具要经消毒后使用。

定期（一般每 7 天）对食台及渔具等进行消毒、浸洗，每次对饲料（粉料）制作机械、盛装器皿进行消毒、清理、分类存放。每次投喂饲料后及时清除残饵，并用专用器皿盛装处理，不得随意丢弃。保持养殖环境清洁卫生，池水水质清新；饲料、其他生物饵料要新鲜、清洁、不带病毒。软饲料制作后需投完，不得剩余。加强镜检与巡池，定期作镜检（7 天），投食观察，发现病鱼、死鱼及时隔离、捞除、深埋，对死鱼深埋要远离养殖区，上盖生石灰后掩埋，不准乱丢弃病鳗鱼、死鳗鱼，忌将其埋于水源区。

（2）治疗

在治疗之前，应进行病害的诊断，确诊后再使用渔药。使用药物，要按照我国、水产品进口国家（或地区）的有关规定，使用高效、低残留、无污染药物，不使用禁用药物。使用药物时，应严格执行 NY5071—2002 的规定。不得使用规定以外的任何禁用渔药，应注意使用药物的休药期，达到期限方可捕榜上市，避免和减少药残的发生。

（三）起捕出池

鳗鱼起捕出池之前，应注意使用药物的休药期达到期限，并进行安全质量检测，符合后方可出池。

1. 停食

起捕出池之前应停食 1 天（夏季停食 2 天）。

2. 选别

选大留小，将达到规格的鳗鱼出池，而未达到规格的鳗鱼留池继续养殖。

3. 暂养

在暂养池（流水）暂养。

4. 包装

（1）每批产品应标注产品名称、数量、产地、生产单位、出场日期。

（2）活体鳗鲡应采用符合卫生、绿色食品要求的包装材料充氧包装。

5. 运输

活体鳗鲡在运输中应保证氧气充足，用水水质应符合 NY505-2002 的规定；运输过程中要对活体鳗鲡进行降温，温度保持在 4 ℃ ~ 6 ℃；运输过程中不得使用麻醉药物，不得与有毒有害物质混运。

（四）管理措施

（1）鳗鱼养殖人员应具备从业资格证书；水产养殖技术员应具备水产养殖鱼病防治资格证书。

（2）要设置有技术员和质量监督员岗位，且二者不能为同一人担任。养殖过程中的用药必须要凭处方，药品由质量监督员发放。

（3）要有完善的组织管理机构和书面的养殖管理制度（包括生产、卫生、疾病防治、药物使用等）。

（4）要遵守国家有关药物管理规定。

（5）要建立重要疾病及重要事项及时报告制度。

（6）要做好用药记录。

（7）对产品要建立可追溯的管理制度及产品标签制度。

第八章 现代贝类养殖技术创新研究

近些年来，随着养殖规模的不断扩大，关键技术的不断突破与革新，我国贝类养殖业有了突飞猛进的发展，养殖贝类品种达 30 余种。本章主要总结了我国海水贝类养殖生产的成功经验和科研成果，并适当吸收了国外的新技术、新成果，重点介绍了主要贝类养殖的苗种生产和养成技术，实用性较强。

第一节 贝类生物学概述

一、形态特征

贝类是最为人们熟知的水生无脊椎动物，常见的有牡蛎、蛤、蚶、扇贝、缢蛏、鲍、螺、鱿鱼、章鱼、乌贼等。它们中的大多数在长期进化过程中形成的坚硬的外壳使其能适应在各种底质环境中分布，并且有效保护自身不被其他生物捕食，其主要特征为：①身体柔软，两侧对称（或幼体对称，成体不对称），不分节或假分节；②通常由头部（双壳类除外）、足部、躯干部（内脏）、外套膜和贝壳 5 部分组成；③体腔退化，只有围心腔和围绕生殖腺的腔；④消化系统复杂，口腔中具有颚片和齿舌（双壳类除外）；⑤神经系统包括神经节、神经索和围绕食道的神经环；⑥多数具有担轮幼虫和面盘幼虫两个不同形态发育阶段。

二、分类

贝类是仅次于节肢动物门的第二大动物门类，也称软体动物门，现存的贝类种类达 11.5×10^4 种，另有 35 000 余种化石。分类学家将贝类分为如下 7 个纲。

（一）无板纲

贝类中最原始类群，主要分布在低潮线以下至深海海底，多数在软泥中穴居，少数在珊瑚礁中爬行。仅 250 余种，全部海生。也有将无板纲分为尾腔纲或毛皮贝纲和沟腹纲或新月贝纲，因此软体动物现也分为 8 个纲。

（二）单板纲

大多数为化石种类，现存的少数种类分布在 2 000 m 以上的深海海区，被视为"活化石"。

（三）多板纲

多板纲又被称为石鳖，个体 2 ~ 12 cm，个别 20 ~ 30 cm，体卵圆形，背面有 8 块壳板，足发达，适合在岩石上附着。共有 600 余种，全部海生。

（四）双壳纲

大多数为海洋底栖动物，少数生活在咸水或淡水中，没有陆生种类，一般不善于运动。体最小仅 2 mm，最大超过 1 m。现存种类约 25 000 种。水产养殖主要种类出自本纲。

（五）掘足纲

穴居泥沙中的小型贝类，现存约 350 种，全部海生。

（六）腹足纲

是软体动物门中最大的纲，现存 75 000 种，另有 15 000 种化石。分布很广，海、淡水均有分布，少数肺螺类可以生活在陆地。

（七）头足纲

头足类是进化程度最高的软体动物，多数以游泳为生，也称游泳生物，具捕食习性，现存种类约 650 种，全部海生。另有 9 000 余种化石。

三、繁殖和发育

（一）性别

贝类一般为雌雄异体，双壳类和腹足类中也有雌雄同体种类。多数雌雄异体种类在外形上不易区分，但在生殖腺发育后，根据生殖腺的颜色比较容易区分。一般雌性性腺颜色较深，呈墨绿色、橘红色，而雄性性腺颜色较浅，多数呈乳白色。某些雌雄异体的贝类性别不稳定，在发育过程中会发生性转换，通常是雄性先熟，在营养条件较好时，雌性比例较高。

（二）性腺发育

贝类的性腺发育分期各不相同，一般分 4 ~ 6 期。如栉孔扇贝分为 5 期：增殖期、生长期、成熟期、生殖期（排放期）和休止期。

（三）产卵

贝类产卵有直接产卵和交配后产卵等形式。多数双壳类和腹足类的雌雄个体都是直接将成熟精、卵产于水中，卵子与精子在水中受精，经过一段时间的浮游生活之后，发育变态为稚贝，进而长成成贝。直接产卵的特点是：一般雌雄异体，亲体无交配行为，产卵量大，体外受精。自然界，这类贝类大多在大潮期间排放，尤其在大潮夜间或凌晨，潮水即将退干或有冷空气来临时，精、卵排放更为集中。直接产卵一般持续时间较短，排放一次一般不超过 30 min，一次产卵可达数百万甚至数千万粒。

大部分腹足类和头足类的繁殖方式是交配后产卵，既有雌雄同体，也有雌雄异体。雌雄同体一般不能自体受精。亲体经交配后，配子在体内受精，受精卵排出体外发育。交配后所产的受精卵往往粘集成块状、带状或簇状，称为卵群或卵袋。卵群上的胶粘物质是产卵过程中经过生殖管时附加的膜，对卵子有保护作用。卵群产出后多黏附在基质上。交配后因有卵群或卵袋保护，所以这一类贝类产卵量要少得多，几百、几千粒不等，头足类少的仅几十粒。

（四）胚胎发育

多数贝类为均黄卵（双壳类，原始腹足类等），其他有间黄卵（腹足类）、端黄卵（头足类），其卵裂形式为螺旋卵裂或盘状卵裂（头足类）。胚胎发育过程中一般都要经过贝类特有的担轮幼虫和面盘幼虫阶段。双壳类等贝类发育到担轮幼虫后就突破卵膜而孵化，在水中游动，此阶段不摄食。而腹足类受精卵在卵袋内发育至面盘幼虫时才孵出。

（五）幼虫发育

双壳类幼虫发育可分为直线绞合幼虫（D 形幼虫）、早期壳顶幼虫、后期壳顶幼虫（眼点幼虫）。腹足类幼虫发育可分为早期面盘幼虫和后期面盘幼虫，后者又可以分为匍匐幼虫、围口壳幼虫和足分化幼虫。

四、生长

贝类生长有终生生长型和阶段生长型。终生生长型指多年生贝类在若干年内连续生长，但一般 1～3 龄生长速度较快，以后逐渐减慢。栉孔扇贝、太平洋牡蛎、文蛤等种类属于此类型。阶段生长型是指一些贝类在某一阶段内快速生长，以后贝壳不再继续生长。如褶牡蛎、海湾扇贝等种类。

贝类的寿命差别很大，短的1年，如海湾扇贝，长的10年、20年，如泥蚶、马氏珠母贝，食用牡蛎，最长的砗磲可达100年。

第二节　贝类苗种培育

一、贝类工厂化育苗

贝类工厂化育苗起始于20世纪70年代，至今已有40多年的历史，各项技术已日臻成熟。整个育苗过程大致可分为：亲贝促熟培育、诱导采卵、受精孵化、幼虫选育、采集以及稚贝培养等。目前许多重要的经济养殖贝类都已成功实现了工厂化育苗，如扇贝、牡蛎、文蛤、菲律宾蛤、魁蚶、缢蛏、珍珠贝、鲍等种类。图8-1是一个正在生产的贝类育苗车间。

图 8-1　贝类育苗车间

（一）亲贝促熟

亲贝促熟是人工育苗必不可少的一个环节。虽然在自然海区也能采到成熟的亲贝，但其产卵并不同步，尤其一些热带海域的贝类，几乎全年都有成熟亲贝在产卵。要采集足够量的成熟亲贝在育苗场使其在同一时间产卵显然是非常困难的事，因此工厂化育苗的第一步就是选择合适的成体贝类作为亲贝，通过人工强化培育，使其在短时间内同步产卵，以实现工厂化育苗的目的。

1. 培育设施

亲贝促熟培育一般都在室内进行，培育池可利用普通育苗池，20～50 m³ 的长方形水泥池，10～20 m³ 的纤维玻璃钢水槽等都可以。

2. 培育密度

亲贝培育密度需根据不同种类、个体大小、培育水温等因素而定。总的原则是既能有效利用培育水体，又能保持良好水质，亲贝能顺利成熟。一般培育密度以生物量计，控制在 1.5～3.0 kg/m³ 为宜。个体大，生物量可以适当大些，多层笼、养殖密度可适当增高，单层散养密度要低些。

3. 培育水温

温度是亲贝促熟的主要控制因子。一些温水性和冷水性种类，如海湾扇贝、虾夷扇贝、皱纹盘鲍等种类，亲贝采捕时，水温都较低，性腺尚未发育，促熟多采用升温培育方式。升温幅度要小，一般逐步升高到繁殖温度后，恒温培育。升温过程中可适当停止升温 1～2 次，每次 1～3 天。而对于一些热带暖水性贝类则可以先设置一个低温培育期，比自然水温低 5 ℃～10 ℃，在此条件下培育 4～6 周后，逐步提高水温至繁殖温度，促使亲贝同步成熟。

4. 换水

根据培育密度，一般每天换水 1～2 次，每次 1/3 左右。换水前后温度变化应不超过 0.5 ℃，尤其是接近成熟期时，温差尤其不能大，否则容易因温度刺激而导致意外排放精卵。另外，排水和进水也同样需要缓流，减少水流对亲贝的刺激。

5. 充气

充气可增强池内水的交流，饵料的均匀分布，增加溶解氧含量，防止局部缺氧。但充气要控制气量和气泡，避免大气量和大气泡形成水流冲击促使亲贝提前产卵。

6. 投饵

饵料种类的选择和投喂是亲贝促熟的又一关键因子，不仅影响亲贝的性腺发育，而且也影响幼体发育。各种贝类饵料需求和摄食习性不同，因此投喂的种类也各不相同。投喂原则是符合亲贝摄食习性，满足性腺发育的营养需求。

对于滤食性贝类，如牡蛎、扇贝、蛤、蚶等，常用的饵料主要是单细胞藻类，如扁藻、巴夫藻、球等鞭金藻、牟氏角毛藻、骨条藻，魏氏海链藻等科类。日投喂 4 ~ 6 次，投喂量根据亲贝摄食状态及水中剩馆情况来确定。几种藻类混合投喂比投喂单一种类饵料效果好。

对于鲍、蝾螺等草食性，常用的饵料是大型褐藻，如海带、裙带菜、江蓠等。一般每天投喂 1 次，投喂量约为亲贝生物量的 20% ~ 30%，并根据摄食情况适当增减。

亲贝促熟期间投喂量控制在亲贝软体部的 2% ~ 4% 为宜，投喂量超过 6% 会加快亲贝的生长，反而对亲贝促熟不利。

饵料营养结构也需予以重视。促熟培育前期，需要投喂含有较高多不饱和脂肪酸 (EPA、DHA) 的种类，如牟氏角毛藻、海链藻、巴夫藻、球等鞭金藻等。培育后期，亲贝会从藻类中吸取中性脂类——三酰基甘油储存于卵母细胞中，作为胚胎和幼体发育的能量来源。因此合理选择搭配饵料种类是亲贝促熟培育中的关键一环。

（二）人工诱导产卵

一次性获得大量的成熟卵，是贝类人工育苗中的重要步骤。在自然界很难获得足够的亲贝同时产卵满足人工育苗所需，所以通过人工催产技术诱导产卵是贝类育苗的重要技术环节。不同贝类催产方法各不相同，同一种类也可以有不同的方法。原则是以最弱的刺激让亲贝排放精卵，同时对受精、孵化和幼体发育没有不良影响。

诱导贝类产卵的方法通常有：变温刺激、阴干刺激、流水刺激、氨海水刺激、过氧化氢海水刺激、异性配子刺激、紫外线照射海水浸泡等，有时也可以几种方法联合使用。刺激前一般需对亲贝进行清洗，除去表面杂物，然后放入产卵池。产卵池一般也利用育苗池（图 8-2）。

图 8-2 经促熟培育后即将产卵的亲贝

1.阴干刺激

根据亲贝的种类和个体大小差异，每次阴干时间可控制在1～6 h不等。阴干时，需要保持适宜的温度、湿度，以免刺激过大，致使一些不成熟的配子释放，对亲贝造成伤害。

2.变温刺激

水温差控制在±3℃范围，变换时间在30～60 min。温度不能超出该种类耐受范围之外，否则，刺激过大会影响配子质量和亲贝存活。

3.流水刺激

将亲贝平铺在育苗池底，阴干几个小时后，人工控制水流使水流经亲贝，一旦发现有亲贝产卵，关闭排水阀，使水位上升，其他亲贝会受产卵亲贝影响，相继产卵。

4.化学药物刺激

用加入化学药物的海水浸泡亲贝可以有效诱导产卵。过氧化氢海水的浓度为2～4 mol/L，浸泡刺激时间15～60 min，氨海水的浓度为7～30 mol/L，浸泡刺激时间为15～20 min。

除此之外，还可以通过紫外线照射海水刺激等方法，个别种类如太平洋牡蛎等可以直接通过解剖法获取精卵，人工授精。

（三）受精

通常贝类受精过程是将经过诱导的雌雄亲贝以合适的比例放入产卵池，使精、卵自然排放，自然受精。受精后，集中收集受精卵放入孵化池孵化。这种方法操作简便，亲贝雌雄比例控制得当，可取得满意的效果。但如果投放比例不当，雄贝太少，则精子不足，受精率低；若雄贝过多，精子数量太大，每个卵子被十几个甚至几十、上百个精子包围，则同样对受精和后期幼体发育不利。

为此，生产上也可以采取使雌雄分别排放，分别收集精子和卵子，再将精子根据卵子数量适量加入，并在显微镜下观察，原则上以每个卵子周围2～3个精子为合适，若加入精子过多，则可以通过洗卵方法来补救。一般卵子存活时间较短，精子稍长，要求精、卵在排放后1 h内完成。

（四）孵化

由受精卵发育成为浮游幼体的过程称为孵化。一般双壳类受精卵孵化都在大型育苗池中进行，少数种类如鲍等在小型水槽中孵化。孵化密度通常控制在 20 ~ 50 个 /mL 范围。孵化水温因种类而各不相同，一般与亲贝促熟培育水温相近。

受精卵发育至担轮幼虫后可破膜孵出而上浮，成为依靠纤毛在水中自由游动的浮游幼虫。受精卵孵化时间因种类和水温的不同而相差较大，快的 6 ~ 8 h，慢的超过 48 h。

（五）幼虫培育

1. 培育池

一般双壳类幼虫培育多在大型水泥池（ ± 50 m³) 中进行，也可以在小型水槽中进行。培育时，可采取微量充气，有助于幼体和饵料均匀分布，方便幼体滤食。

2. 幼虫选育

在孵化池上浮的幼虫需要通过选育，选取健壮优质个体，淘汰体弱有病个体，同时可以去除畸形胚胎，未正常孵化的卵以及其他杂质，避免污染。选育幼体一般采用筛绢网拖选或虹吸上层幼体。优选出来的幼虫放入培育池进行培育。

3. 培育密度

浮游幼虫培育密度因种类不同而异，一般多为 5 ~ 10 个 /m³，少数可以 15 ~ 20 个 /m³，如扇贝等。在培育期间，可以视生长情况加以调整。

4. 饵料及投喂

早期幼虫的开口饵料以个体较小，营养丰富的球等鞭金藻和牟氏角毛藻为好，以后可以逐步增加塔胞藻和扁藻。将几种微藻混合投喂的饵料效果比单一投喂好。在生产上，通常在幼虫进入面盘幼虫开始摄食前 24h 提前接种适量微藻有助于基础饵料的形成和水质的改善。一般 2 ~ 3 种藻类搭配营养合理，同时还可以适当大小搭配。不同微藻大小差别较大，在投喂量的计算过程中需予以适当考虑，如一个扁藻相当于 10 个金藻等。

5. 换水

换水量主要依据幼虫的培育密度和水温而定，通常每天换水 1 ~ 2 次，每次换水 1/2 ~ 2/3，每 2 ~ 4 天彻底倒池 1 次。条件合适也可以采用流水式培育。

6. 充气

培育过程需持续充气，控制水面刚起涟漪、气泡细小为宜。

7. 光照

贝类幼虫有较强的趋光性，光照不均匀容易引起局部大量聚集，影响摄食和生长，因此幼虫培育期间，一般采用暗光，光强不超过 100lx。可以利用幼虫的趋光性对幼虫进行分池、倒池等操作。

（六）影响幼虫生长和存活的主要因子

1. 温度

温度是影响幼体生长发育的最重要因子。许多贝类幼虫具有较广的温度耐受能力，即使超出了原产地自然环境条件，有时也能很好的生长。一般幼虫培育的水温采取略高于其亲体自然栖息环境温度，更利于幼虫生长。

2. 盐度

幼虫对盐度有一定的耐受限度，一般宜采用与亲体自然环境相近的盐度培育幼虫。

3. 饵料

饵料同样是幼虫发育的关键因素，不但影响幼虫发育，还关系到后期稚贝的健康。

4. 水质

由于海区水质环境处于动态变化过程中，很难保证水源始终符合育苗要求，因此，自然海水在使用前，需要进行过滤和消毒的处理，以确保用水质量。经处理后的水通常需加 HDTA- 钠盐 1 mg/L，硅酸钠（$NaSiO_3 \cdot 9H_2O$)20 mg/L，经曝气后使用。

5. 卵和幼虫的质量

卵的质量取决于亲贝的质量，而幼虫的质量取决于卵的质量和幼体培育期间的培育条件，尤其是饵料质量。

（七）幼虫采集

贝类在发育至后期壳顶幼虫（眼点幼虫）时，会出现眼点，伸出足丝，预计其即将转入底栖生活，此时就需要为其准备附着基，为幼虫顺利附着做准备。

1. 附着物种类

附着物的选择标准是既要适合幼虫附着，又要容易加工处理。通常附着基的种类有棕绳帘、聚乙烯网片（扇贝、魁蚶等）；聚氯乙烯波纹板、沙粒（蛤类）；聚氯乙烯板、扇贝壳、牡蛎壳等（牡蛎）。

2. 附着基处理

附着基在使用前必须进行清洁处理，去除表面的污物及其他有害物质，否则，幼虫或不附着，或附着后死亡。聚氯乙烯板一般先用 0.5% ~ 1% 的 NaOH 溶液浸泡 1 ~ 2 h，除去表面油污，再用洗涤剂和清水浸泡冲洗干净。棕帘因含有鞣酸、果胶等有害物质，需先经过 0.5% ~ 1% 的 NaOH 溶液浸泡及煮沸脱胶，再用清水浸泡洗刷。使用前还要经过捶打等处理，使其柔软多毛，以利于幼虫附着。鲍的附着基通常也是聚氯乙烯波纹板，附着前需要在板上预先培养底栖硅藻，无硅藻的附着基幼虫一般不会附着。

3. 附着基投放时间

各种贝类开始附着时的后期壳顶幼虫大小不一，如牡蛎幼虫为 300 ~ 400 μm，扇贝、蛤类幼虫为 220 ~ 240 μm。大多数双壳类幼虫即将附着变态时，都会出现眼点，因此可以根据眼点的出现作为幼虫附着的标志。但幼虫发育有时不完全同步，因此一般控制在 20% ~ 30% 幼虫出现眼点时即投放附着基。

4. 采苗密度

不同种类对附着密度要求不一，原则是有利于贝类附着后生长。密度太大，成活率低，太小则浪费附着基，增加育苗工作量和成本。多数双壳类附着密度按池内幼虫密度计，如扇贝采苗密度可在 2 ~ 10 个 /mL。牡蛎、鲍的采集密度按附着后幼虫密度计，如牡蛎每片贝壳 8 ~ 10 个，鲍每片波纹板 200 ~ 300 个。

5. 附着后管理

附着后管理主要是投饵和换水。幼虫附着前期大多有个探索过程，时而匍匐，时而浮游，加之幼虫发育不同步，因此投放附着基后最初几天，水中仍会有不少浮游幼虫，此时换水仍必须用滤鼓或滤网，以免造成幼虫流失。后期待幼虫基本完成附着后，需加大换水量，每天换水两次以上，每次 1/3 ~ 2/3。同时因个体增大，摄食量随之增加，饵料投喂量也要增大，以保证幼虫的营养需求，加速变态、生长。

（八）稚贝培育

幼虫附着后，环境条件合适，很快就会变态为稚贝。在变态为稚贝的过程中，幼虫个体基本不增长，而变态为稚贝后，生长迅速。一般双壳类稚贝的室内培育池仍然是水泥育苗池，采取静水培育，日换水 2 ~ 3 次，每次 1/2 左右。培育用水可以用粗砂过滤的自然海水，充分利用自然海区的天然饵料。投饵量应根据稚贝摄食及水中剩饵情况来进行。

幼虫从附着变态为稚贝后，经过 7 ~ 14 天的培育，可长成 1 ~ 3 mm 的稚贝，此时可以开始逐步转移至室外海区进行中间培育了。

二、稚贝中间培育

室内工厂化育苗一般只能把幼虫培育至 1 ~ 3 mm，而如此小的稚贝尚不能直接用于海上养成，需要经过一个中间培育阶段，称为稚贝的中间培育（图 8-3）。中间培育是处于育苗和养成的一个中间环节，其目的是以较低的培育成本使个体较小的贝苗迅速长成适合海上养殖的较大贝类幼苗。

图 8-3　贝类稚贝的中间培育

根据贝类种类不同，中间培育的方法主要有海上中间培育和池塘中间培育，前者以扇贝、魁蚶等附着性贝类为主，后者以蛤类、蚶类等埋栖型贝类为主。缢蛏苗种中间培育，多用潮间带滩涂经平埕整理后的埕条或者土池（图 8-4）。

图 8-4　缢蛏稚贝中间培育基地

（一）海上中间培育

海上中间培育是利用浮筏，将附着基连同稚贝一起放入网袋或网箱用绳子串起，悬挂于浮筏进行养殖的一种培育形式。一般每绳串 10 ～ 20 个网袋或 2 ～ 3 个网箱。中间培育一般都选在风浪小、潮流畅通、水质优良而饵料生物又相对丰富的海区进行，也可以利用条件较好的鱼虾养殖池进行中间培育。浮筏的结构、设置与常规海上养殖的浮筏基本类似，可参见有关章节。培育器材主要是网袋、网箱或网笼，属于贝类中间培育所专有的。

1.培育器材

（1）网袋

网袋一般为长方形，用聚乙烯纱网缝制而成，大小 30 cm×50 cm，或 50 cm×70 cm。根据稚贝规格大小，网袋可分为一级网袋、二级网袋和三级网袋。一级网袋多用于培育刚出池的壳高 1mm 左右的稚贝，网袋的网目大小多为 300 ～ 400 mm(40 ～ 60 目)；二级网袋多培育 2 ～ 3 mm 规格稍大的稚贝，网目大小为 0.8 ～ 1 mm(20 目)；三级网袋则用于培育规格较大的稚贝，其网目大小为 3 ～ 5 mm。

（2）网箱

网箱形状多为长方形，大小为：40 cm×40 cm×70 cm。可用直径为 6 ～ 8 mm 的钢筋做框架，外套网目大小为 300 ～ 400 mm 或 0.8 ～ 1.0 mm 的聚乙烯网纱。网箱可用于稚贝的一级和二级培育。由于网箱的空间较大，育成效果较网袋好，但同等设施，所挂养的箱体数量和培育的稚贝数量比网袋小。

（3）三级育成网笼

形式与多层扇贝养殖笼相似。笼高约 1 m，直径约 30 cm，分 8 ～ 15 层，层间距 10 ～ 15 cm，外套网目 5 mm 左右的聚乙烯网衣。网笼一般培育 8 ～ 10 mm 较大规格的稚贝，可将稚贝培育至 1 ～ 3 cm，再将其分笼进行成贝养殖。

2.养殖方法

（1）网袋、箱、笼吊挂

一般一条吊绳吊挂 10 袋，两对为 1 组，系于同一个绳结，分挂在吊绳两边，每条吊绳结 5 组，组间距 20 ～ 30 cm。一般网袋宜系扎在吊绳的下半部。吊绳的长短依培育海区水深而定，一般为 2 ～ 5 m。吊绳末端加挂一块 0.5 ~ 1.0 kg 的坠石，上端系于浮筏上。吊绳间距 1m 左右。

网箱可 3 个 1 组上下串联成一吊，下加一块 0.5 ~ 1.0 kg 的坠石，上端系于浮筏上，吊间距 1.5 ~ 2 m。

网笼可直接系于浮筏上，笼间距 1 m 左右。为增加笼的稳定性，也可以在末端加一块 0.5 ~ 1 kg 的坠石。

（2）培育密度

稚贝的中间培育密度根据种类、个体大小、海区水流环境以及饵料丰度而定。一般双壳类稚贝一级网袋可装 1 mm 以下的稚贝 20 000 个左右；二级网袋可装 2 mm 左右的稚贝 2 000 个。用网箱培育，一级培育的稚贝可装 50 000 ~ 100 000 个；二级培育的稚贝可装 5 000 个左右。用网笼培育，一般每层放稚贝 100 ~ 300 个。

（3）培育管理

稚贝下海后对新环境有一个适应过程，因此前 10 天最好不要移动网袋，以防稚贝脱落。以后根据情况每 5 ~ 15 天洗涮网袋 1 次，大风浪过后，要及时清洗网袋的污泥，以免堵塞网孔妨碍水交换，影响稚贝生长。

稚贝生长过程中，及时分苗。一般 1 个月后一级培育的稚贝可以分苗进入二级培育。

（二）池塘中间培育

池塘中间培育主要用于蛤类，如文蛤、菲律宾蛤、泥蚶、毛蚶等埋栖性种类的稚贝培育，可在池塘中将 1 mm 的稚贝培育至 10 mm 以上。

1. 场地选择

选择水流缓和、环境稳定、饵料丰富、敌害生物较少、底质适宜（泥沙为主）的中潮带区域滩涂构筑培育池塘。也可以利用建于中高潮带的、较大型的鱼虾养殖池作为稚贝培育场所。

2. 培育池塘的构筑

面积一般为 100 ~ 1 000 m²，围堤高 40 ~ 50 cm，塘内可蓄水 30 ~ 40 cm。每 10 ~ 20 个池连成一个片区，池间建一条 0.5 m 宽的排水沟。片区周围建筑高 0.5 ~ 0.8 m、宽 1 m 左右的堤坝，保护培育池塘。池塘构筑还需因地制宜，灵活选择，原则是使稚贝在一个环境条件稳定的良好场所，不受外界因素干扰快速生长。

3.播苗前池塘处理

在播撒稚贝苗之前，池塘应预先消毒，用鱼藤精（30 ~ 40 kg/hm²）或茶籽饼（300 ~ 400 kg/hm²）泼洒，杀灭一些敌害生物如鱼、虾、蟹类等。放苗前 1 ~ 2 天，将池底耙松，再用压板压平，以利于稚贝附着底栖生活。视水质饵料情况，可以适当施肥，繁殖基础饵料。

4.播苗

由于稚贝个体很小，不容易播撒均匀，可以在苗种中掺入细沙，少量多次，尽可能播撒均匀。播苗密度随个体增长，逐渐疏减，一般初始密度为 60 ~ 90 kg/hm²。

5.日常管理

培育期间，池塘内水位始终保持在 30 ~ 40 cm，每隔两周左右，利用大潮排干池塘水，视情况疏苗。若遇大雨，要密切关注盐度变化，若降低太多，则需换入新水。

三、贝类土池育苗

土池育苗是在温带或亚热带沿海地区推广采用的一种育苗方式。该方式不需要建育苗室等各种设施，利用空闲的养殖用土池，施肥繁殖贝类饵料，方法简单，易于普养殖者掌握，培育成本低廉，所培育苗种健壮，深受人们欢迎，具有良好的应用前景。一般土池育苗主要适宜培育蛤类、蚶类和蛏类等埋栖型贝类。

但土池育苗也有一些弊端，如土池面积大，培育条件可控性较差，敌害生物较难防。另外，池塘水温无法人工调控，因此只能在常年或季节性水温较高且稳定的地区开展土池育苗。

1.场地选择

必须综合考虑当地的气候、潮汐、水质、敌害生物、道路交通及其他安全保障等因素。底质以泥或泥沙为宜，池塘面积一般在 0.5 ~ 1 hm² 池深 1.5 m 左右，蓄水水位在 1 m 左右。池堤牢固，不渗漏，有独立的进排水系统。

2.池塘处理

（1）池底处理

育苗前必须进行清淤、翻松、添沙、耙平等工作，为贝类幼虫附着创造适宜的底质环境。

（2）清池消毒

育苗前 10 天左右进行消毒，杀灭敌害生物和致病微生物等。常用的消毒剂为生石灰（150 ~ 250 g/m²）、漂白粉（200 mg/m²、有效氯20% ~ 30%)、茶籽饼 (35 g/m²)、鱼藤精（3.5 g/m²）等。

（3）浸泡清洗

清池消毒后要进水洗池 3 遍以上，彻底清除药物残留。每次进水需浸泡 24 h 以上，浸泡后池中的水要排干，然后注入新水再次浸泡，重复进行。为防止进水时带进新的敌害生物或卵、幼虫，进水口要设置 100 目的尼龙筛网对水进行过滤。

3. 肥水

由于土池育苗的饵料生物完全依靠池塘天然繁殖，因此在育苗前必须通过施肥在池塘中繁殖足够的生物饵料，这是土池育苗能否成功的关键所在。

（1）施肥种类

常用的化肥为尿素、过磷酸钙、三氯化铁等，有机肥可用发酵的畜禽粪便，有机肥的效应较慢，但肥力较长，可与化肥搭配使用。

（2）施肥量

一般可按 N：P：Fe=1：0.1：0.01 的比例施肥，氮的使用量通常为10 ~ 15 g/m²。

（3）施肥方法

通常施肥后 3 ~ 4 天，浮游生物即可大量繁殖。可根据饵料生物的繁殖情况适当增减用量。

4. 亲贝的投放与催产

（1）亲贝选择

从自然海区或混养池塘中选择健康成熟的 2 ~ 3 龄个体做亲贝。

（2）亲贝数量

根据种类、个体大小来调整亲贝数量，一般在 200 ~ 400 kg/hm²。

（3）催产

产卵前，将亲贝撒放在进水闸门口附近，利用大潮汛期进水，受到水温差和流水刺激，可以使亲贝自然产卵。也可以在产卵前先阴干 8 h，然后再撒在闸门口附近，经受水温和流水刺激，催产效果更好。若采用经过室内促熟培育的亲贝，再如上述方法催产，产卵效果也很好。

土池育苗的贝类一般属于多次产卵型。当首批浮游幼虫下沉附着后，可以根据亲贝的发育情况，进行第二次催产。方法是傍晚将池塘水排干，第二天清晨再进水，使亲贝排卵、受精。也可以利用室内育苗室进行催产、受精，等幼虫发育至面盘幼虫后，随水移入土池让其自然生长。此方法要注意室内外水温的差异不能过大，同时池塘中要有足够的饵料生物保证幼虫摄食。

5. 幼体期管理

土池育苗一般不需要投饵，贝类浮游幼虫依靠摄食池塘内的天然饵料生物，自然生长发育为稚贝。主要管理工作有如下几项。

（1）进排水

前期池塘只进不排，确保之前繁殖的饵料生物不致流失，保持池水各项理化因子稳定。如果需要，可以在幼虫开始摄食初期，投放适量的光合细菌作为补充饵料。幼虫附着后，池水可以大排大进，为贝类幼虫带来海区天然饵料。

（2）施肥

在幼虫附着之前，需定期施肥，加速繁殖饵料生物。

（3）敌害防止

严格管理进水滤网，防止敌害生物进入池内。随时清除池中的浒苔等杂藻类。

（4）观察检测

日常巡视，检查闸门、堤坝漏水情况。每天定时检测水温，采水样，计数幼虫密度，观察个体大小、摄食、健康状况等。

6. 稚贝采收

（1）稚贝规格

当稚贝长到壳长 1.5 mm 以上时，可以进行刮苗移养。

（2）移苗时间

一般在早上或傍晚进行。池水排干后，进行刮苗，刮出的苗种要先清洗，将稚贝与杂质分开，然后再转移至中间培育池内进行中间培育。

四、天然贝苗的采集

在传统贝类栖息的自然海区尤其是贝类养殖海区，每年贝类繁殖季节，海区都会出现数量不等的贝类幼虫，有时数量相当大，这些贝类幼虫在发育到后期壳顶幼虫即将附着转入底栖生活时，如果没有合适的附着基，则会死去或被水流冲走。对于双壳贝类来说，无论是营固着生活的（牡蛎）、营附着生活的（贻贝），还是营埋栖生活的（蛤、蚶、蛏）贝类，在其幼体发育阶段都要经历附着变态阶段，而此时如果在海区人工投放适宜的附着基，或设置条件适宜的附着场所，就可以采集到数量可观的贝苗。采集天然贝苗就是利用贝类这一幼体发育特点而进行的。由于这些贝苗是在海区自然环境中生长发育的，因此生命力强，养殖成活率高，避免了人工培育所带来的苗种适应能力差，抵抗力弱，近亲繁殖等弊端，因此深受人们欢迎。但采集天然苗种也存在受气候海况条件影响大、产量不稳定等缺点。

根据贝类的栖息环境，生态习性，采集天然贝苗通常有 3 种方式。一是在贝类繁殖季节，在海区选择浮游幼虫密集的水层，吊挂采苗绳帘，采集贝苗，称为海区采苗，通常用于扇贝、魁蚶、贻贝等苗种采集；二是通过在潮间带放置采苗器采集贝苗，称为潮间带采苗器采苗；三是在潮间带合适区域通过修建、平整贝类幼虫附着场所（平畦），称为潮间带平畦采苗。

（一）采苗预报

天然贝苗采集的一个非常重要的工作是确定采苗期，以便在适当、准确的时间段内投放采苗器或平畦，也称为采苗预报。预报不准，采苗效果会大打折扣。过早投放，采苗器上会附着其他海洋生物，影响贝类幼虫附着；过晚则幼虫已失去附着能力或死亡，预示采苗失败。采苗预报分为长期预报、短期预报和紧急预报。长期预报在生殖季节到来之前发出，为生产单位组织准备采苗器材，构筑、平整采苗场所提供参考；短期预报在首批亲贝开始产卵发出，为生产单位检查采苗准备工作是否充分提供依据；紧急预报在幼虫即将附着时发出，预报未来 3 天幼虫附着情况和可采集到贝苗数量。紧急预报为生产单位投放采苗器或平畦提供依据。通常长期预报 1 年只发 1 次，而短期预报和紧急预报视情况可 1 年多次。

（二）采苗海区选择

选择附近海域有一定的亲贝资源，或是贝类养殖海区，可提供足够的贝类浮游幼虫；海区风浪较小，潮流畅通，水质优良，使贝类幼虫能在该海区停留一定的时间。对于不同生活习性的贝类，其底质要求不一，如平畦采集的埋栖型贝类要求底质为疏松的泥沙，以利于幼虫附着；而海区采集的附着型贝类则要求浮泥少，不易浑浊。

（三）采苗方式

1. 海区采苗

海区采苗也称浮筏采苗，一般利用浮筏和采苗器在潮下带至水深 20 m 左右的浅海水域进行垂下式采苗。多用于扇贝、魁蚶、贻贝、泥蚶等种类的苗种采集。我国的栉孔扇贝、日本的虾夷扇贝普遍利用这种方式采集苗种。

（1）采苗器

一般利用在浮筏上悬挂采苗器进行采集。采苗器的种类有很多，例如，采苗袋：由塑料纱网缝制（扇贝、魁蚶）；采苗板：透明 PVC 波纹板（鲍）；贝壳串：牡蛎、扇贝壳串制而成；棕网：用棕绳编制而成的棕网；草绳球等。

（2）采集水层

采集器悬挂水深要根据采集贝类的种类及海区环境情况而定，因此采集前要对幼虫的分布、海区水深情况等进行水样采集调查分析，确定采集器投放位置，以获得良好的采集效果。一般扇贝幼虫多分布在 5 ~ 10 m 的水层，魁蚶幼虫分布在 10 m 以下水层。

2. 潮间带采苗器采苗

潮间带采苗器采苗多用于牡蛎、贻贝等种类的采苗。

（1）采苗器

牡蛎天然采集的采苗器多种多样，常见的有：①石材：花岗岩等硬石块制成，规格 1.0 m × 0.2 m × 0.05 m；②竹竿：多为直径 2 ~ 5 cm，长约 1.2 m 的毛竹；③水泥桩：规格有 0.5 m × 0.05 m × 0.05 m 或（0.08 ~ 0.12）m × 0.1 m × 0.1 m；④贝壳串：用扇贝或牡蛎壳串制而成。

（2）采苗方法

根据采苗器的不同，采苗方法也各有差异。石材和水泥桩一般是用立桩法，将基部埋入滩涂内 30 ~ 40 cm，以防倒伏增强其抵御风浪的能力。一般每公顷投放 15 000 个。竹子一般采用插竹法，每 5 ~ 10 支毛竹为一组，插成锥形，插入滩涂 30 cm，每 50 ~ 80 组排成一排，排间距 1 m。每公顷插竹 150 000 ~ 450 000 枝。贝壳串采苗法是在低潮线附近滩涂上用水泥桩或竹竿搭成栅架，采苗时，将贝壳串水平或垂直悬挂在海水中采集。其他还可以直接将石块或水泥块投放在滩涂上成堆状，将水泥板相对叠成人字形等方法采苗。

3. 潮间带平畦采苗

潮间带平畦采苗多用于埋栖型贝类的采苗，如菲律宾蛤仔、文蛤、泥蚶、溢蛏等种类。

（1）采苗畦修建平整

选择底质疏松、泥沙底质的潮间带中高潮区海涂，修筑成形的采苗畦。先将上层的底泥翻耙于四周，堆成堤埂，地埂底宽 1.5 ~ 2 m，高 0.7 m，风浪较大的海区，地埂适当加宽加高。畦底再翻耕 20 cm 深，耙平，使底质松软平整，以便于贝类浮游幼虫的附着与潜沙。如果底质中沙含量较少，可在底面上铺上一层沙，作为幼虫附着基质，增加附苗率。采苗畦的面积约为 100 m² 左右，两排之间修一条 1 m 左右宽的进排水沟，沟端伸向潮下带，确保涨落潮时水流畅通。

（2）采苗方法

在自然海区贝类繁殖季节，根据水样调查分析和采苗预报，选择适宜时机进水采苗。进水前一天，需再将畦底面翻耙平整 1 次，以利于幼虫附着。为提高密度，还可以放水再进水采苗。贝苗附着后，每隔一定时间应在地面轻耙 2 ~ 3 次，防止底面老化，为稚贝创造更好的生活环境。

第三节　主要贝类养殖技术

一、淡水优质珍珠培育及加工技术

经过最近几十年的努力，我国的淡水珍珠养殖取得了长足发展，这主要是得益于钩介幼虫人工采集技术的突破、稚幼蚌培育技术的不断进步、专业从事手术操作的女工队伍的形成以及育珠蚌养殖技术的提高，我国珍珠产量得到飞速增加，淡水珍珠产量已跃居世界首位。但同时也应该看到，由于三角帆蚌等种质退化日趋严重、手术操作工人缺乏正规培训、新的技术和工艺难以推广应用、生产管理方式落后，以及我国的珍珠产业协会还不健全、缺乏行业协调和自律等原因，使得我国珍珠品质不高，生产无序，缺乏国际竞争力。所以，从加强优质珍珠亲蚌的选育、手术新工艺和养殖新技术的推广以及发挥行业协会的调节作用入手加以改进，可以达到控制珍珠产量，提高珍珠品质的目的。同时，这些问题也是当前珍珠养殖业迫在眉睫、要求尽快解决的现实问题。下面重点从淡水优质珍珠培育及加工技术两个方面进行阐述。

（一）河蚌人工育苗技术

由于三角帆蚌具有体大、扁平、壳厚、质坚和便于手术操作的优点，是我国目前淡水珍珠养殖的主打品种，现以其为例进行介绍。

1. 亲蚌选择

三角帆蚌的种质资源是提高珍珠质量、降低珠蚌死亡率的物质基础。因此，亲蚌要求选择来自无病区的不同水系，以不同水域的天然野生蚌为优，避免近亲繁殖。一般要求亲蚌年龄在 3 龄以上，以 5 ~ 6 龄为佳，体重为 300 ~ 800 克、壳长为 15 ~ 20 厘米。要求蚌壳厚实，生长线宽大、清晰，色光亮，呈青蓝色、褐红色、黑褐色或黄褐色等，体质健壮丰满，外鳃完整无伤，两壳闭合力强，喷水有力。

2. 钩介幼虫采集

（1）钩介幼虫成熟度的检查

用开口器将贝壳稍稍打开，观察外鳃颜色与饱满度。在饱满的外鳃中，如出现凹陷、鳃瓣膨大松弛，有从白色到淡黄色至深黄色、紫色的明显色变，用针刺破蚌前端的外鳃，取出一点受精卵，如果在操作中觉得有丝状物或絮状物而纠缠不易分开时，说明钩介幼虫已出膜成熟，达到采苗标准。反之，如果拉不成丝，即表明钩介幼虫尚未成熟。

（2）寄主鱼的选择与用量

选择性情温和、游泳缓慢，体质健壮，无病无伤，鳍条完整无损，取材方便的鱼类。在实际生产中，通常选用年前收购，暂养在池塘的黄颡鱼，规格以 50 ~ 100 克为佳。如鱼体过大，鳃丝、鳍条较硬，不易寄生；如鱼体过小，体质较弱，抗病能力差。寄主鱼用量为每只雌性亲蚌配 10 ~ 20 尾。

（3）人工采苗

①排幼

将确认的钩介幼虫已成熟的雌蚌洗净，阴干刺激 1 ~ 2 小时后，平放在底径约为 50 厘米、高为 20 ~ 25 厘米的大盆中，每盆以盛放 10 个为宜，加清水（与池水温度差超过 1℃）至刚好淹没蚌壳为准。不久雌蚌排出成团的絮状物，约 30 分钟，达到一定密度后，取出雌蚌，放入另一个大盆中继续让其排放。

②附幼

用手在大盆中轻轻地搅动水体，使含钩介幼虫的絮状物散开。将寄主鱼放入产苗盆内，每只雌蚌通常放入寄主鱼 0.5 ~ 1.0 千克，进行静水附幼。时间一般控制在 10 ~ 20 分钟，以每尾寄主鱼寄生钩介幼虫 800 ~ 1000 个为宜。附幼过程为防止寄主鱼缺氧，需用一个小型充气泵给产苗盆中充气增氧，附幼后的寄主鱼应及时移放入流水育苗池内培育。

③寄主鱼饲养时间

当钩介幼虫寄生积温达 180℃时将开始脱苗，一般需 7 ~ 16 天。具体寄生时间与水温关系见表 8-1。

表8-1　钩介幼虫寄生时间与水温关系

水温 /℃	18 ~ 19	20 ~ 21	23 ~ 24	26 ~ 28	30 ~ 35
寄生时间 / 天	14 ~ 16	12 ~ 13	10 ~ 12	6 ~ 8	4 ~ 6

④脱苗

脱苗 1 ~ 2 天，停止给附幼鱼投食，并将鱼捞出放入盛水的容器内，将育苗池打扫干净，加注新水至 17 厘米，然后将附幼鱼放回育苗池，待附苗鱼鳃丝及鳍条上的小白点消失，及时捞出寄主鱼。

3.幼蚌培育

幼蚌培育的方式有多种，有笼养、网箱养，实践中一般以笼养效果最好，管理也较方便。其做法是：用宽为 2 ~ 3 厘米，长为 42 厘米的竹片 8 根，用宽为 2 厘米，长为 11 厘米的竹片 4 根，分别在竹片两端 1 厘米处钻孔，然后用铁丝结扎成 1 个 43 厘米 ×43 厘米 ×11 厘米的框架，用 1 块 46

厘米×46厘米的塑料铺底，再用一块网目为3厘米的聚乙烯网片，缝合于竹框架四周表面，再在网笼底部均匀安装两根与底部等长的底篾，在网笼四角上方安装2根3×6胶丝线吊角。

在幼蚌培育上，以绳、浮子（可乐瓶）组成的吊养方式最好。具体做法是：先将底纲绳每隔一定距离用木桩固定于水底，将浮子按一定距离结扎在面纲绳上，将面纲绳隔一定距离固定在底纲绳上。面纲与底纲互相垂直，然后将网笼悬吊于4个浮子中间。这种方式可使河蚌随水位升降而升降，始终吊养于水的表层。幼蚌培育网笼中要有营养泥，营养泥最好就地取材，以本池肥沃的淤泥加少量发酵后的鸡粪、鸭粪为最好。有条件的还可以加微量稀土。新开池淤泥少，可用船从其他池运来，切不可用粗颗粒的硬泥作营养泥。笼中营养泥的厚度以蚌的个体大小而定，一般略大于蚌的高度。幼蚌放养的密度应根据水体初级生产力和溶氧量来确定，一般每亩可吊放网笼100～120个，每笼放养幼蚌100～150只，一次放足，稀养速成，减少幼蚌分笼的麻烦。幼蚌应吊养在饵料生物量最多、溶氧量丰富的水层。水体透明度大小和水质肥瘦及生物饵料量丰欠有一定关系，根据浮游生物量与透明度的关系，可以得出幼蚌吊养最佳水层为：透明度（厘米）×0.8，池塘透明度小可浅吊，湖泊透明度大，可吊深些。如吊养太浅，高温季节表面水温过高，影响幼蚌的代谢和生长，严重时甚至生长停滞；如吊养太深，生物饵料少。幼蚌孵化出池时，正处于夏天高温，所以放苗应选择早、晚或阴天进行。晴天船上一定要有遮阳物，切忌幼蚌在阳光下曝晒。放苗时幼蚌一定要均匀撒在笼中央营养泥上。放苗后第二天，应检查幼蚌成活率，如营养泥上看不到幼蚌，则幼蚌已入泥；如营养泥上有部分贝壳漂浮，则说明幼蚌有死亡，必须补数。

施肥管理：7-9月份是高温季节，也是幼蚌生长旺季。幼蚌下笼后，前期水质不宜太肥，因幼蚌体质幼嫩，食量也不大。中、后期（3厘米以后）要适当培肥水质，池水要"肥、活、嫩、爽"。观察水体肥瘦，确定施肥力度，保证幼蚌生长需要，前期以泼洒豆浆和施无机肥为主，中、后期无机肥和有机肥相结合。使用无机肥以尿素、过磷酸钙为好，有机肥以腐熟的鸟粪、鸡粪、鸭粪为好。平时应经常检查笼子是否有破损，以防鱼类、水鸭等进笼吃食幼蚌。在有风水域，要检查营养泥是否被风浪冲掉，发现营养泥减少，要及时添加。

4. 育珠蚌养殖

待 7 ~ 8 厘米的幼蚌经手术员精心植片和系统化消毒操作后，即成了育珠蚌。育珠蚌一般要养殖 3 ~ 4 年才能采收珍珠。在这漫长的几年中，管理水平的高低将直接影响珍珠的质量和产量，管理失误，即使幼蚌再好，手术操作再成功，也将前功尽弃。

（1）手术蚌暂养

刚做完手术后的育珠蚌，应放入预先配好的保养液中消毒，以防伤口感染，傍晚再放入暂养水域的笼中。暂养水域要求水质清新，不能太肥，有一定微流水，以利于伤口愈合。暂养期间，不要随意翻动贝壳或将贝壳提出水面和开壳检查，发现死蚌应及时清除。

（2）育珠蚌养殖水域选择

育珠蚌水域一般以池塘或中、小型湖泊为好，水深 2 米左右。水位太浅（1 米以下），水温受气候影响大，不利于饵料生物生长；再则，夏季高温，有时表层水温可超过 35℃，造成育珠蚌生长停滞或热昏迷；水位太深（5 米以上），底层水温低，影响营养物质循环。水质要肥、无污染，pH 为 7 ~ 8，底质要有一定厚度的淤泥，如有一定的微流水及周围有一定的外源物质流入更好。生产实践证明，三角帆蚌在有微流水的水体中，珍珠产量和质量比在静水体中高 1 ~ 2 倍。

（3）育珠蚌吊养方式

吊养方式以网笼和网夹吊养为好。育珠蚌壳长 14 厘米以下用网笼养。网笼可采用放幼蚌的网笼，撕掉底部薄膜即可。每只笼子放养量以每只蚌都能平铺接触笼底为宜，开始每笼可放 20 只左右，以后随着蚌体增长而逐步分稀。待珠蚌长到 14 厘米后，最好用网夹养殖，网夹用一根长为 45 厘米、宽为 2 厘米的竹片及网袋组成。竹片两端钻孔，穿扎吊线，竹片中间用聚乙烯网片做成长方形网袋，网袋长为 42 厘米、高为 15 厘米。将蚌腹缘朝上，背缘向下，整齐排列，每个网袋可放蚌 3 只。后期利用网夹吊养，以控制蚌体营养生长，促进珠质分泌，提高珍珠质量。

（4）育殊蚌吊养密度

吊养密度应根据水体条件而定，池塘水肥，可多吊养。一般网笼养殖阶段为 1 000 只 / 亩左右，网夹养殖阶段为 600 ~ 800 只 / 亩。

（5）育珠蚌吊养深度

育珠蚌应吊养在生物饵料最多的水层。随着蚌体增长，重量增加，吊养的网笼和网夹会有所下沉，这时应采取措施，保持网笼和网夹处于正常位置，根据季节变化调节吊养深度，冬季、夏季可适当深吊，春季、秋季可适当浅吊。

（6）鱼类放养

在育珠水域放养一些吃食性鱼类，既可充分利用水体资源，提高经济效益，保持水体生态平衡，又可改良水质，促进池水上下对流，增加溶氧量。可搭养一些草鱼、鳊鱼、鲤鱼、鲫鱼、黄颖鱼及少量鳜鱼和大口鲇等：特别是黄颖鱼、鲷类，能够吃食贝壳和网片上的一些附着藻类，促进育珠蚌的生长，但与河蚌食性有竞争的鱼类应尽量不放。

（7）施肥管理

育珠蚌吊养好以后，关键是施肥，但要注意的是手术蚌吊养后的一周内不应施肥。如果水色达不到要求，可用豆浆投喂，一般黄豆每天用量为1千克/亩，磨浆后分2～3次泼洒，连续5天。如果其他措施到位，施肥跟不上，育珠蚌得不到充足的食物，生长缓慢，外套膜薄，圆珠率低。实践表明，育珠蚌手术后最初几个月的生长速度与珍珠质量有明显关系。手术后育珠蚌伤口愈合快，生长迅速，珍珠形状就好，圆珠率高。所以，在伤口愈合后，应及时进行正常施肥。施肥应根据水质肥瘦、季节变化来确定施肥的力度，施肥应以有机肥为主，无机肥为辅，夏季高温应尽量少施有机肥。鸡粪、鸭粪、乌粪是育珠蚌最好的有机肥，含有丰富的钙和活性磷，肥效高，能使育珠蚌生长迅速，珍珠质沉积快，珠光好。具体做法是：将粪耙堆成堆，发酵、腐熟后，均匀泼洒于水中，一般用量为50千克/亩。无机肥主要为氮（素）、鳞（过磷酸钙）和复合肥，在高温季节施用，氮磷肥施用量之比为1：（2～3），一般用量为5千克/亩。使用时将两种肥料混合加水后泼洒，做到少量、多次、勤施。在日常工作中注意维护养殖设施，风浪、水流等可造成网笼（夹）角线断裂、底篾脱落，底纲绳、浮子纲绳断裂，使育珠蚌成堆堆在网笼中或脱落掉入水底，影响蚌的正常生长，发现后及时修复。

（8）蚌病防治

蚌病重在预防，应建立自繁、自育、自养的繁育体系。从外地调蚌，应调查当地蚌的健康状况，如是否来自疫区，是否有蚌病发生和流行，同时掌握蚌病发生和流行规律。手术操作消毒不能大意，育珠蚌应严格消毒，每一个环节都不能少，以保证伤口早愈合和体质的早日恢复。施肥不能过量，要科学合理施肥，有的地方由于施肥不当，造成蚌病发生，引起育珠蚌大批死亡，损失巨大。蚌病发生时，应正确诊断蚌病的类型，对症下药。

5. 加强管理

（1）建立一支稳定的技术人员队伍

河蚌育珠是一项浩大的系统工程，管理工作好坏直接影响珍珠质量。要培养一支懂技术、工作踏实肯干的队伍。人员要有分工，应根据每个人的特点，明确工作职责。

（2）量化工作指标

河蚌育珠从蚌的人工繁殖、幼蚌培育、移殖手术到育珠蚌的管养，有许多环节：每一个环节都应制定相应的工作目标，对从事某一环节的人员应有考核，完成了任务，达到工作目标，应给予奖励，做到按劳计酬、优质高薪。管理工作质量提高了，珍珠的质量就有了保障。

（二）珍珠加工技术

珍珠自水中取出，一般应对其进行加工。当然，有些生长得极好的珍珠不必加工，一般只需要用淡水清洗其表面，晾干即可收藏或进行首饰制作，但是被称之为"原珠"的这类珍珠数量甚少，所占比例不到产珠量的百分之一，所以对新采收的珍珠加工，是珍珠生产过程中必不可少的重要一环，它对于提高珍珠等级、保证质量非常重要。对珍珠加工，我们首先要了解影响珍珠品质的五大要素，分别是珍珠的形、色、照、卷、伤。高水平的加工，就是根据上述五大要素来分别处理，予以加工。我国目前对珍珠加工的方法，主要采用化学原理，用不同的配方除掉珠层的污斑，将珍珠漂得更白、更亮，又避免伤及珠层。

1. 去斑

刚收获的珍珠如不及时处理，其表面就会很快蒙上一层白色的薄膜，影响其质量。这是因为珍珠初离母体，突然与空气接触，而处于外套膜与袂层体表的分子链尚未断裂即已氧化而形成的白色薄膜。因此，采珠后应首先用温肥皂水洗涤，其次以软毛刷沾优质肥皂轻刷，再用清水漂洗擦干。对表面受到腐蚀的珍珠，用特制的打光膏进行处理；对泽较暗的珍珠，用一定比例的过氧化氢或稀盐酸处理使之恢复光泽，经盐酸处理后，应放入氨水中中和，再用水洗净、擦干。

2. 漂白

漂白可以提高珍珠的色泽、档次，但是珍珠需要穿单孔或双孔，然后用浓度为 2.5% ~ 3.0% 的过氧化氢纯水溶液，在 25 ℃ ~ 40 ℃ 恒温条件下浸泡，隔日更换漂白液一次，如加以辅助剂及稳定剂，其效果更好。不过目前各国、各厂家均有更先进的漂白技术，但都视为商业机密，绝不泄露。

3. 着色

着色又称染色、调色，都是为了寻求更高的商业利益，使珍珠的虹彩、白度、亮度用着色方法改进为最受消费者喜爱的种类。着色法是较为原始的染色法，用染色剂溶于乙醇内抽空以着色增白。现在还有用紫外线、超声波、激光等先进的染色法，经此加工的薄层珍珠，往往能使低价的薄层珠提高光泽度，并使珠层更结实，佩带的时间更长久。但是染色的技术要求很高，弄不好往往效果适得其反。

总之，通过加工，可使珍珠更为美丽，但是要提高珍珠的五大素质，还应从养殖入手，因为科学的养殖，包括选场、育贝、插核等，都是提高珍珠质量和产量的关键。

二、扇贝筏式养殖技术

(一) 海区的选择

海区的选择是筏式养殖中首先要进行的一项工作。只有海区选定后才能按照筏式养殖的而积确定养殖器材的用量和规格，指定浅架设施方案。海区的选择需要考虑以下几个方面。

1. 底质

以平坦的泥底为最好，稀软泥底也可以；凹凸不平的岩礁海底不适合。底质较软，可打拟下筏，但过硬的沙底，可采用石砣、铁锚等固定筏架。

2. 盐度

扇贝喜欢栖息于盐度较高的海区。河口附近有大量淡水注入，盐度变化太大的海区是不适合养殖扇贝的。

3. 水深

一般选择水较深、大潮干潮时水深保持 7 ~ 8 米以上的海区，养殖的网笼以不触碰海底为原则。

4. 潮流

应选择潮流畅通而且风不大的海区。一般选用大潮满潮时流速在 0.1 ~ 0.5 米 / 秒的海区浮筏的数量要根据流速大小来计划。流缓的海区，要多留航道；加大筏间距和区间距，以保证潮流畅通、饵料丰富。

5. 透明度

海水浑浊、透明度太低的水域不适合扇贝的养殖，应选择透明度终年保持在 3 ~ 4 米以上的海区。

6. 水温

一般夏季不超过 30℃，冬季无长期冰冻。因种类不同，对水温具体要求不同。华贵栉孔扇贝和海湾扇贝系高温种类，低于 10℃，生长受到抑制。虾夷扇贝系低温种类，夏季水温一般应不超过 23℃。

7. 水质

养殖海区选择无工业污染和生活污染的海区。

8. 其他

水肥，饵料丰富，敌害较少。

（二）养殖器材

浮筏由筏身、桩子、桩缆、浮子等部分组成。

1. 器材规格性能

筏身（大绠、浮绠）有两类，一类是工业制品，如聚乙烯绳、聚丙烯绳、塑料绳等。有效长度为 30 ~ 60 米，粗细在 0.9 ~ 1.4 厘米之间，可使用 4 ~ 6 年。另一类是农用物资，如稻草绳、竹篾绳、钢草绳等。有效长度为 50 ~ 60 米，粗细均在 5 ~ 6 厘米，使用年限约为 1 年。桩子（橛子）亦有两类，一类是木质，用杨、柳、槐、木麻黄等枝杆制成，可用 2 ~ 3 年；另一类为水泥桩，由圆铁（或钢筋）、水泥和沙石浇注成，可用 6 ~ 7 年。桩缆（橛缆、砣缆）多用聚乙（丙）烯绳、塑料绳等，粗细与筏身相同，或略细些。每根长度依水深而定，通常为当地水深的 2 倍。桩缆长则筏身稳定性强，桩缆太短，稍有风浪就容易产生"拔桩"现象，造成损失。浮子目前多用塑料球。塑料球直径为 30 ~ 32 厘米，每个浮子的负荷量（浮力）约为 17 千克。吊绳多用聚乙烯绳等，粗细为 0.4 ~ 0.5 厘米（140 ~ 180 股单丝），长度为 60 ~ 100 厘米，可用 2 ~ 3 年。养殖苗绳原则上采用可供贻贝附着的固体即可，考虑制作和来源，多用棕绳、钢草绳、稻草绳、车胎等，草绳一般用1年，棕色绳可用2～3年，车胎包括各种车辆废旧的外胎、橡皮管、三角带等，保存得好可使用5年左右，苗绳长度在1.5～2.0米之间。草绳多为4～5厘米粗；车胎单股宽度为5～6厘米。

2. 养殖器材加工制作

筏身用聚苯乙烯或塑料薄膜，在流急和藤壶多的海区用网袋包裹。有的把大埂全部缠裹，为了防止藤壶损坏筏身，有的间缠稀裹，防止苗绳打滑，把吊绳插到大梗的拧缝中，结以半别扣，筏身两端扎成扣鼻。木桩粗15～20厘米，长80～100厘米，应去树皮，削尖下端，顶上钻洞，腰部穿孔。腰部的孔是栓桩缆用的，应开在中心稍下方，洞眼偏高，固着力差，容易拔桩。洞眼边应修齐光滑，以免磨损桩缆。木桩长度为70厘米，形似箭头，上端长方形，15厘米×20厘米，中部带膀，膀越宽，阻力越大，越牢固。桩内用4根圆铁作筋，4根小铁棒作膀，端部有一铁圈露出桩外当桩鼻，拴桩缆应用旧绳索缠扎，以免桩鼻生锈，磨损桩缆。

桩缆丁般不必特殊加工。如采用"调节棍"作为桩缆下段，防止海底贝壳等拽断绳缆，最好用两节铁棍，中间带环连接，操作方便。铁棍粗为1.2厘米，长为3～4米，铁棍同桩缆连接处，也需用以绳缆包扎。为了防止断线跑浮，最好用猪蹄扣结圈。浮子与大绠有时采用带耳，通过浮顶上连接两侧大绠，这样即使扎绳被磨断，翻身浮起也不致丢脱，也容易被发现，便于及时加固。养殖扇贝浮筏的结构和设置与贻贝养殖大体相同，目前多使用单式筏子。

（三）养殖方式

1. 笼养

它是利用聚乙烯网衣及粗铁丝圈或塑料盘制成的数层（一般为5～10层）圆柱网笼。网衣网目大小视扇贝个体大小而异，以不漏掉扇贝为原则。可采用8号的或者更粗的铁丝做原料制成直径为35厘米左右的圆圈或者用孔径约为1厘米的塑料盘做成隔片。层与层的间距为20～25厘米。笼外用网衣包裹便构成了一个圆柱形网笼，网笼一般每层放养栉孔扇贝苗30～35个。每亩可养400笼，悬挂水深为1米处。海湾扇贝和虾夷扇贝无足丝，海湾扇贝每层放养25～30个，虾夷扇贝每层放养15～20个。在生产中为了助苗生长，可在养成笼外罩孔径为0.5～1.0厘米的聚丙烯挤塑网。这种方法把暂养笼和养成笼结合起来，有利于提高扇贝生长速度。

笼养栉孔扇贝的生产步骤如下。

5-6月：常温人工育苗；6-8月：海上过渡；8-10月：贝苗暂养/壳高2厘米以上；10月至翌年4月：越冬/壳高3厘米；4-8月：春季生长期/壳高4～5厘米；8-9月：度夏倒笼；9-11月：贝苗再养育成/壳高2厘米左右；9-10月：高温生长期/壳高6厘米左右；10-12月：收获。

笼养扇贝生长较快，可以防大型敌害，但易磨损，栉孔扇贝也因无固定附着基，影响其取食、生长，个体相互碰撞。此外，笼外常常附着很多杂藻，需要经常洗刷，而且成本较高。

2. 串耳吊养

串耳吊养又称耳吊法养殖。该法是在壳高3厘米左右扇贝的前耳钻2毫米的洞，利用直径为0.7～0.8毫米的尼龙线或3×5单丝的聚乙烯线穿扇贝前耳，再系在主干绳上垂养。主干绳一般利用直径为2～3厘米的棕绳或直径为0.6～1.0厘米的聚乙烯绳。每小串可串几个至十余个小扇贝。串间距20厘米左右，每一主干绳可挂20～30串。每亩可垂挂500绳左右，也可将幼贝串成一列，缠绕在附着绳上，缠绕时幼贝的足丝孔要朝着附着绳的方向，以利于扇贝附着生活。也有每串1个，将尼龙线或聚乙烯线用钢针缝入附着绳中。附着绳长1.5～2.0米，每米吊养80～100个，筏架上绳距为0.5米左右，投挂水层2～3米。每亩挂养10万苗。串耳吊养一般在春季4-5月进行，水温7℃～10℃，水温过低或过高对幼贝均不利。目前多采用机械穿孔，幼贝的穿孔、缠绕均应放在水中进行，操作过程要尽量缩短干露时间。穿好后要及时下海挂养。串耳吊养的扇贝不能小于3厘米，小个体扇贝壳薄小，操作不易，而且易被鲷、海鲫等敌害动物吃掉。串耳吊养生产成本低，抗风浪性能好。鲜贝滤食较好，所以生长速度快，鲜贝能增重25%以上，干贝的产量能增加约30%。但是，这种方法扇贝脱落率较高，操作费本，杂藻及其他也物易大量附着，清除工作较难进行。此外，也有的利用旧车胎做大扇贝附着基，将一个个穿耳的扇贝像海带夹苗一样均匀夹在或缠在旧车胎上，然后吊挂在浮筏下养殖。

3. 筒养

它是根据扇贝的生活习性特点和栖息自然规律而试行的一种养殖方法。筒养器壁厚2～3毫米，直径27～30厘米，长85～90厘米。筒两端用网目 1～2 厘米的网衣套扎。筒顺流平挂于 1～5 米的水层中，每筒可放养幼贝数百个。筒养有许多优越性：扇贝在筒内全部呈附着生长状态，符合其生活习性，可以防止杂藻丛生；由于筒内光线较暗，藻类植物得不到生长繁殖的必要条件，扇贝不至于受杂藻附生而影响生长。因此，贝壳较新鲜干净，可减少洗刷和清除次数。扇贝在阴暗条件下，滤水快，摄食量大，生长快。此法尤其对小贝生长较为有利。筒养的缺点是成本高，所需浮力大。

4. 黏着养殖

有些其他养殖方法由于波浪引起的动摇而使扇贝不规则地滚动，常常会使贝与贝之间发生冲击和损坏；此外，绳索和养殖笼中附着的动物、植物消耗营养盐，吃掉扇贝生长不可缺少的浮游生物，往往造成扇贝营养不良。采用黏着剂将扇贝粘在养殖器上的养殖方法，可除掉上述不利因素。黏着养殖采用环氧树脂作为黏着剂，将 2～3 厘米的稚贝一个个粘在养殖设施上。此法养殖扇贝生长较快，并可避免在耳吊和网笼内的扇贝因风浪、摩擦造成的损伤。这种方法除了操作麻烦以外，有很好的普及和应用前景。该法在日本于 1975 年开始试验，其结果与过去圆笼养殖相比较，扇贝成活率从 80.0% 提高到 88.9%，而且壳长的平均增长率（生长速度）和肥满度也大为增加。如果用这种方法养殖扇贝，可比笼养方式提前半年甚至 1 年的时间上市，而且死亡很少，几乎没有不正常的个体。但其缺点是黏着作业太费事，需要把小扇贝一个个取下来，再用黏着剂粘在养殖器上。

5. 网包养殖

它是用网目为 2 厘米、横向为 30 目、纵向为 35 行的网片四角对合而成。先缝合三面，吊绳自包心穿入，包顶与包底 3 定，顶、底相距 15 厘米，包间距 7 厘米，每吊 10 包，每包装 20 个扇贝，每串贝苗 200 个，挂于筏架上养成，挂养水层 2～3 米。

（四）养成管理

1. 调节养殖水层

网笼和串耳等养殖方法的养殖水层应随着不同季节和海区而适当调整。春季可将网笼处于 3 米以下的水层，以防浮泥杂藻附着。夏季为防止贻贝苗的附着，水深可以降到 5 米以下。严忌网笼沉底，以免磨损和敌害侵袭。

2. 清除附着物

附着生物不仅大量附着在扇贝体上，还大量附着在养殖笼等养成器上。附着生物的附着会给扇贝的生长造成不利影响，附着生物与扇贝争食饵料，堵塞养殖笼的网目，妨碍贝壳开闭运动，导致水流不畅通，致使扇贝生长缓慢，因此，要勤洗刷网笼，勤清除贝壳上的附着物。在除掉固着在扇贝壳上的藤壶类时，应仔细小心，防止扇贝本身受到冲击，损伤贝壳和软体部。清除贝壳及网笼上的附着物时，需将养殖笼提离水面，应尽量减少作业次数和时间，避免在严冬和高温条件下进行这项工作。

3. 确保安全

养成期间，由于扇贝个体不断长大，需及时调整浮力，防止浮架下沉。要勤观察架子和吊绳是否安全，发现问题及时采取补救措施。防风是扇贝养殖中一项重要工作，狂风巨浪会给扇贝养殖带来巨大损失。夏季、严冬，特别是大潮汛期间，遇上狂风，最易发"海"，应及时了解天气情况，采取防风措施，必要时可采取吊漂防风和坠石防风。前者是把一部分死浮子改为活浮子，后者是将沉石缚在筏身上，在枯潮时保持筏身不露出水面。

4. 换笼

随着扇贝生长和固着生物的增加，水流交换不好时，应及时做好更换网笼和筒养网目的工作。

5. 改进养填技术提高产量

（1）扇贝与海藻套养

贝藻套养中海带或裙带菜采取筏间浅水层平挂，栉孔扇贝采取筏下垂挂。

扇贝与海参混养、栉孔扇贝与刺参混养也是一种增产手段。以网笼养殖栉孔扇贝为主，除了正常放养密度外，再在每层网笼放 1～2 头刺参，这样亩产干参 15 千克以上。刺参吃食杂藻，可以起清洁网笼的作用，扇贝的粪便甚至也是刺参的良好饵料。刺参与扇贝同时放入衍养笼和养成笼，不需增加养殖器材。

（2）扇贝与海藻轮养

这是根据海湾扇贝与海带生产季节的不同，利用同一海区的浮缏，一个时期养海湾扇贝，另一个时期养海带。海湾扇贝生长速度快，6 月份的苗种至 11 月便可收获，而海带是每年 11 月份的苗种至次年 6 月收获。因此，同一海区，能利用90%面积实行轮养，约10%的面积作生产周期短暂重叠时用。轮养既可改善海区环境，又可充分利用海上浮筏设施，提高生产效益。

三、滩涂贝类健康养殖技术

贝类种类很多，绝大部分可供食用。目前已进行人工养殖的达近百种，主要为海产瓣鳃纲的种类，而其中最为常见、产量较大的是栖息在潮间带滩涂的品种，如文蛤、青蛤、缢蛏、蛤仔、四角蛤蜊、毛蚶等。

滩涂贝类大多数潜居于潮间带或潮下带滩涂泥沙底质中，以浮游植物和有机碎屑为食，食物链短，是最有效率的优质动物蛋白来源，为海鲜市场的主打品种。我国有约2亿亩近海滩涂，发展滩涂贝类养殖空间大、潜力大、发展前景广阔。

滩涂贝类健康养殖技术相对于传统养殖技术与管理，包含了更为广泛的内容。不仅要求有健康的养殖产品，以保证食品安全，而且养殖生态环境应符合养殖品种的生态要求，养殖品种应保持相对稳定的种质特性。

随着滩涂贝类养殖技术的不断进步，从粗放型的封滩护养、移殖增养殖、围网养殖，逐步发展到池塘精养、池塘多元健康养殖模式，养殖经济效益显著提高，生态效益大大改善。

（一）滩涂养殖模式

海区滩涂养殖具有成本低、见效快等优点，是目前滩涂贝类最主要的一种养殖方式。

1.环境条件

（1）潮区

选择潮流通畅、水质清新、底栖硅藻丰富的中潮区下部至低潮区中部滩涂。该区域一般潮流畅通，饵料生物丰富；退潮露滩时间适中，便于管理及采捕作业。

（2）底质

滩涂平坦，稳定，不板结。文蛤养殖滩涂的底质，含砂量以70%以上为宜；青蛤、缢蛏等养殖滩涂的底质，以砂泥质为宜。

（3）盐度

大部分滩涂贝类喜栖息于河口附近海区，对盐度有着广泛的适应性，在海水相对密度范围为 1.010 ~ 1.025（盐度相当于 12.85 ~ 32.74）的海水中均能正常生长。

2. 苗种播放

（1）苗种规格

文蛤苗种以 2.5 ~ 3.0 厘米为宜；青蛤、缢蛏苗种以 2.0 厘米左右为宜；蛤仔、泥蚶苗种以 0.5 ~ 1.0 厘米为宜。

（2）投苗密度

以 30 粒 / 米 ^{2} 左右为宜。

3. 日常管理

及时清除养殖滩面上的鱼类、蟹类、螺类等敌害生物。台风季节发现贝类堆积，要及时疏稀。如局部发生死亡，应及时拣除死壳，并用漂白粉等消毒滩面，防止或延缓病害扩散。

（二）围塘养殖模式

1. 池塘条件

（1）池形与大小

池塘的结构以能提供贝类良好的生活环境为原则，一般以长方形为好，面积为 30 ~ 60 亩，可蓄水 1 米左右，进、排水方便。

（2）底质及处理

养殖青蛤、缢蛏、泥蚶等的池塘底质，以沙泥质为宜；养殖文蛤的池塘底质，要求含砂量在 70% 以上，如原池塘底质含砂量偏地低，可适量加入细砂。

在苗种投放前，要清除淤泥、杂物，翻耕池底 20 ~ 30 厘米，消毒曝晒后碾碎、耘平，使底质得到消毒、改良，利于贝类钻栖。清池消毒常用生石灰、漂白粉等。

（3）水质

要求无污染，海水相对密度范围为 1.010 ~ 1.025（相当于盐度为 12.85 ~ 32.74）；pH 为 7.5–8.5。

2. 培养基础生物饵料

为使池塘养殖的贝类能及时摄食到充足的生物饵料，应在池塘消毒处理后及时施肥，培养基础生物饵料，然后再播放苗种。常用的肥料有鸡粪、牛粪及无机肥。每亩可施发酵鸡粪 100 千克左右。若自然海区水质较肥，单胞藻饵料丰富，可适当减少施肥量。

3.苗种播放

（1）苗种规格

应以不小于滩涂养殖的苗种规格为宜。

（2）投苗密度

根据池塘条件及养殖管理水平，投苗密度可达 50 ～ 100 粒 / 米²。

4.日常管理

（1）勤换水

滩涂贝类通常潜居于底质中，是固定被动摄食的。池塘若换水少，水流动慢，贝类的大量摄食会引起局部缺饵，因此，若加大换水量，局部缺饵的情况就可得以改善。所以，在养殖过程中，特别是中、后期要勤换水，使养殖水体保持动态平衡，突出一个"活"字。

（2）适量施肥

在自然海区水质较瘦时可能会造成单胞藻类饵料的不足，这就需要根据具体情况适量施把，培养基础生物饵料以利于贝类的生长。

（3）水温调节

贝类的存活生长与水温密切相关，在适温范围内，生长速度随水温上升而加快。但水温过高、过低，都会导致其生长不良甚至死亡。可以通过加大水流量或提高池水水位的调节方法，以稳定池底层的水温。

（4）盐度调节

养殖水体的盐度对贝类的存活生长亦有相当影响。在大暴雨前，可通过提高池内水位采稳定池塘底层海水的盐度，以防盐度剧降而对养殖对象造成不良影响。

（5）病害防除

进池海水要经过网拦过滤以防止虾虎鱼、蟹及玉螺等敌害生物进池，若发现则要及时消除；及时捞除池内的水云、浒苔，以免其过度蔓生而对贝类造成危害。

（三）生态养殖模式

1.虾贝混养

指利用对虾养殖池塘，底播滩涂贝类苗种进行养殖。一方面对虾的残饵和粪便等可提供给贝类丰富的基础生物饵料，另一方面虾池较稳定的水质因子可提供贝类适宜的生长环境。

养殖技术要点如下。

（1）混养的贝类一般在虾苗投放前播种。

（2）贝类苗种的投放密度依池塘条件而定。如果虾塘的生态调控能力强，可承载较大密度的虾，投饵多，初级生产力高，贝类的放养密度可大些。反之，就应当放低贝类苗种投放密度。

（3）虾池较高的水深，有利于提高虾池载虾量，但集约化养虾池底有机物沉淀多，光线较弱，还原能力强，同时水太深又使池水流速减小。贝类营底栖生活，因此，水太深对贝类和对虾都不利，必须灵活掌握、因地制宜。

（4）其他技术要求与围塘养殖基本一致。

2. 封闭式内循环系统养殖

这是一种新型的海水贝类养殖模式，封闭式内循环系统养殖流程如图8-5所示。虾类或鱼类养殖池塘排出的肥水进入贝类养殖池塘，经贝类滤食后去除大部分单胞藻类及有机颗粒，再经植物池及生物的处理，去除水体中的可溶性有机质，净化后再进入虾类或鱼类养殖池，如此不断循环。

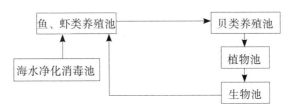

图8-5　封闭式循环系统养殖流程示意图

该养殖模式的优点如下。

（1）系统内水质稳定，可控度高，有利于给养殖对象提供优良的生态环境。

（2）水体在系统内循环，减少了外源海水带来病原及敌害生物的机会。

（3）系统运行中基本不向环境中排放废水，使养殖海区的环境得到保护。有利于沿海地区海水养殖业的可持续发展。

该养殖模式运用生态平衡原理、物种共生原理，利用处于不同生态位的生物进行多层次、多品种的综合生态养殖。传统的贝类养殖模式存在着生长速度慢、存活率低、回捕率低、产量低、水质不易控制、病害多发等问题，主要与养殖密度、底质状况、饵料及水质有关。生态综合养殖解决了贝类池塘养殖中存在饵料缺乏、水质过瘦等问题，利用鱼、虾养殖产生的残饵、粪便和有机碎屑，既能直接作为底栖贝类的摄食饵料，又可为水体中的单胞藻提供氮、磷等营养盐，促进单胞藻的生长，提高了养殖水体中料生物的数量，供给贝类食用。生态养殖模式通过不同生态位生物之间的相互作用，维持了养殖生态系的自我平衡，有效地控制了养殖污染，减少了病害的发生，从而达到了安全健康、可持续生产的目的。

（四）主要养殖模式操作要点

文蛤、青蛤、缢蛏、蛤仔、泥蚶等滩涂贝类，虽然各自对底质、盐度、水温等有着不同的要求和适应范围，但总体说来，它们的生态习性极为相近，相关的养殖操作技术也大体类似。因篇幅所限，不详叙每个品种的养殖操作要求，下面以文蛤为代表介绍生产中常见的贝类养殖模式的操作要点。

1.滩涂护养

（1）场地选择

护养增殖场地应选择滩涂平坦，稳定性好，底质松软，细沙含量为70%左右，风浪较小，潮流畅通的海区，海水盐度在15～30，附近有淡水河流注入，且有自然文蛤分布。一般应选择在中潮区下部至潮下带滩涂。

（2）防逃设施

文蛤具有迁移的习性，俗称"跑流"。迁移的时间多发生在晚春和秋末。晚春的迁移由潮下带迁向潮间带；秋末的迁移由潮间带迁向潮下带。在进行滩涂养殖文蛤时，有的养殖场地周围设置围网，围网设置与潮水涨落方向垂直，滩面净高50～70厘米，埋深30厘米，网目大小以苗种无法穿过为准。

（3）护养管理

①经常检查防逃网，及时修补网片，清理网上附着物和杂质。

②台风季节围网内文蛤极易在网根处堆积，应及时疏稀，避免长时间堆积造成死亡。

③文蛤护养区常有扁玉螺、红螺、蟹类等敌害生物，要及时清除。

④高温季节病害易发，要注意观察有无"浮头"现象，以及"红肉贝"，做好病害防治工作。

2. 滩涂移殖增殖

滩涂移殖增殖是针对场地环境条件适宜于文蛤生长，但由于自然资源少，成者不能形成稳定、有效的自然附苗场，不能自给自养，需投入外援苗种以满足养殖生产需要的养殖方式。

（1）移殖养场地的选择

文蛤移殖场地一般选择在潮流畅通、风浪较小、底质平坦松软、生物饵料丰富的中潮区下部至低潮区下部。其优点是：①露滩时间短，文蛤的摄食时间长，生活环境相对稳定；②采捕时间长，便于生产管理与作业；③该区域水体交换量大，受外界污染影响少，病害发生频率相对较

（2）苗种投放

①投苗时一般选择在春季的3—5月份（江苏以南为3—4月份，山东以北为4—5月份）和秋季的9—10月份，在大潮汛期间投放。

②投苗规格：所用的苗种一般采自自然海区，选用的苗种以壳长2 ~ 3厘米为宜，也可以根据养殖需要和养殖条件，投放1 ~ 2厘米的小规格苗种或投放3 ~ 4厘米的大规格苗种。

③播苗密度：应根据滩涂养殖条件、苗种的不同规格来确定播苗密度。可参照表8-2。

表8-2　文蛤滩涂移殖增殖投苗规格与播苗密度

底质状况	播苗规格 / 厘米	播苗密度 /（千克·亩⁻¹）
含沙量（50%）	1 ~ 2	40 ~ 50
含沙量（70%）	2 ~ 3	60 ~ 80
含沙量（70%）	3 ~ 3.5	100 ~ 120

④播苗方法：可分为干播法和湿播法两种。干播法即在潮水退却后，按预定的播苗量将袋装苗种等间距摆放，然后顺风向、倒退着均匀撒播蛤苗，其优点是撒播均匀；湿播法即在涨潮时人站在水中，手提苗袋进行撒潘，或涨潮后船在水中缓慢前行，人在船舷两侧进行撒播，其优点是能提高苗种成活率。

3. 池塘高产精养

（1）池塘构筑

池塘以长方形为宜，四面环沟，中央平台型，平台水深为1米，倾备度为5%左右。沙泥底质，池塘面积以30～60亩为宜，设有主进水渠道和排水渠道，池塘两端设有独立的进水、排水闸门。

（2）放养前的准备工作

①清淤、消毒

在放养之前，应进行认真清池，旧池要清淤，将翻耕后的池底曝晒数日至数月，消毒耙平，使底质松软，利于文蛤下潜。

②进水

进水之前应安装滤水网，避免敌害生物进入池内。3月中旬进水肥池。初次进水水深以20～30厘米为宜，以后随水色和水温的变化逐渐添加。

③培养基础生物饵料

一般采用施基肥和追肥的方式培肥水质。基肥以有机肥为宜，可采用经发酵的猪粪、鸡粪等，每亩用量以50千克为宜，施于池边水中，有机肥一般需7～10天后方能见效。无机肥以尿素和过磷酸钙混合施用为宜，前者每亩施用2.5～5.0千克，后者每亩施用0.25～0.50千克。无机肥见效较快，更适宜作为追肥。至投苗时，水深逐渐加至50厘米，透明度达20～30厘米。

（3）苗种放养

投苗时间应该尽量选择黎明或黄昏。投苗要均匀撒播，可采用条播或散播，切忌成堆，实际播苗面积只能占池塘总面积的15%～20%；投苗规格为3.0～3.5厘米的苗种，每亩投放量掌握在300～400千克。投放规格为2.0厘米左右的苗种，每亩投放量一般在200千克。

（4）养成管理

①水质管理

做好水质监测、调节工作，盐度保持在15～30之间，pH控制在8.0～8.5之间，溶氧量达到4毫克/升以上，水色以保持较理想的黄绿色为主，透明度控制在20～40厘米。高温季节每日换水量大一些，平常换水视水色而定，水色异常时要全部换掉。

②饵料管理

主要以培养塘内基础生物饵料为主。早春采用鲜小鱼虾浆或豆浆全池泼洒以肥水及增加池塘有机碎屑量；夏秋季节的晴天，利用复合肥、有机肥肥水；晚秋、冬季采用豆浆全池泼洒投饵。

③清除杂藻

浒苔等杂藻繁生后，覆盖滩面影响文蛤生长。特别是春秋季节，池塘内极易生长浒苔，应通过调节水深、透明度来控制浒苔生长，必要时采用人工清除。

④病害防治

文蛤大批死亡往往发生在高温季节。文蛤排放精卵后，肥满度急剧下降，或由于连续阴雨天气，淡水过多，或因水质过瘦、水质污染及底质腐败等因素，均能引起文蛤的大批死亡。防治的关键是创造合适的环境条件，控制合理的放养密度，实施科学的管理方法，以利于文蛤潜居、摄食和移动，保证文蛤能迅速健康地生长。在繁殖季节，不要大排大灌，不能干塘，高温季节应加高水位。定期进行水体消毒杀菌，预防疾病发生。每隔1个月采用生石灰等消毒1次，每亩用量为10～15千克，或采用二氧化氯，每亩用量为0.125千克。

第九章 现代水产养殖结构的优化

　　相对于单养系统而言，综合水产养殖系统具有资源利用率高、环保、产品多样、持续供应市场、防病等优点，并被普遍认为是一种可持续的养殖模式。尽管历史上我国劳动人民也曾优化出草鱼与鲢混养的 3∶1 比例，但这些都是他们靠试错法长期摸索的结果，用科学的理论去指导、优化综合养殖结构也仅是近些年的事情。迄今为止，我国流行的众多综合养殖模式仍然是群众靠试错法甚至是某个人主观确定的，并没有进行科学的优化。为促进和指导我国综合水产养殖结构的优化工作，保障我国综合水产养殖事业健康发展，本章将简要介绍综合养殖结构优化的原理和方法，以及对水库和池塘综合养殖结构优化的研究成果。

第一节　综合水产养殖结构优化的原理和方法

一、综合水产养殖结构优化的原理

　　我国现行的综合水产养殖模式所依据的生态学原理主要有通过养殖生物间的营养关系实现养殖废物的资源化利用，利用养殖种类或养殖系统间功能互补作用平衡水质，利用不同生态位生物的特点实现养殖水体资源（时间、空间和饵料）的充分利用，利用养殖生物间的互利或偏利作用实现生态防病等。依据这些原理建立的综合养殖系统可以实现较高的生态效益和经济效益。

（一）生态效益

　　生态效益是指生态环境中诸物质要素，在满足人类社会生产和生活过程中所发挥的作用，它关系到人类生存发展的根本利益和长远利益。生态效益的基础是生态平衡和生态系统的良性、高效循环。水产养殖生产中所讲生态效益，就是要使养殖生态系统各组成部分在物质与能量输出输入的数量上、结构功能上，经常处于相互适应、相互协调的平衡状态，使水域自然资源得到合理的开发、利用和保护，促进养殖事业的健康、可持续发展。

环境效益是生态效益的一个方面，是对人类社会生产活动的环境后果的衡量。养殖水体的环境效益反映的是养殖活动对生态环境的影响程度，即不同的养殖系统对自身及周围生态环境的影响。在受人类活动影响较小的自然水域，其系统的能量主要来自太阳能，在一定的时间内，其系统能量与物质的输入与输出能保持相对的平衡。

在自养型养殖系统中，人们只需投入苗种，即可利用太阳能和水体的营养物质生产出经济产品。尽管人们可以采取施肥、调控水质等措施提高生产量，但由于其生产力最终受制于太阳辐射能的强度和利用率。该系统每年会随水产品的收获，大量的营养物质（如 N、P）等从系统中输出，因而会降低水体的营养负荷。

（二）经济效益

经济效益是人们进行经济活动所取得的结果，而经济活动的生产环节又是整个经济活动的基础。经济效益反映的是某一养殖系统的经济性能，即该系统在经济上的成本投入与最终收益之间的关系。经济效益的高低，往往是一个生产经营者首先关注的问题。

反映经济效益的指标有很多，常用的主要有收入（纯收入和毛收入）和产出投入比等。收入值是一个比较绝对的指标，受价格的影响较大，不同地区、不同时间的变动很大。而产出投入比则为总产出与总成本之间的比例，是一个相对的指标，受地域性和时间性因素影响较小，相对较为稳定。以产出投入比作为反映经济效益的指标，对在不同地区、不同年度的同一养殖系统或不同养殖系统之间都具有较大的可比性。

（三）生态效益与经济效益的统一

生态效益与经济效益之间是相互制约、互为因果的关系。从宏观和长远的角度看，保持良好的生态效益是取得良好经济效益的前提。在某项社会实践中所产生的生态效益和经济效益可以是正值或负值。最常见的情况是，为了更多地获取经济效益，常给生态环境带来不利的影响。此时经济效益是正值，而生态效益却是负值。生态效益的好坏涉及全局和长期的经济效益。在人类的生产、生活中，如果生态效益受损害，整体的、长远的经济效益就很难得到保障。因此，人们在社会生产活动中要维护生态平衡，力求做到既获得较大的经济效益，又获得良好的生态效益，至少应该不损害生态环境。

长期以来，在水产养殖生产活动中，人们多片面追求经济效益，不重视生态效益，致使一些水域生态系统失去平衡，给产业和社会带来灾难，反过来也阻碍了经济的可持续发展。现代的综合水产养殖就是为实现生态和经济综合效益最大化而设计、建立的养殖模式，实现经济发展和生态保护的"双赢"，因此，评判这类养殖系统的效益也应采用经济效益、生态效益相结合的综合指标体系。

二、综合水产养殖结构优化的方法

（一）生态学实验方法

生态学研究或实验方法可划分为观察性研究，测定性实验和受控性实验。受控实验是对自然的或所选的一组客体的自然条件、过程、关系有意识操纵或施以两个或多个处理。受控实验有 4 个重要的性质或要素，包括对照、重复、随机和散置 (Hurlbert，1984)。散置是随机原则的结果或在实验单元较少时的必要补充。受控实验不仅指某些生态因子受到高精度的控制，更重要的是该类实验的设计和实施还严格遵循着一些重要规则，使得这样的实验所得结果可被他人重复、检验。

实验生态系统可大致分为三类：小型实验生态系统、中型实验生态系统和大型实验生态系统。小型生态系统可定义为小于 1 m^3 或 0.1 m^2 的系统，中型生态系统为 1 ～ 10^3 m^3 或 0.1 ～ 10^3 m^2 的系统，大型生态系统为大于 10^3 m^3 或 10^3 m^2 的系统。由于实验的目的不同、研究的对象（生物）不同，所需要的实验规模也不同。一般情况下，研究较小生物（如微生物、浮游生物等）的生态学需要一些小的容器就可以了，而研究鱼类等较大生物的生态学则需要稍大一些的容器，研究综合水产养殖系统则需要更大的水体。

小实验系统易控制，可以较严格地控制实验条件。这样的一个实验中通常可以同时设计多个处理、多个重复，但该系统与自然生态系统相比往往有较大的差异。较大的实验系统与自然生态系统比较接近，有的实验，如整个湖泊的生态学操纵实验，就是利用自然湖泊生态系统进行研究，该系统的实验由于种种限制常只能进行一种处理、不可设重复或重复数有限。

中国海洋大学水产养殖生态学实验室自 1989 年起开始使用实验围隔中型人工模拟生态系统研究水产养殖生态系统的结构与功能、负荷力，优化综合养殖系统的结构。围隔实验系统是一种兼顾了实验可操纵性和真实性的较理想方法，克服了以往野外现场研究不易重复，室内模拟失真严重的缺陷，使水产养殖结构优化从经验走向科学。

（二）生态经济效益综合指标

生态效益和经济效益综合形成生态经济效益。在人类改造自然的过程中，要求在获取较高经济效益的同时，也最大限度地保持生态平衡和充分发挥生态效益，即取得最大的生态经济效益。这是生态经济学研究的核心问题。

对于综合水产养殖系统我们可以用纯收入和产出投入比等来反映不同系统的经济性能，而以 N、P 的利用率及养殖污水的排出率作为反映不同综合养殖系统的生态性能的指标。需要说明的是，N、P 利用率不同的学者有不同的表示方法。一般生态学研究是把 N、P 利用率放在整个系统的 N、P 收支中考察。这种 N、P 利用率是把养殖对象所利用的 N、P 作为系统输出的一部分，以它占整个系统的总输入量的比例来表示。而对于养殖系统而言，我们更关心的是收获的养殖对象所含有的 N、P 数量占人工投入养殖系统的 N、P(投饵、施肥等) 的比例。

实际运用时，我们可以设计包含多项经济效益和生态效益因素的综合效益指标，如李德尚等 (1999) 就利用下面的综合效益指标对几种综合养殖模式的生态经济效益进行了比较：

综合效益指标 =(系统的综合产量 × N 的总利用率 × 产出投入比)$^{1/3}$

由于每个待优化的养殖结构所关注的问题不尽相同，因此，实际应用此类综合效益指标时也可根据具体需要设计不同的特定综合效果指标，如

综合效益指标 =(净产量 × 平均尾重 × 饲料效率)$^{1/3}$；

综合效益指标 =(产量 × 规格 × N 或 P 相对利用率)$^{1/3}$；

综合效益指标 = 对虾当量相对综合产量 × 对虾相对规格 × N 或 P 的平均相对利用率 × 相对纯收入 × 相对产出投入比。

第二节　水库综合养殖结构的优化

20 世纪 80 年代，水库网箱养鱼十分盛行，人们在获得很好经济效益的同时也出现了水库水质恶化、大规模死鱼现象。为此，李德尚教授领导的团队探索了网箱中配养滤食性鱼类以改善水质、提高养殖负荷力的工作。

熊邦喜等在山东东周水库利用现场围隔研究了滤食性鲢与吃食性鲤的关系。实验共用围隔 30 个，围隔水深 5 m，容积 14.3 m³。

A 群不放养鲤，其他 4 个围隔群都以网箱的鱼产量 75×10^4 kg/hm² 为标准，以网箱与水库面积比为 0.50%、0.30%、0.25% 和 0.20% 依次计算鲤放养；鲢则按设计的各组鲤放养量的 1/3 和 1/2 配养。

34 天的实验结果表明，配养鲢不仅可降低浮游植物、浮游动物、浮游细菌的数量和总磷浓度，而且还明显改善了水质。养殖实验持续 16 天后，各围隔群中配养鲢组的透明度明显大于未放鲢组，其中高配养鲢组的透明度又大于低配养鲢组 (P<0.01)。溶解氧与载鲤量呈负相关，也与配养鲢有关。2：1 配养鲢组的溶解氧有高于 3：1 配养组的趋势。

各围隔组养鱼学指标的统计结果还表明，配养鲢不仅提高了鲤净产量、生长率、饲料效率，而且还提高了养鱼的总产量 (总载鱼量) 和效益综合指标。其中 3：1 配养组优于 2：1 配养组。表明，配养鲢对养鱼效益具有积极作用。

水质测定结果表明 2：1 配养组优于 3：1 配养组；从各项养鱼学指标和效益的统计则说明 3：1 配养组优于 2：1 配养组。在水质都符合渔业标准的条件下，3：1 配养组的养鱼学指标和效益都优于 2：1 配养组。

第三节　淡水池塘综合养殖结构的优化

淡水池塘养殖在我国淡水养殖中占有重要的地位，在 20 世纪取得飞速发展之后，21 世纪又面临新的挑战。其一，养殖主体依然是传统的养殖品种；其二，渔用费用升高，淡水水产价格降低，致使经济效益低下，养殖状态低迷；其三，过度开发和粗放经营对资源环境造成了一定的破坏；其四，健康生态养殖、生产无公害水产品成为发展趋势。因此，继续丰富淡水池塘养殖品种，研究养殖结构优化和养殖环境修复对推动我国淡水池塘养殖业的健康可持续发展具有重要的意义。

利用不同种类生态位和习性上的特点，将多种类复合养殖可以达到生态平衡、物种共生和多层次利用物质的效果。合理地搭配养殖品种不仅可以充分利用资源，提高经济效益而且可以减少对系统内外环境造成的负担。目前，我国海水池塘鱼虾复合养殖模式的研究经验很多而淡水池塘草鱼复合养殖模式老套。随着淡化养殖凡纳滨对虾技术的不断成熟，其逐渐成为我国淡水池塘调整养殖结构，优化养殖品种，提高经济效益的优良虾类品种。

一、草鱼、鲢和凡纳滨对虾综合养殖结构优化

近年来，随着淡水养殖凡纳滨对虾试验的开展，凡纳滨对虾的淡水养殖备受关注。我国珠三角、广西、湖南和江西地区淡水养殖凡纳滨对虾已经有相当规模，东北地区的养殖也初见成效。全国范围内凡纳滨对虾的总产量中淡水养殖所占的比例日趋增大。但是，目前在北方淡水养殖凡纳滨对虾与南方差距较大。

淡水养殖凡纳滨对虾不仅有利于减少沿海地区养殖区域的建造和对海洋环境的污染，而且可以降低内陆地区养殖用水成本，调动养殖人员的积极性。所以，本实验选址北方有代表性的山东省作为实验基地，在总结经验的基础上，进一步探索草鱼、鲢、凡纳滨对虾的淡水池塘优化复合养殖模式，以期为我国北方淡水池塘养殖模式调整提供科学参考。

该研究在一平均水深 1.5 m、面积 0.27 hm² 池塘中进行。池塘中设置 21 个 64 m²(8 m × 8 m) 陆基围隔用于实验。每个围隔中设充气石 4 个，通过塑料管与池塘岸边一个 2 kW 的充气泵连通，连续充气。实验共设置 7 个处理组，分别为草鱼单养 (G)，草鱼和鲢混养 (GS)，草鱼和凡纳滨对虾混养 (GL)，草鱼、鲢和凡纳滨对虾按照不同的放养比例混养 (GSL1 ~ GSL4)，每个处理组设置三个重复。该实验历时 154 天。

整个养殖过程中水温变化范围为 17 ℃ ~ 34 ℃，平均水温 26℃。水体pH 变化范围为 7.00 ~ 8.42，各处理间差异不显著。水体溶解氧变化范围为

2.38 ~ 10.71 mg/L，各处理间差异也不显著。随着养殖时间的延长，水体溶解氧含量逐渐下降，养殖结束时各处理组水体溶解氧值显著低于初始值。G和GL组水体透明度显著低于GS、GSL2、GSL3和GSL4组。

水体总氨氮含量GSL3组显著高于GL组，其他组间差异不显著，GSL3组结束时数值显著高于初始值。水体总碱度、总硬度、硝酸氮含量、亚硝酸氮含量、磷酸根离子含量各组间差异不显著。水体叶绿素a含量G和GL组显著高于GSL3和GSL4组，其他组间差异不显著，G和GL组结束值显著高于初始值。

养殖过程中随着时间的延长各组底泥中总碳、总氮和总磷含量逐渐积累，各组结束值显著高于初始值。养殖结束时，底泥总碳含量（GSL2、GSL4)<GL<(GSL1、GSL3)<（G、GS）；底泥总氮含量(GSL2、GSL4)<(GSL3、GSL1)<GL<(G、GS)；底泥总磷含量(GSL2、GSL4)<GL<(GSL3、GSL1)<（G、GS），且GSL2组显著低于G组。

收获时，草鱼平均体重、成活率、相对增重率各组间差异均不显著，但GSL2组草鱼成活率最低(88.3%)。草鱼产量GSL2和GSL4组显著低于G、GS和GSL1组，GSL3组显著低于G组，GL组与其他组间差异不显著。鲢成活率较高(93.2% ~ 100.0%)，成活率和相对增重率各组间差异不显著；平均体重GSL1和GSL2组显著高于GSL3和GSL4组，GS组和其他组间差异不显著。鲢产量GS组显著高于GSL1、GSL2组，显著低于GSL3组，与GSL4组差异不显著。凡纳滨对虾成活率较低(8.9% ~ 21.4%)，GSL4组显著高于其他组，GL组显著低于GSL2和GSL4组。对虾产量GSL2和GSL4组显著高于其他组。总产量GS组显著高于GL和GSL2组，其他组间差异不显著。

各组间投入产出比差异不显著。养殖结束时养殖生物的氮利用率，GSL3显著高于G、GL和GSL2组，GL组显著低于GS、GSL1、GSL3和GSL4组，其他组间差异不显著。养殖结束时养殖生物的磷利用率GSL3组显著高于GSL2组，其他各组间差异不显著。饲料转化效率GS组显著高于GSL2组，其他组间差异不显著。

鉴于草鱼放养密度0.77尾/m²时，可以保障出池规格大于1 100 g/尾。因此在该实验条件下，最佳的混养模式为：草鱼与鲢混养比例为草鱼0.77尾/m²、鲢0.45尾/m²；草鱼、鲢和对虾混养比例为草鱼0.77尾/m²、鲢0.23

尾 /m²、凡纳滨对虾 16.3 尾 /m²。

二、草鱼、鲢和鲤综合养殖结构优化

宋顾等利用池塘陆基围隔研究了草鱼、鲢和鲤综合养殖结构。实验共设置 7 个处理组，分别为草鱼单养 (G)、草鱼和鲢二元混养 (GS)、草鱼和鲤二元混养组 (GC)、草鱼、鲢和鲤按照不同比例放养的三元混养 GSC1、GSC2、GSC3、GSC4。

经过 5 个月的养殖，草鱼从 156g 长到 660 ~ 913g，平均体重达到了 745 g，体重增加了 4.23 ~ 5.85 倍。各处理组收获的草鱼规格差异不显著 (P>0.05)。各处理组草鱼成活率都在 90% 以上，相互之间差异也不显著。G、GS、GC、GSC2 和 GSC3 处理组的草鱼净产量显著大于 GSC4 组，其中 G 组草鱼净产量达到 4 766 kg/hm²，而 GSC4 组的草鱼净产量仅有 1 871 kg/hm²，这主要是由于各处理组草鱼放养密度不同所致。

实验期间鲢从 74 g 长到 426 ~ 703 g，平均规格达到 514 g，体重增加了 5.76 ~ 9.50 倍。GSC1 组收获的鲢规格显著大于 GSC2 组 (P<0.05)，其他各处理组收获鲢规格间差异不显著。除 GS 处理组鲢成活率为 90.8% 外，其他各处理组成活率都在 95% 以上，且各处理组之间差异不显著。GSC4 净产量最高，达 3 035 kg/hm²，而 GSC2 的净产量最低，只有 1 312 kg/hm²。

鲤在实验期间由 82g 长到 373~493g，平均规格达到了 438g，体重增加了 4.55 ~ 6.02 倍。各处理组之间鲤收获规格差异不显著。除 GC 组仅有一条鲤死亡外，实验期间没有出现鲤死亡现象，成活率基本达到 100%。GSC4 鲤净产量最高，达到 2 264 kg/hm²，GSC3 鲤净产量最低，仅为 593.3 kg/hm²。检验表明，GSC1 和 GSC3 与 GSC2 和 GSC4 组之间鲤净产量差异显著。

饲料系数也是衡量一个养殖系统能否有效利用饲料的重要指标。G 组在产量上偏小，且饲料系数又明显大于其他各组，达到了 1.8，是 GSC2 组的 1.39 倍。混养模式中，以 GSC2 和 GSC4 的净产量较高，饲料系数也只有 1.3，是比较理想的养殖模式。其他混养组除 GSC3 外，饲料系数也都为 1.4 ~ 1.5。

各模式的 N、P 来源主要是投喂的饲料，投入的 N 为 281 ~ 427 kg/hm²，投入的 P 为 15.9 ~ 26.2 kg/hm²。N 的总利用率为 18.8% ~ 40.6%，P 的总利用率为 11.1% ~ 25.2%，以 GSC2 组最高，G 组最低。N、P 总相对

利用率以 GSC2 最高，达到 6.97，是最低的 G 组的 3.59 倍。N、P 利用率以 GSC2 和 GSC4 较高，G 组最低。

第四节 海水池塘综合养殖结构的优化

一、海水池塘中国明对虾综合养殖结构的优化

自 20 世纪 80 年代起，我国海水池塘养殖业迅猛发展，但传统的高密度、单养的养殖模式不仅对饲料利用率低且对环境负面影响十分严重。2002 年，我国黄渤海沿岸的海水养殖排氮磷量已占当地陆源排放量的 2.8% 和 5.3%。这样的养殖模式是不可持续的，因此，改变海水池塘养殖结构、提高饲料利用率、减少养殖污染，实现水产养殖由数量增长转为质量增长已成为国家亟待解决的重大问题。

笔者对海水养殖池塘生态系统的结构与功能进行研究，并着手进行养殖结构优化。下面简要介绍海水对虾池塘综合养殖结构的优化。

（一）对虾与罗非鱼综合养殖结构优化

1996 年王岩在山东海阳使用 24 个陆基围隔 (5.0 m × 5.0 m × 1.8 m)，经过 95 天实验，优化了中国明对虾与罗非鱼海水池塘最佳混养比例结构。放养对虾规格为 (2.85 ± 0.16)cm，罗非鱼（圈养于网箱中）规格为 79.0 ~ 193.8g。实验采用双因子 3 × 4 正交设计，即对虾放养密度分别为 4.5 尾 /m²、6.0 尾 /m² 和 7.5 尾 /m²，罗非鱼放养密度分别为 0.16 尾 /m²、0.24 尾 /m² 和 0.32 尾 /m²。实验过程中施鸡粪和化肥，辅以配合饲料。

实验结果表明，对虾平均成活率为 78.6%，各处理间差异不显著。对虾收获规格随放养密度增加而减小。对虾放养 4.5 尾 /m² 和 6.0 尾 /m² 时其产量分别为 (325.4 ± 15.3)kg/hm² 和 (522.2 ± 54.9)kg/hm²。罗非鱼为 0.32 尾 /m² 时 (成活率 96.67%、终体长 10.40 cm、产量 585.5 kg/hm²) 对虾产量最高。该实验表明，半精养条件下中国明对虾与罗非鱼混养的最佳结构是对虾 60 000 尾 /hm²、罗非鱼产量 400 kg/hm²。

（二）对虾与缢蛏综合养殖结构优化

中国明对虾与缢蛏综合养殖结构优化的实验设对虾一个密度水平 (6.0

尾 /m²)× 缢蛏 [(5.40±0.35)cm]4 个密度水平 (0、10 粒 /m²、15 粒 /m² 和 20 粒 /m²)。实验结果表明，对虾的成活率随缢蛏放养密度的增加而增高。当缢蛏的密度为 15 粒 /m² 时，对虾的成活率为 52.0%，生长速度最快，产量 (529.5 kg/hm²) 比单养对虾时高 8.66%。该系统的最佳结构为：每公顷放养体长 2 ～ 3 cm 的对虾 60 000 尾，壳长 6 cm 的缢蛏苗 15 000 粒。如以在毛产量中的比值表示，则其最佳结构约为对虾：缢蛏 =1 ：3。

在低密度放养缢蛏 (10 粒 /m²) 时，2 龄缢蛏的出塘体长为 6.68cm，与一般养殖的体长相近，但体重比自然生长的缢蛏重约 50%。缢蛏的出塘规格、产量和成活率随其放养密度的增加而减小，且越接近放养密度的上限，密度对生长的影响越明显。

该实验中缢蛏放养密度为 15 粒 /m² 时，对虾的体长、体重和产量比单养对虾都有较大提高，密度过大或过小时则对对虾都有不利影响。需要说明的是，由于该实验放养的缢蛏为体重 10 g 左右，是已接近商品规格的大苗，因而缢蛏的净产量偏低。如果放养小规格的苗种 (壳长 2 ～ 3 cm)，则缢蛏的净产量及对整个生态系的作用可能会更好。

（三）对虾与海湾扇贝综合养殖结构优化

对虾与海湾扇贝综合养殖结构优化的实验设对虾一个密度水平 (6.0 尾 /m²)× 扇贝 4 个密度水平 (0、1.5 粒 /m²、4.5 粒 /m² 和 7.5 粒 /m²)。扇贝苗壳长 (1.1±0.1)cm，放养于高 1.2 m 的 8 层网笼中，网目为 0.5 cm。

实验结果表明，当扇贝密度为 1.5 粒 /m² 时，对虾的成活率与单养对虾无显著差异，但是，对虾的平均体长、体重和产量却比对照组中的对虾分别提高了 2.5%、3.8% 和 6.5%。

对虾出塘时的体长和体重随扇贝密度的增加而减小。统计分析表明，当扇贝的密度为 1.5 粒 /m² 时，对虾出塘时的体长显著大于密度为 4.5 粒 /m² 和 7.5 粒 /m² 时，但对虾的体重只显著大于扇贝密度为 7.5 粒 /m² 时，而与 4.5 粒 /m² 时无显著差异。对虾的产量和成活率与扇贝的放养密度呈负相关。当扇贝密度为 1.5 粒 /m² 时，对虾的产量和成活率显著高于 7.5 粒 /m² 时，而与扇贝密度为 4.5 粒 /m² 时无显著差异。

出塘时扇贝壳长和体重随放养密度的增加而减小，其中体重降低了 39.1% ～ 42.6%。但是，净产量却由 1.5 粒 /m² 时的 470kg/hm² 增至 7.5 粒 /m² 时的 1 236 kg/hm²。扇贝的出肉率 (软体部分湿重占带壳湿体重的百分比) 随体重的增大而增加：7.5 粒 /m² 时带壳重 20.9 g，其出肉率为 37.88%；1.5 粒 /m² 时带壳重达 34.3 g，其出肉率为 42.84%，增加了 11.6%。若以绝对含肉量和经济效益来计算产量，则不同密度下扇贝的产量差异不显著。

实验的结果表明，该系统的最佳结构为：每公顷放养体长 2 ~ 3cm 的对虾 60 000 尾，壳长 1.0 cm 的海湾扇贝苗 15 000 粒左右；以对虾与扇贝在毛产量中所占的比值来表示，则约为对虾∶扇贝 =1 ∶ 1。但该组为各实验组中扇贝放养量最低的一组，因此有可能其最适的配养量还要更低一些。

（四）对虾与罗非鱼、缢蛏三元综合养殖结构优化

Tian 等在山东海阳利用 18 个池塘陆基围隔研究了中国明对虾与罗非鱼和缢蛏的混养结构。95 天的结果显示，各处理间在 pH、溶解氧和营养盐含量方面没有明显差异，但单养对虾处理的 COD 含量明显高于混养处理。对虾单养对照组叶绿素 a 的含量显著高于虾—鱼—蛏混养组，透明度则是前者低于后者。放养 2 cm 对虾、150 g 罗非鱼和 3 cm 缢蛏时，最佳的放养比例是对虾 7.2 尾 /m²、罗非鱼 0.08 尾 /m²、缢蛏 14 粒 /m²。这一放养比例的经济效益和生态效益都较高（表 9–1），投入 N 和 P 的转化率分别达到 23.4% 和 14.7%。

表9-1 对虾单养和对虾、罗非鱼、缢蛏混养的结构和效果

项目	处理					
	S	SF	SR	SFR1	SFR2	SFR3
对虾放养量 (ind./m²)	7.2	7.2	72	7.2	7.2	7.2
罗非鱼放养量 (ind./m²)	0	0.24	0	0.08	0.12	0.16
缢蛏放养量 (ind./m²)	0	0	20	14	10	7
对虾产量 (g/m²)	48.5	48.8	53.2	56.8	51	53.2
收获对虾的规格 / (g/ind)	9.62	9.58	10.21	9.64	9.16	9.27
对虾存活率 /%	70.7	76.7	73	82	74.4	79.3
总产量 /(g/m²)	48.5	67.9	98.8	88.2	74.1	74.7
N 利用率 /%	12.6	15.5	20.6	23.4	19.42	19
P 利用率 /%	6.75	17.7	10.25	14.7	12.5	12.9

续　表

项目	处理					
	S	SF	SR	SFR1	SFR2	SFR3
产出 / 投入比	1.84	1.78	1.96	2.01	1.89	1.92

注：S– 对虾，F– 罗非鱼，R– 缢蛏

二、海水池塘凡纳滨对虾综合养殖结构的优化

2004 年王大鹏等在天津利用陆基围隔优化了凡纳滨对虾、青蛤、菊花心江蓠的混养结构 (包杰等，2006 ；常杰等，2006 ；王大鹏等，2006 ；董贯仓等，2007)。实验持续 51 天，使用 20 个 25 m² 围隔，每处理 4 个重复。放养的对虾和青蛤的体重分别为 (0.11 ± 0.02)g/ 尾和 (6.03 ± 1.12)g/ 个。

实验结束时对虾的体重、成活率和净产量分别为 5.30 ～ 6.12 g，63.0% ～ 78.2% 和 1065 ～ 1368 kg/hm²。青蛤体重和净产量分别为 6.85 ～ 7.15g 和 51 ～ 328 kg/hm²。菊花心江蓠净产量为 3900 ～ 9 380 kg/hm²。混养系统的经济效益和生态效益均优于对虾单养。在该实验条件下，混养系统的最佳结构为凡纳滨对虾 30 尾 /m²、青蛤 30 个 /m²、菊花心江蓠 200 g/m²。

第十章 我国"互联网+水产养殖"发展现状与路径

　　"互联网+"作为国家发展战略正与我国渔业进行广泛而有深度的融合，"互联网+水产养殖"已呈现出加速发展的态势，这对促进我国渔业转型升级，实现渔业转方式调结构的发展目标具有强大的推动作用。本节在阐述"互联网+水产养殖"内涵的基础上，从互联网与水质环境监测、水生动物疾病诊断、渔情信息动态采集、水生动植物病情测报、水产品质量安全追溯监管、渔技服务、金融保险等水产养殖的生产、管理、服务方面入手，分析了我国"互联网+水产养殖"的发展现状。

　　当前存在的主要问题是认识不足、缺少投入、重复开发、人员素质较低等，建议从认识水平、投入机制、开发规范、扶持政策方面加以着力，建设相关标准体系、运行体系、应用体系、保障体系、管控体系、大数据平台以及基础网络、综合办公系统，推动我国"互联网+水产养殖"进一步向前发展。

　　"互联网+"一词是于扬在"2012易观第五届移动博览会"上首次提出的，他认为世界上任何传统行业和服务行业都应该被互联网改变。2013年，马化腾提出"互联网+"是通往互联网未来的7个路标之一。随后，"互联网+"与传统产业融合发展具有广阔前景和无限潜力，可以创造新的产业发展生态并逐渐得到社会的认同。2015年，中国将"互联网+"提升为国家发展战略，制定了"互联网+"行动指导意见，确定了"互联网+"背景下11个重点发展领域。现代农业作为11个重点发展领域之一，提出要利用互联网提升农业生产、经营、管理和服务水平，促进农业现代化水平明显提升。

　　水产养殖业作为现代农业的一部分，也迎来了良好的发展机遇。

第一节 "互联网＋水产养殖"的发展现状

近年来，水产养殖在水质环境监测、水生动物疾病诊断、渔情信息动态采集、水生动植物病情测报、水产品质量安全追溯监管、渔技服务、金融保险等渔业生产、管理、服务方面逐渐与互联网融合，改变了水产养殖相对落后的状态，有效提升了产业发展的科技含量。

一、"互联网＋水产养殖"的内涵

"互联网＋"是指以互联网为主的新一代信息技术（包括移动互联网、云计算、物联网、大数据等）在经济、社会生活各部门的扩散、应用与深度融合的过程，其本质是传统产业的在线化、数据化。水产养殖作为最传统的产业之一，在"互联网＋"的发展趋势中潜力巨大。"互联网＋水产养殖"指的是运用移动互联网、云计算、物联网、大数据等新一代信息技术，对水产养殖产业链生产、管理以及服务等环节改造、优化、升级，重构产业结构，提高生产效率，把传统水产养殖业落后的生产方式发展成新型高效的生产方式。"互联网＋水产养殖"中的"＋"并非两者简单相加，而是基于互联网平台和通信技术，传统水产养殖业与互联网的深度融合，包括生产要素的合理配置、人力物力资金的优化调度等，使互联网为水产养殖智能化提供支撑，以提高生产效率，推动生产和经营方式变革，形成新的发展生态。

根据所涉及的环节与领域的不同，"互联网＋水产养殖"的发展类型归纳起来主要有三种：一是在养殖生产领域的智能化水产养殖模式，凭借各种传感器，运用物联网技术，采集养殖水质、养殖生物等有关参数信息，给养殖者决策提供信息，实现饵料、鱼药精准投放，随时操作工具设备，以最小人力、物力投入获取最大收益；二是在养殖管理领域的智能化养殖管理模式，主要是运用先进的信息化手段，完整、准确地采集各项信息，并进行大数据分析，为行政管理决策提供基础支撑，该类型多由行政管理机构主导开发；三是在养殖服务领域的智能化养殖服务模式，运用电子商务平台为养殖生产提供生产物资购买、产品销售、技术培训以及保险与金融服务，将养殖保障内容延伸到养殖活动的上下游。

二、"互联网＋水产养殖"的发展现状

水产养殖是最为传统的产业之一，互联网信息水平并不高。通过与"互联网＋"结合，运用物联网、大数据、云计算等技术，可以大幅提高水产养殖业的生产、管理、服务等环节的效率，促使生产方式从落后向高效转变。

近年来，"互联网＋养殖生产""互联网＋养殖管理""互联网＋服务"等方面都取得了长足进步，改变了水产养殖相对落后的生产状态，大幅提升了产业发展的技术含量和信息化水平。

在推动"互联网＋水产养殖"过程中，也暴露出了很多问题。"互联网＋水产养殖"作为一种新的经济形态，普遍存在认识不足的情况，不能很好地把握相关内涵。"互联网＋"要依靠多种技术手段和智能化设备，水产养殖企业对此的投入不足，未来还需要进一步加大税收减免、价格支持力度等，引导和激励企业进行"互联网＋"改造。然而，目前政府起到的作用较为有限。在"互联网＋水产养殖"深度融合过程中，政府的作用至关重要，如引导各方力量合理有序开发、提高养殖人员业务能力、出台金融等扶持政策等。以目前发展来看，政府的作用还有不少提升的空间。

总体来说，"互联网＋水产养殖"是现代渔业的主要发展趋势之一，未来仍会继续广泛而深度地融合。"互联网＋水产养殖"的推进，也将帮助渔业转型升级，实现渔业转方式、调结构的发展目标。

水产养殖业作为农业的重要构成部分，依靠互联网则意味着提升该行业信息化和智能化水平，改变过去比较落后的生产方式，这实际上是市场及该行业自身发展的必然要求。互联网发展时代工业化养殖条件下，水质环境控制正向以自动化、智能化和网络化为主的方向发展，这也是生产发展的必然趋势。近年来，水产养殖在水质环境监测、水生动物疾病诊断、渔情信息动态采集、水生动植物病情测报、水产品质量安全追溯监管、渔技服务、金融保险等渔业生产、管理、服务等方面逐渐与互联网融合，改变了水产养殖相对落后的状态，有效提升了产业发展的科技含量。

（一）互联网＋养殖生产

1. 自动监测养殖水质环境

水体受到污染，水质富营养化，这对水产养殖业是非常不利的。在处

理和解决这一问题的过程中，各水产养殖利益主体积极采取的行动就包括利用互联网对区域的水体、土壤等进行监测，并利用配套仪器控制和调节鱼虾养殖的水、土壤等环境。互联网技术和配套的监测仪器（水质分析仪、增氧机等）相互配合，即可获知水温、浊度、pH、COD、BOD 等相关参数，再进一步控制和调节鱼虾生存环境。

2. 远程辅助诊断水生动物疾病

该服务系统包括辅助诊断、远程会诊和预警预报三部分。水生动物疾病远程辅助诊断就是首先对患病水生动物的宏观大体图像、显微图像进行数字信号采集，并结合一定的临床表现描述和养殖水体性状，比如温度、pH、溶解氧、氨氮、微生物等，通过系统自带的上百种水生动物常见疾病的诊疗方法，进行对比分析，可以自动得出相应的初步诊断结果和诊疗方法，有专业的参考作用。

（二）互联网＋养殖管理

1. 全国养殖渔情信息动态采集

全国养殖渔情信息采集系统利用物联网、云计算等现代信息技术，对产量、面积、投苗、成本、价格、收益、病害以及支渔、惠渔政策等内容进行自动采集和分析。

该系统建立于 2009 年，由全国水产技术推广总站搭建，目前已在全国16 个渔业主产省（区）建立信息采集定点县 200 个，采集点 700 多个，各类采集终端 6 000 多个，形成了近 1 300 人的采集分析队伍，能对 76 个养殖品种、9 种养殖模式进行全年的信息动态采集。

2. 全国水产养殖动植物病情信息采集

全国水产养殖动植物病情测报工作于 2000 年启动，2015 年开始搭建全国水产养殖动植物病情测报信息系统，运用数据库技术、地理信息系统技术和网络技术，构建了一套包括数据采集、存储、管理、应用及信息汇总分析的应用系统，依靠原有五级测报工作体系，由测报点完成基础测报信息的上报工作，国家、省、市和县四级测报机构对辖区内测报点的原始信息进行自动汇总、图表分析，实现条件查询功能，自动生成当月病害测报表。目前该系统已完成了系统开发工作，各地正在安装和试运行。

3. 水产品质量安全追溯监管

水产品质量安全监管与追溯平台于 2011 年启动开发，可实现养殖水产品"来源可查询、去向可追溯、责任可追究、产品可召回"的养殖水产品质量安全监管目标。目前已建设国家级监管平台1个，省级监管平台26个，市县级监管平台69个，在5 600多个养殖企业设立了远程监控终端。2013年苏州捷安信息科技有限公司研发了养殖信息IC卡系统，该卡可实时上传使用信息到"水产品质量安全监管与追溯平台"，管理部门通过平台可以掌握养殖企业的生产情况。江苏、天津等省份已先后开始使用该IC卡系统。

4. 水域滩涂养殖登记发证服务

"水域滩涂养殖登记发证系统"主要用于水域滩涂养殖发证登记工作，其主要功能包括《水域滩涂养殖证》的初始登记、变更登记、期限延展、注销、修改、删除、打印、查询、统计等。发证登记机关从行政级别上分为省级、市(州)级和县级，都有录入申请的权限，农业部有修改和删除的权限。

截至2014年底，全国共计发证14.9万本，确权面积456万hm²，占总养殖面积的55%。

（三）互联网+服务

1. 渔需物品购买和产品销售

养殖者通过网络购买各类水产养殖投入品，包括饲料、渔药、苗种以及渔机具等。苏州捷安公司开发的可追溯水产品电商平台，养殖户可以在平台上实现苗种、饲料和鱼药的团购。此外，养殖者还可以通过网络销售水产养殖产品。

江苏省海洋与渔业局与苏宁云商集团合作，在苏宁易购超市频道"中华特色馆"内设置"江苏优质水产品"页面，江苏各地特色水产品都可在苏宁易购上销售。

2. 水产养殖技术指导服务

水产技术推广机构通过科技入户系统规范和管理渔技人员的推广工作。渔技人员通过手机等移动客户端将工作动态及工作地理信息上传到渔技服务平台上，主管部门实时查看、监督、统计所辖基层的渔技人员上门指导工作情况，主管部门也可以通过渔技服务系统实时将相关工作内容推送给辖区内的渔技人员。江苏、福建等省已开始使用全国水产技术推广总站和苏州捷安公司合作开发的渔技服务系统。

3. 水产养殖金融、保险服务

互联网金融平台根据掌握的养殖单位生产经营和交易数据，经过大数据分析对其进行资信评级，为养殖单位提供低成本、无抵押和快捷、简便的信贷服务，降低融资成本，同时提供多种形式的理财和保险服务，增加收入来源，降低养殖风险。江苏省兴化市创建的河蟹交易平台——蟹库网，其推出的河蟹银行服务可协助养殖单位解决资金贷款问题。

第二节 "互联网＋水产养殖"存在的问题及建议

一、"互联网＋水产养殖"存在的问题

（一）认识不足

"互联网＋水产养殖"作为一种新的经济形态，业内各方还存在认识不足的问题。主要表现包括：缺乏互联网思维，不能把水产养殖发展与互联网结合起来思考；认为把水产养殖扯上互联网是一种作秀，华而不实；认为"互联网＋"硬件建设投入成本较大，资金收回周期较长，中小型养殖企业难以承受；认为水产养殖是传统行业，不适宜搞"互联网＋"。

（二）缺少投入

"互联网＋水产养殖"中经费不足是个突出问题。大量系统建设是以项目带动的方式进行的，资金是一次性投入，缺乏长效的投入机制。由于没有后续投入，导致建设缓慢，也没有后续的专业维护，只能是一次性使用，不能较好地解决实际问题，也不能充分发挥"互联网＋"的作用。

（三）重复开发

水产养殖全过程涉及多个服务、管理系统，各个开发单位按照自己的需要开发建设，致使系统建设存在"多、散、杂"的问题，浪费资金、重复建设现象明显。另外，不同系统各有各的标准，各系统接口不统一，导致信息共享存在困难，不利于大数据的建立和共享，也无法对技术标准和应用效果进行准确评价。目前，全国正在使用的渔业信息化系统有多个，其中 26 个省（市、自治区）在使用农业部全国水产技术推广总站研发的渔业信息化系统，山东、海南、浙江等地则使用其他单位研发的信息化产品。

（四）人员素质不高

"互联网＋"在水产养殖业的应用在我国还属于新兴事物，目前我国养

殖户多数年龄偏大，文化水平较低，接受"互联网＋"的能力不强。基层渔技人员的互联网使用技能也普遍不高，缺乏从事物联网建设、渔业大数据运用等专业知识；对于已经建设的"互联网＋"，相关设备的维护和使用能力不足，对过于复杂的设置和操作容易出现纰漏，从而影响使用效果，导致用户体验度不高。

二、"互联网＋水产养殖"存在问题的对策

（一）提高思想认识水平

渔业主管部门要创新思想认识，破除陈旧观念，牢固树立"互联网＋水产养殖"发展思维，做好顶层设计；各类养殖企业要充分意识到水产养殖搭上互联网"快车"是实现企业跨越式发展的重要手段，加快关键技术开发与应用，提高水产养殖发展与互联网的融合度；各具体使用者要充分认识到"互联网＋水产养殖"是行业未来的发展方向，要学习、培养"互联网＋"思想意识，用"互联网＋"的思维解决养殖生产中的各类问题。

（二）建立长效投入机制

发展"互联网＋水产养殖"，其设施、设备成本较高，单靠养殖企业、专业合作社的力量难以有效推动，因此政府资金支持是其发展的必要条件之一。建议建立长效的投入机制，如设立政府产业引导基金，通过财政支9农、税收减免、价格支持等多种手段，推进物联网、云计算、移动互联、3S等现代信息技术和农业智能装备在渔业生产、经营领域的示范应用，引导和激励渔业企业、专业合作社运用信息化手段发展养殖生产。

（三）引导各方力量合理有序开发

行业主管部门要对当前的开发力量进行整合，避免无序、混乱开发；尽快制定各类系统统一的操作标准或操作指南，逐步完善和制定用于帮助企业实施"互联网＋水产养殖"的操作指南，使相关的各个利益主体能够参照，有据可依。如物联网技术的应用、水产品质量安全可追溯体系建设操作规范，以确保企业能够正确有效地实施，合理有序地开发。

（四）提高养殖、服务人员业务能力

对水产专业人员、养殖业者要加强培训教育，提高他们对"互联网＋水产养殖"的重要作用和发展前景的认识，增强他们接受和学习互联网知识的能力，逐步掌握"互联网＋水产养殖"新技术，并运用到实际生产和

管理中去。

（五）出台金融、保险等扶持政策

"互联网+"具有跨界融合的显著特征，会对原有的行业管理体系和管理方式带来一定的冲击。为保障"互联网+水产养殖"能持续、健康地发展，建立和落实相关配套制度显得尤为迫切。要加强相关政策的研究，梳理当前的渔业政策与"互联网+水产养殖"不匹配的地方，尽快制定、出台有关金融、保险、科技等扶持政策，为"互联网+水产养殖"的发展创造良好的环境，保障我国"互联网+水产养殖"能快速、健康发展。

第三节   我国"互联网+水产养殖"发展路径

随着海洋与内陆水域渔业资源的枯竭，水产捕捞量逐年下降，发展水产养殖成为解决动物蛋白质短缺的重要途径之一。当前的水产养殖业在相当广阔的领域里都需要引进分子生物技术和其他先进技术。水产养殖技术可以被阐述为将生物学概念科学地运用到水产养殖的各个领域，以提高其产量和经济效益。生物多样性公约将生物技术定义为"被应用于生物系统、生物体以及其他衍生物，其目的是为了制造新的生物体或改变其形成过程的任何技术"。生物技术所涉及的应用范围很广，它可用于促进水产养殖业的生产和管理。有些生物技术名字听起来时髦新颖，其实很早就开始被人们应用了，比如发酵技术和人工授精。现代生物技术与分子生物学研究和基因技术密切相关。水产养殖业中的生物技术与农业中的生物技术有许多相似之处。随着知识的发展，水产养殖业更加需要安全有效的生物技术，这对水产养殖业应对面临的挑战具有重要意义。在强调水产养殖技术对保证人类粮食供应安全、消灭贫困、增加收入做出巨大贡献的同时，我们必须充分考虑把水产养殖技术创新引入水产养殖业可能会带来的种种问题，研究如何保持水产品种的多样性以及新技术对社会和经济的潜在影响等，用负责任的态度研究和利用这一新兴的技术。

水产养殖技术和其他技术创新对水产养殖多样性成功、投资潜力和国际技术交流显示出积极的影响。水产养殖生物技术的发展通过环境和谐，将为生产健康和快速生长的水生动物提供一个手段。改善信息交流，不同地区的科技人员和生产者之间就有关问题和成果进行研讨，将有助于水产养殖业进一步发展，促进全球水生动物的生产持续增长。

近几年我国主要养殖水产品出塘量稳中略增、供给稳定，多数品种出塘价格稳中有升，饲料等成本有所下降，养殖效益呈企稳回升态势，水产养殖转方式调结构成效初显，但个别品种形势仍不容乐观，寒潮、洪涝等灾情影响较为严重。

根据联合国粮食及农业组织统计，2014 年全球可供食用的水产品总量为 1.643×10^8 吨，其中 7.43×10^7 吨来自于水产养殖业。世界银行、联合国粮食及农业组织和国际粮食政策研究所发表的《2030 年渔业展望：渔业及水产养殖业前景》预测，到 2030 年，直接供人类食用的水产品供应量中将有超过 60% 来自水产养殖业。然而，进入 21 世纪，传统的水产养殖业面临着水域环境恶化，养殖设施陈旧，养殖病害频发，水产品质量安全隐患增多，水产养殖发展与资源、环境的矛盾不断加剧等突出矛盾和挑战，这些问题已成为水产养殖业健康持续发展的巨大障碍。

在这样的背景下，改造提升传统的水产养殖业，大力发展绿色、环保、节能、循环的环境友好型生态养殖模式，对于实现人与自然和谐共处、保障水产养殖产业的健康、高效、可持续发展具有重要的现实意义。

为了明确我国水产养殖发展的战略目标、发展思路和主要任务，促进水产养殖又快又好地发展，建议我国水产养殖主管部门在"十三五"期间采取有效措施，加大支持力度，进一步推动和发展我国水产生态养殖技术和新养殖模式。

一、体系建设

（一）构建生态系统水平的大水域生态养殖技术体系

研究完善生态容量、养殖容量和环境容量评估技术，摸清我国主要水域的养殖潜力，以生态养殖为基础，健康养殖为核心目标，开发不同类型渔业水体的多营养层次综合增养殖新模式与生态养殖技术。重点研发基于生态系统自组织修复为主的生态渔业和水资源保护的协同技术，具体包括水产种质资源保护、土著鱼类繁殖生态环境修复与重建、生态水位调控技术、经济鱼类增殖与评价管理，以及多种类捕捞协同管理等技术，为天然渔业资源保护与增殖行动提供技术手段和产业示范。

（二）构建安全高效的设施养殖工程技术体系

研发深水水域抗风浪养殖系统与配套技术，构建增养殖水域生态环境监测及灾害预警预报系统，建立完善全封闭循环水养殖系统，通过以上关键技术研究与系统集成，达到节能、高效、安全的生产要求，并形成相应的生产管理技术。

（三）研发浅海浮筏标准化养殖技术体系

根据不同的养殖种类和养殖方式，确定适宜于机械化作业的养殖器材与设施。根据养殖容量，统一养殖密度、筏架宽度和长度，构建浅海浮筏标准化养殖技术体系，为实现海水养殖机械化、自动化作业打下基础。

（四）构建池塘环境友好型养殖技术体系

研发区域适应性的环境友好型关键养殖技术，深入研究养殖生物营养动力学，开发高效低排放的饲料投喂技术体系、低成本高效率的多营养层次综合养殖系统；研发集约化养殖条件下污染控制与环境修复技术。

（五）构建盐碱地生态养殖技术体系

集成与研发滨海盐碱地名优水产产业化过程中的关键技术，建立盐碱地区域名优水产养殖产业基地，打造名优水产品品牌；推广生态环境优化的生态渔业技术与模式，实现由传统渔业方式向以渔养水、以渔育地的生态渔业方式转变。

（六）构建水产养殖管理与环境控制技术体系

运用"3S"技术（遥感技术—RS、地理信息系统—GIS 和全球定位系统—GPS）和养殖承载力动态模型，重点研发生态系统服务功能评估、水产养殖管理决策支持系统、水产生态养殖环境控制关键技术等，解决水产养殖与生态环境和谐发展技术难题。

（七）制定生态养殖发展规划，提高水产养殖发展的全局性和战略性

以市场需求为导向，以生态养殖建设为目标，以水域生物承载力为依据，以产业科技为支撑，确立不同水产养殖区域的功能定位和发展方向，开展水产养殖发展长期规划。

（八）加快基础设施建设，提高水产养殖综合生产能力

开展水产养殖基础设施和支持体系普查工作，全面摸清水产养殖业的基本状况，为制定养殖业发展规划，指导养殖业发展提供科学依据；针对

目前养殖业较为突出的问题，继续实施标准化池塘改造财政专项，并启动浅海标准化养殖升级改造专项，稳定池塘养殖总产，提高名优水产养殖品种所占比例和水产品质量，增强浅海养殖综合生产能力，提高食品保障和安全水平。

（九）完善生态系统水平的水产养殖管理体系

以生态系统养殖理论为基础，科学地调整养殖许可证和水域使用许可证的发放管理制度，将农业部负责发放养殖许可证、国家海洋局发放养殖水域使用证的两部门管理方式改为由一个部门统一管理。建议在两证发放前，由科研部门对申请养殖水域进行容纳量评估，政府部门根据科研机构的评估结果，在养殖许可证上明确限定申请水域的养殖种类、养殖密度和养殖方式，以便杜绝养殖者随意增加养殖密度的行为，确保我国水产养殖可持续健康发展。

二、两大工程实施

（一）建设大数据平台和基础网络

利用先进的信息技术，建成先进实用、安全可靠，集信息资源采集、传输、存储、共享与交换、发布、应用服务等功能为一体的数据中心，形成持续稳定的数据汇集、管理、维护的运行机制；通过对已有数据的整理和标准化过程，保证数据的准确性、唯一性和延续性；对应用数据进行深入挖掘，为决策提供各类相关业务报表、统计分析查询、对比分析、趋势分析，以及预警预报、防灾减灾、应急指挥和科学决策的依据。提升全国范围内水产养殖信息数据实时交互能力和传输效率，各种应用系统不断投入运行，采用先进成熟的网络技术，满足信息系统对各种实时业务数据的传输需要，实现设备同网络的无缝连接，提高系统运行的稳定性、便利性和安全性。

（二）建立综合办公系统

按照协同办公、提升管理的要求，集中力量建设有利于提高我国水产养殖效率和管理水平的综合办公系统，重点建设、实施协同办公和协同通信子系统。

通过协同办公子系统实现各级、各部门及时有效地共享与处理办公信息，改变传统的工作模式，具备移动办公、活动安排、会议管理、报告管理、考勤考核、电子邮件等功能，实现电子化、无纸化、网络化、协同化，支持多种移动终端，兼容主流操作系统。

协同通信子系统，可提供更方便的沟通方式，增强信息共享和沟通能力，提高工作效率，实现文本会话、语音/视频交流、手机短信、文件传输等功能，营造一种新型的沟通文化，进一步增强团队的凝聚力。

参考文献

[1] Chopin T,Buschmann A H,Halling C,et al.Integrating seaweeds into marine aquaculture systems:a key towards sustainability[J].J Phycol,2001,37:975-986.

[2] Boyd C E,Tucker C S.Pond aquaculture water quality management [M].The Netherlands:Kluwer Academic Pub-lisher,1998.

[3] Naylor R L, Burke M.Aquacultureandocean resources : Raising tigers of the sea[J].Annual Review of Environment and Resources.2005, 30 : 185-218.

[4] Tacon A G J,Metian M.Global overview on the use of fish meal and fish oil in industrially compounded aquafeeds:Trends and future prospects[J].Aquaculture,2008,285:146-158.

[5] Fei Liu, Qiaosheng Guo, Fu Lv, et al.Genetic diversity analysis of Perinereis aibuhitensis based on ISSR and SRAP markers of Chinese coast populations[J].Biochemical Systematics and Ecology,2014,57: 262-269

[6] Fei Liu, Qiao sheng Guo, Fu Lv, et al. Analysis of the genetic diversity and population structure of Perinereis aibuhitensis in China using TRAP and AFLP markers[J].Biochemical Systematics and Ecology,2015,59:194-203

[7] Fu Lv, Fei Liu, Yebing Yu, et al. Effects of dietary lipid levels on growth,body composition andantioxidants of clamworm(Perinereis aibuhitensis)[J].Aquaculture Reports, 2017,6:1-7.

[8] Fu Lv,Qing Nie,Tian Wang, et al. The effects of five dietary lipid sources on growth, bodycomposition and antioxidant parameters of the clamworm,Perinereis aibuhitensis[J]. Aquaculture Research,2017,4:1-9.

[9] 谢平 . 鲢、鳙与藻类水华控制 [M]. 北京：科学出版社，2003.

[10] 徐光启 . 农政全书 [M]. 上海：上海古籍出版社，2011.

[11] 黄省曾 . 养鱼经 [M]. 浙江：浙江人美出版社，2016.

[12] 刘焕亮，黄樟翰 . 中国水产养殖学 [M]. 北京：科学出版社，2008.

[13] 王克行 . 虾类健康养殖原理与技术 [M]. 北京：科学出版社：2008.

[14] 刘建康，何碧梧.中国淡水鱼类养殖学 [M].北京：科学出版社，1992.

[15] 王巧晗.环境因子节律性变动对潮间带大型海藻孢子萌发、早期发育和生长的影响及其生理生态学机制 [D].青岛：中国海洋大学博士学位论文，2008.

[16] 董贯仓，田相利，董双林等.几种虾、贝、藻混养模式能量收支及转化效率的研究 [J].中国海洋大学学报（自然科学版），2007，（06）.

[17] 程序.生物质能与节能减排及低碳经济 [J].中国生态农业学报，2009，17（2）：375-378.

[18] 胡海燕.大型海藻和滤食性贝类在鱼类养殖系统中的生态效应 [J].中国科学院研究生院（海洋研究所），2002.

[19] 李德尚.水库对投饵网箱养鱼负荷力的研究方法 [J].水利渔业，1992，（3）：3-5.

[20] 李大海.经济学视角下的中国海水养殖发展研究 [D].青岛：中国海洋大学，2007,50-55.

[21] 王继业.对虾池环境生物修复的实验研究 [D].青岛：中国海洋大学博士学位论文，2005.

[22] 孙琛.中国水产品市场分析 [D].北京：中国农业大学博士学位论文.2000.

[23] 杨宁生.科技创新与渔业发展 [J].中国渔业经济，2006，（3）：8-11.

[24] 田相利，李德尚.对虾池封闭式三元综合养殖的实验研究 [J].中国水产科学，1999，6（4）：49-54.

[25] 肖焰恒.可持续农业技术创新理论的构建 [J].中国人口·资源与环境，2003，13（1）：106-109.

[26] 唐启升，丁晓明，刘世禄等.我国水产养殖业绿色、可持续发展战略与任务 [J].中国渔业经济，2014，32（1）：6-14.

[27] 崔毅，陈碧鹃，陈聚法.黄渤海海水养殖自身污染的评估 [J].应用生态学报，2005，16（1）：180-185.

[28] 戴书林，严敏.农民刘吉华的高效生态农业新模式 [J].当代畜禽养殖业，1999，（4）：29.

[29] 丁永良，兰泽桥，张明华.工业化封闭式循环水养鱼污水资源化——生态循环经济的典范"鱼菜共生系统" [J].中国渔业经济，2010，28（1）：

124-130.

[30] 王资生,吕富,吕林兰,等.温度、盐度和pH对双齿围沙蚕受精卵孵化及幼虫存活的影响[J].水产科技情报,2011,38(4):188-189,193.

[31] 於叶兵,吕 富,吕林兰,等.养殖密度对双齿围沙蚕生长及环境因子的影响[J].江苏农业科学,2015,43(12):288-291.

[32] 董双林.鲢鱼的放养对水质影响的研究进展[J].生态学杂志,1994,13:66-68.

[33] 董双林.系统功能视角下的水产养殖业可持续发展[J].中国水产科学,2009,16(5):798-805.

[34] 董双林.中国综合水产养殖的历史、原理和分类[J].中国水产科学,2011,18(5):1202-1209.

[35] 董双林.高效低碳——中国水产养殖业发展的必由之路[J].水产学报,2011,35(10):1595-1600.

[36] 唐天德.鱼虾混养试验获得高产[J].中国水产,1985,(4):23.

[37] 崔毅,陈碧鹃,陈聚法.黄渤海海水养殖自身污染的评估[J].应用生态学报,2005,16(1):180-185.

[38] 王兴强,马牲,董双林.凡纳滨对虾生物学及养殖生态学研究进展[J].海洋湖沼通报,2004,(4):94-100.

[39] 侯纯强,王芳,董双林.低钙浓度波动对凡纳滨对虾稚虾蜕皮、生长及能量收支的影响[J].中国水产科学,2010,17(3):536-542.

[40] 吕富,吕林兰,董学兴,等.不同盐度条件下氨氮对双齿围沙蚕的毒性研究[J].安徽农业科学,2009,37(7):2986-2987,2994.

[41] 吕富,於叶兵,杨文平,等.盐度对三疣梭子蟹生长、肌肉组成及蛋白酶活性的影响[J].海洋湖沼通报,2010,(4):137-142.

[42] 吕富,潘鲁青,王爱民,等.盐度对异育银鲫呼吸和氨氮排泄生理的影响[J].水生生物学报,2010,34(1):184-189.

[43] 吕富,胡毅,王爱民,等.盐度对异育银鲫血红蛋白和肌肉蛋白含量的影响[J].淡水渔业,2007,37(5):56-59.

[44] 吕富,王爱民.碱度对异育银鲫摄食·生长和存活的影响[J].安徽农业科学,2007,35(22):6789-6790.

[45] 吕富,胡毅,王爱民.碱度对异育银鲫血红蛋白和肌肉蛋白含量的影响

[J]. 水利渔业 ,2007,28(2):28–30.

[46] 苏跃朋，马牲，张哲 . 对虾养殖池塘混养牡蛎对底质有机负荷作用 [J]. 中国水产科学，2003，10（6）：491–494.

[47] 齐振雄，张曼平，李德尚等 . 对虾养殖实验围隔中的解氮作用氮输出 [J]. 海洋学报，1999，21（6）：130–133.

[48] 卢敬让，李德尚，杨红生等 . 海水池塘鱼贝施肥混养生态系中贝类与浮游生物的相互影响 [J]. 水产学报，1997，21（2）：158–164.

[49] 阮景荣 . 武汉东湖鲢、鳙生长的几个问题的研究 [J]. 水生生物学报，1986，10（3）：252–264.

[50] 卢静，李德尚，董双林 . 对虾池不同水质调控围隔中浮游物的研究 [J]. 中国水产科学，2000，7（3）：61–66.

[51] 南春容，董双林 . 资源竞争理论及其研究进展 [J]. 生态学杂志，2003，22（2）：36–42.

[52] 南春容，董双林 . 大型海藻与海洋微藻间竞争研究进展 [J]. 海洋科学，2004，28（11）：64–66.

[53] 董双林 . 系统功能视角下的水产养殖业可持续发展 [J]. 中国水产科学，2009，16（5）：798–805.

[54] 王大鹏，田相利，董双林，等 . 对虾、青蛤和江蓠三元混养效益的实验研究 [J]. 中国海洋大学学报，2006，36：20–26.

[55] 刘剑昭，李德尚，董双林，等 . 养虾池半精养封闭式综合养殖的养殖容量实验研究 [J]. 海洋科学，2000，24（7）：6–11.

[56] 冯翠梅，田相利，董双林，等 . 两种虾、贝、藻综合养殖模式的初步比较 [J]. 中国海洋大学学报，2007，37（1）：69–74.

[57] 申玉春，熊邦喜，王辉，等 . 虾—鱼—贝—藻养殖结构优化试验研究 [J]. 水生生物学报，2007，31（1）：30–38.

[58] 李英，王芳，董双林，等 . 盐度突变对凡纳滨对虾稚虾蜕皮和呼吸代谢的影响 [J]. 中国海洋大学学报，2010，40（7）：47–52.

[59] 李英 . 环境因子变化对凡纳滨对虾蜕皮同步性和生理特征影响的实验研究 [J]. 青岛：中国海洋大学硕士学位论文 .2010.

[60] 黄国强，董双林，王芳，等 . 饵料种类和摄食水平对中国明对虾蜕皮和影响 [J]. 中国海洋大学学报，2004，34（6）：942–954.

[61] 王若祥，崔慧敏．缢蛏与对虾立体生态调控养殖技术 [J]. 齐鲁渔业，2009，26（11）：40-41.

[62] 王兴强，曹梅，马牲，等．盐度对凡纳滨对虾存活、生长和能量收支的影响 [J]. 海洋水产研究，2006，27(1)：8-13.

[63] 肖乐，李明爽，李振龙．我国"互联网＋水产养殖"发展现状与路径研究 [J]. 渔业现代化，2016，43（3）：7-11.